KB274298

한국 전통 지리사상

김연호 지음

한국 전통 지리사상

한국학술정보㈜

서 문

한국의 전통지리사상은 단군신화에 내재되어 있는 정령(精靈)신앙, 산악숭배(山岳崇拜)사상, 지모신(地母神)사상 등을 기반으로 하고 있다. 지리(地理)는 땅의 이치를 말하며 지기(地氣)라는 땅의 생명력을 전제로 한다.

풍수지리(風水地理)는 장풍(藏風)과 득수(得水)로써 땅의 이치를 살핀다는 의미이다. 즉 풍수는 지리를 살피기 위한 방법론이므로 지리는 풍수를 포괄하는 개념이다. 오랜 역사 속에서 풍수와 지리는 혼용되기도 하였지만 풍수라는 용어는 술법적(術法的)·기능적(技能的)인 측면이 강하므로 학문적·본질적·통시적 연구에 있어서는 지리라는 용어를 사용함이 옳다.

땅의 이치를 연구하는 학문인 한국의 전통 '지리학(地理學, Jirihak)'은 땅을 기술하는 학문인 서양의 'Geography'와는 확연히 구별된다. 서양의 지리학(Geography)은 자연을 무생물로 보고 광물이나 자원의 생산과 이용, 개발의 대상으로 인식하기에 객관적으로 분석하고 계량화할 수 있지만, 한국의 전통지리학은 자연을 살아있는 생명체로서의 인식을 바탕으로 한 종합적이고 유기적인 학문이기에 이를 분석하고 계량화할 수 있는 영역이 아니다. 이와 같은 자연에 대한 인식의 차이를 인정하지 않고 서구적 과학화라는 명목 하에 자연을 분석적으로 계량화하게 되면 한국 전통지리사상의 고유한 본질인 생명력이 상실되는 결과를 초래하게 될 것이다.

현행 산맥 분류체계는 같은 시기의 조산운동과 관련한 땅속의 지질구조를 연결한 선이므로 실제의 외부적인 지형에 일치하지 않는 경우가 많고 강이 산맥을 가로질러 흐르는 경우도 있어 실제의 자연지형을 이해하는 데에 한계가 있다.

그러나 한국의 전통적인 자연인식 체계를 정리하고 있는 『산경표』에서는 백두산을 한반도 모든 산의 조종(祖宗)이자 영산(靈山)으로 인정하면서 강의 수계(水系)를 기준으로 산줄기를 분류하고 있으며 산과 산은 끊어지지 않고 연결되어 있는 살아있는 유기체로 파악하고 있다.

한국 전통지리의 사상적 기반을 이루고 있는 정령숭배와 산악숭배사상, 그리고 지모신사상은 땅을 포함한 자연의 생명력을 바탕으로 하고 있다. 이러한 자연의 생명력은 땅을 대상으로 하는 한국의 전통지리에 수용되어 '땅은 살아있는 유기체'라는 한국 전통지리사상의 기본적인 인식이 이루어지게 된 것이다. 이와 같은 인식을 전제로 한 한국 전통지리사상의 본질은 자연의 생명성(生命性)이며, 지인상관론(地人相關論)·지기쇠왕설(地氣衰旺說)·형국론(形局論)·비보(裨補)와 단맥(斷脈) 등이 그 중심을 이루고 있다.

한민족 고유의 전통적 지리사상을 바탕으로 저술된 한국적 지리서라 할 수 있는 『택리지(擇里志)』의 구체적인 내용들은 당시의 역사와 사회, 문화현상을 반영하고 있지만 자연에 대한 인식, 특히 이 책의 핵심적 내용인 「복거총론(卜居總論)」의 가거지(可居地) 요건들은 한반도에 정착하고 살았던 사람들의 자연관과 오랜 경험의 산물로 전(全) 시대를 통한 택지의 보편적 기준이었다. 이와 같이 우리 민족의 자연에 대한 인식체계와 한국 전통지리사상을 집성(集成)하였다고 볼 수 있는 『택리지』의 택지(擇地) 요건을 기준으로 하여 실증적 사례에 적용하여 비교 고찰하였다.

우리 문화유적에 내재되어 있는 전통지리사상을 선사시대의 석기시대부터 근대의 조선시대에 이르기까지 실증적으로 살펴보았다. 역사는 인간이 땅 위에서 살아온 삶의 흔적이다. 문화의 소산으로 역사적, 예술적 가치가 인정되는 것을 문화재(文化財)라 한다. 오늘날 우리는 역사의 산물인 문화재를 통하여 과거의 역사를 추정하고 있다. 따라서 문화재의 정확한 이해가 올바른 역사인식의 전제가 됨은 당연하다 하겠다. 역사를 되돌아보면 시대별로 사상을 달리하였고 각기 다른 사상에 터 잡은 다양한 문화가 발생하였음을 확인할 수 있다.

문화는 시대상황과 사상을 반영하고 있으므로 이의 산물인 문화재를 통하여 당시의 시대상황과 사상을 짐작할 수 있는 것이다.

선사시대(先史時代)의 경우 양택(陽宅)의 대표적 유적지라 할 수 있는 석기시대의 공주 석장리 유적과 음택(陰宅)의 대표적 유적지인 청동기 시대의 화순과 고창 고인돌 유적을 대상으로 하였다.

현재 남한에서 발견된 가장 오래되고 가장 규모가 큰 주거지인 공주 석장리 석기 유적을 통해 당시의 삶터 택지가 조선후기에 집필한 『택리지』의 가거지(可居地) 조건에 부합함을 확인하였다. 인간은 본능적으로 시대적 상황에 맞게 자신에게 가장 적합한 삶터를 택지하였는데, 『택리지』는 이러한 경험들의 축적이 체계화되고 이론으로 정립된 것임을 짐작할 수 있다. 오히려 인간의 자연에 대한 의존도가 큰 시대일수록 자연 속에서 보다 안정되고 편안한 생활을 위한 삶터 택지는 자연스럽고도 본능적인 현상이었다고 볼 수 있다.

음택(陰宅)에 해당한다고 볼 수 있는 청동기 시대의 화순과 고창 고인돌 유적은 배산임수의 남향을 하고 있다. 특히 화순 대신리 고인돌 유적의 경우에는 산능 선상에 분포하고 있으면서 장풍국을 이루고 있는데 이는 지리법의 음택 입지와 일치하고 있다.

국가의 체제를 갖춘 역사시대(歷史時代)는 장소 접근성의 한계로 인하여 고대국가인 백제와 신라, 그리고 근대국가인 조선의 문화 유적에 한정하여 고찰하였다.

국가가 성립된 삼국시대 이후의 문화유적 선정의 기준은 각 시대별로 양택(陽宅)과 음택(陰宅)으로 이대별(二大別)하여 국가의 가장 대표적이고 중요한 터잡이라 할 수 있는 양택인 궁궐이나 궁궐지 또는 궁궐 추정지와 시대의 사상을 대표하는 건조물, 즉 사찰과 서원, 그리고 비교적 현장보존이 가장 잘 되어 있는 음택인 왕릉 또는 왕릉 추정 고분을 대상으로 하였다.

이러한 기준에 따라 백제와 신라는 국가별 궁궐지나 궁궐 추정지와 왕릉이나 왕릉 추정 고분 그리고 당시의 대표적 신앙의 상징물인 사찰을 고찰하였다. 그리고 유교중심 국가인 조선은 천도의 과정과 경복궁, 그리고 사학기관이자 종교적 기능의 상징물인 서원, 그리고 왕릉을 살펴보았다.

우리의 문화유적은 우연히 그 자리에 있는 것이 아니라 그것이 그 자리에 자리 잡아야 하는 이유가 있었고 특정한 기준에 의하여 입지하였다.

배산임수를 기본으로 하고 생명력 있는 각기 다른 자연지형을 고려하여 당시의 시대적 상황과 용도에 적합한 장소에 터잡이를 하였던 것이다. 자연 파괴적 터잡기가 아니라 자연의 일부로서 자연과 조화하며 상생하는 터잡기를 하였다고 볼 수 있다.

시대의 지배적 사상과 종교는 달리하였지만 한국의 전통지리사상은 전(全)시대를 통하여 각 시대의 사상이나 종교와 융합하면서 발전하여 왔다. 불교 수용 이전의 시대에는 토속신앙과 결합되었고 삼국시대에는 불교가 수용되면서 불교와 융합하면서 사찰 건축물을 중심으로 발전하였다. 조선시대에는 유학중심 국가였기에 서원건축물이 주류를 이루었는데 전통지리사상에 의한 터잡기를 기본으로 하여 유교예제와 결합된 공간구성을 하였다.

국가별 도읍의 입지는 경제적, 군사적 요인과 지리적 요인을 고려하여 당시의 국가별 시대적 상황에 따라 정책적으로 결정되었다.

　그리고 사찰의 입지는, 특히 신라의 경우에는 신라에 불교가 전파된 이후 신라불교의 발전사와 그 맥을 같이하고 있다. 즉 칠처가람(七處伽藍), 적멸보궁(寂滅寶宮), 화엄사찰(華嚴寺刹), 선종사찰(禪宗寺刹)로의 변화과정은 신라 역사의 진행과정에 있어서의 정치적 이념과 밀접한 관계가 있다. 이러한 관계가 왕경(王京)의 인근, 평지, 산지로의 사찰 입지와 세로축 혹은 가로축배치에 영향을 미쳤지만 택지는 전통지리적 관점에서 선정되었음을 알 수 있었다.

　왕릉의 경우 삼국시대 초기에는 궁궐 근처의 평지에 상당히 큰 규모로 입지하였으나 중기를 지나면서 산지로 이동하게 되는데 이는 사후세계에 대한 인식의 변화에 기인한 것이고 그 택지에 있어서는 지리적 조건에 부합되고 있음을 확인하였다.

　각 문화유적의 건조물 배치의 특이점이나 차이점은 그 문화유적이 입지하고 있는 주변의 자연지형에 기인한 것으로, 이를 지리적 관점에서 극대화시켰던 것이다.

　지리란 땅의 이치를 말하며 땅의 이치를 체계적으로 연구하는 것을 지리학이라 한다. 땅에 대한 인식의 차이는 산맥도와 산경도에 내재된 인식의 차이와 같다.

　우리 민족이 가지고 있었던 땅의 이치에 대한 인식과 이에 대한 활용의 방법이 바로 한국 전통지리사상이다.

　땅은 지역마다의 지형에 따라 각기 다른 고유한 지기를 가지고 있다. 한국 전통지리학이 추구해야 할 방향은 각기 다른 지역마다의 지기를 파악하고 이에 적합한 용도로 활용할 수 있도록 그 기준을 마련하는 데에 있다.

우리는 현재 새로운 개발관과 환경관이 필요한 시기에 직면해 있다. 이를 올바르게 정립하기 위해서는 오늘날 배제되고 있는 사상들의 역사성과 문화적 연속성을 고려하여 오랜 세월 동안 우리 환경관의 주류를 형성해왔고 우리의 역사 속에 상당한 영향을 끼쳐온 전통지리사상에 대한 재조명이 반드시 필요하다고 본다.

이것은 인간과 자연이 조화를 이루게 하여 현대사회가 안고 있는 많은 문제점을 해결할 수 있는 근본적인 대안이 될 수 있다. 각종의 공사나 개발에 있어서 규모와 방법, 입지와 공간구성 등에 대한 본질적인 기준을 제시할 수 있기 때문이다.

한국 전통지리사상은 우리의 역사 속에 다양하고도 폭넓게 자리 잡고 있었다. 시대와 목적에 따라 명암을 달리하였지만 우리의 역사나 문화를 올바르게 이해하기 위해서는 관련 부분에 있어서 한국 전통지리사상에 대한 정확한 인식이 선행되어야 한다. 한국 전통지리사상은 우리 민족의 경험과학이면서 생태학이고 자연지리학이자 인문지리학이기에 역사, 철학, 토목, 건축, 조경, 지리, 문화인류, 국어국문 예술, 의학, 심리학 등 다양한 학문 속에 폭넓게 스며져 있다. 한국 전통지리사상에 대한 정확한 이해가 선행되어야 이들 학문에 대한 올바른 해석이 가능하고 나아가 학문적 발전이 이루어질 것이다.

한국 전통지리사상은 땅의 생명성을 전제로 하여 자연과 인간이 공존하고 상생(相生)하면서 조화로운 삶을 추구하고자 하는 것을 말한다.

땅은 지역마다 각기 다른 지형(地形)과 고유한 지기(地氣)가 있으며 국면(局面)의 규모 또한 상이(相異)하다. 지역마다의 지기(地氣)에 알맞은 대상을 선별하여 여기에 적합한 용도로 활용하고, 국면에 따른 개발의 규모를 확정하여 지형에 적합한 배치와 공간구성을 하게 되면 개발과 환경은 조화로워지고 인간은 자연과 상생을 이루게 된다. 이렇게 되면 난개발로 인한 환경문제는 원천적으로 발생할 여지가 없게 되므로 자연과 조화를 이루며 공존하게 되는 건강한 사회가 실현될 것이다.

즉, 인문적 환경인 적재(適材)를 자연적 환경인 적소(適所)에 인문적인 소재와 자연적인 조건을 조화하여 적치(適置)하면 인간과 자연은 조화와 상생을 이루게 된다는 의미이다.

이를 사람에 비유하여 적용해보면 쉽게 이해할 수 있다.

사람들은 각기 다른 용모와 성격, 적성을 가지고 있는데, 사람마다의 성격과 적성에 알맞은 직업을 선택하게 되면 개인의 능력은 극대화되고 이로 인하여 행복지수는 높아질 것이며 궁극적으로는 안정적 사회가 구현될 것이다.

이와 같은 땅의 논리구조가 한국 전통지리사상의 핵심이다.

재주가 부족한지라 미흡한 부분이 많아 활자화하기에 주저하였지만 동도제현(同道諸賢)의 질정(叱正)을 받아 자신을 담금질하는 계기로 삼고져 출간하게 되었다.

장소접근성의 한계로 인하여 고구려와 발해 및 고려를 본서에서 다루지 못한 점은 못내 아쉬움으로 남지만 빠른 시간 내에 이들 문화유적지에 대한 연구를 진행하고자 한다.

"마지막 순간까지 지리학의 정도를 지향하신 고 산객 장영훈 선생님의 영전에 본서를 바친다."

김연호 씀

목 차

제 1 장

들어가면서

민간신앙이란 옛날부터 민간에 전승되어 오는 신앙 또는 그러한 종교를 말한다. 이와 같이 민간의 생활 속에 전승되고 있는 자연발생적 종교현상을 민간신앙으로 볼 때, 우리나라에서는 신년제, 계절제, 가신신앙(家神信仰), 동신신앙(洞神信仰), 무속신앙(巫俗信仰), 독경신앙(讀經信仰), 점복신앙(占卜信仰), 동물신앙, 예조(豫兆), 민간의료 등이 이에 해당한다.[1]

이들 중 전통지리사상(傳統地理思想)은 음양(陰陽)을 포괄한 주거 및 음택(陰宅)과 밀접한 관련을 가진 특이한 신앙형태로 우리 민족의 기층의식에, 그리고 문화의 저변에 깊고 넓게 자리 잡고 있었고, 또 현재까지 잠재의식 속에 사라지지 않고 스며져 있는 종교현상이라 할 수 있다. 이와 같이 민족의 의식 속에 뿌리 깊게 내재해 있었으면서도 개화기 이후 거의 모든 민간신앙이 그러했듯이 전통지리사상 또한 신비주의적인 미신으로 취급되어 왔지만, 이러한 사회분위기를 거치면서 민속학이 서서히 눈을 뜨기 시작한 1960년대 이후부터 각 분야에서 전통지리사상과 관련하여 새로운 연구의욕을 보이고 있다.[2]

인간은 태어나면서부터 땅을 떠나 존재할 수 없으며 죽은 이후에도 체백(體魄)은 흙으로 돌아가니 땅과의 관련성은 그 무엇과 비교될 수 없을 정도로 밀접하다. 이와 같이 인간과 밀접한 관계가 있는 땅을 알고자 하는 노력은 존재를 위한 인간 본능의 욕구라 하겠다. 시대와 사상, 지역에 따라 자연에 대한 인식과 의존도의 차이는 있지만 본질적으로 인간은 생산이나 주거를 자연에 의존할 수밖에 없으므로 땅이라는 공간에 대한 인식을 갖게 되는 것은 당연하다 하겠다. 언제나 함께할 수밖에 없는 땅, 그러므로 그 땅에 대하여 알고자 하는 노력은 접근방법의 차이는 있지만 역사 속에서 지속되어 왔다.

자연, 즉 땅에 대한 이치(理致)가 지리(地理)이다. 그리고 땅에 대한 이치를 연구하는 것이 지리학(地理學)이다. 지리는 역사적으로 감여(堪輿)[3], 상지

---

1) 김태곤, 『한국민간신앙연구』, 집문당, 1983, 11면.

2) 강중탁, 『한국문학과 풍수설』, 백문사, 1988, 11면.

3) 감여의 사전적 의미는 만물을 포용하여 싣고 있는 물건이라는 뜻으로, 하늘과 땅을 말한다. 즉, 천문(天文)과 지리(地理)를 포괄하는 개념이다. 중국 전한(前漢)의 회남왕(淮南王), 유안(劉安, BC 179 ?~BC 122)이 저술한 『회남자(淮南子)』와 동시대의 사마천(司馬遷, BC 145 ?~BC 86 ?)이 지은 『사기(史記)』,

(相地)4), 풍수(風水), 풍수지리(風水地理)라는 명칭과 혼용되었다. 고려시대의 과거시험에 지리업(地理業)5)으로, 조선시대의 과거시험에는 태종 때 음양풍수학(陰陽風水學)6), 세종 때 풍수학7)이라 하였지만 세조 때에 지리학8)으로 개칭하여 사용하였고, 그 이후 순조 때까지 유지9)되었음을 확인할 수 있다. 이것으로 미루어 보아 조선후기까지 지리와 풍수는 유사개념으로 사용되었고, 조선 초기에 풍수라는 용어를 일시적으로 사용한 적이 있지만 지리라는 용어가 오랜 역사를 가지고 장기간 동안 사용되어졌음을 알 수 있다. 술법적(術法的)·기능적(技能的)인 측면을 중요시할 때에는 풍수라는 용어를, 본질적·학문적인 성격이 강힐 때에는 지리라는 용어를 사용한 것으로 보인다.

명나라 초기 서선계(徐善繼)·서선술(徐善述) 형제가 쓴『인자수지(人子須知)』의 '風水名義'란 항목에는 풍수라는 명칭에 대하여 동진시대 곽박(郭璞, 276~324)이 저술한『장경(葬經)』10)의 내용 중 '藏風'과 '得水'에서 유래되었다고 서술되어 있다.11) 서씨 형제가 말한 것처럼 장법(葬法)의 근본원칙을 직접 취하여 풍수란 명칭을 쓰게 된 것이라면, 이와 관련된 지리서는 당연히 풍수라는 표제를 사용하여야 함에도 그들이 쓴『인자수지』에서조차도『인자수지자효지리심학통종(人子須知資孝地理心學統宗)』이라는 표제를 붙이고 풍수라는 용어는 사용하지 않았다.

또한 그 이전이나 이후에 나온 지리서는 많이 있지만 풍수라는 명칭을 사용한 것은 없고 한국에서도 지리서를 산서(山書)라는 별칭으로 부르기는 했지만 풍수서라고 부르지는 않았다. 풍수라는 명칭은 지리의 설(說)이나 학명

후한(後漢)시대 반고(班固, AD 32 ?~92)의『한서예문지(漢書藝文志)』등에 나타나 있다.

4) 지상(地相)이라고도 하며 땅의 생김새를 보고 길흉화복을 판단하는 것으로 인상(人相)이나 골상(骨相)으로 사람의 인성이나 길흉화복을 판단하는 것에 비유되는 개념이다. 조선시대의 고시과목인 지리신법(地理新法)에 보인다.

5)『고려사』권27, 선거 1.

6)『태종실록』권12, 태종 6년 11월 신미.

7)『세종실록』권22, 세종 5년 11월 임진.

8)『세조실록』권38, 세조 12년 1월 무오.

9)『순조실록』권1, 순조 1년 7월 경인.

10) 여기서의『장경』은『금낭경(錦囊經)』을 말한다.

11) 徐善繼·徐善述 저, 김동규 역,『인자수지』, 명문당, 2003, 64면.

(學名)이 아니고 지리법의 술명(術名)이라 할 수 있는데 이 술명이 지리학의 속칭(俗稱)이 된 것이다. 속칭이기 때문에 학자, 술사는 이를 책이름으로 붙이거나 또는 학술어로 사용하기를 꺼리며 일반인들 사이에서는 땅에 관한 길흉점법(吉凶占法)을 모두 풍수라고 불렀던 것이다.[12]

풍수는 지리를 파악하는 방법론 중의 하나이므로 지리사상의 일부분이고 다분히 술법적인 측면이 강한 용어[13]로 이해되고 있기에 통시적·학술적 연구에 있어서는 이를 포괄하는 지리라는 용어가 적절하다고 생각된다. 아울러 해방 이후 도입된 서구의 지리와 구별하여 전통지리(傳統地理)라고 명칭함이 옳다고 본다.

오늘날에는 풍수 또는 풍수지리라는 용어를 일반적으로 사용하고 있으며 이에 대한 연구도 다양하게 이루어지고 있지만 지엽적이고 단편적인 연구에 그치고 있다.

본서에서는 먼저 한국 전통지리사상의 기반과 성격, 그리고 그것에 내재되어 있는 생명원리와 자연인식 체계 및 조선 후기의 실학자 이중환이 저술한『택리지(擇里志)』에 대한 고찰을 통하여 한국 전통지리사상을 개관하였다.

그리고 지리(地理)는 땅을 바탕으로 하므로 현장(現場)을 떠난 연구는 관념론에 불과하기에 한국의 역사 전체를 아우르는 현장 중심의 연구가 무엇보다도 중요하고도 필요한 과제였다. 이러한 현장 중심의 통시적(通時的) 연구의 필요성에 따라 석기시대 이후 조선시대까지 시간적 순서에 따라 시대별로 현장 답사를 중심으로 전통지리사상을 고찰하고자 하였다.

역사는 인간이 땅 위에서 살아온 삶의 흔적이다. 문화의 소산으로 역사적, 예술적 가치가 인정되는 것을 문화재(文化財)라 한다. 오늘날 우리는 역사의 산물인 문화재를 통하여 과거의 역사를 추정하고 있다. 따라서 문화재의 정확한 이해가 올바른 역사인식의 전제가 됨은 당연하다 하겠다. 역사를 되돌아보면 시대별로 사상을 달리하였고 각기 다른 사상에 터 잡은 다양한 문화가 발

---

12) 村山智順 저, 정현우 역,『한국의 풍수』, 명문당, 1996, 23, 4면.
13) 풍수지리란 장풍과 득수로써 땅을 살피는 이론을 말함인데, 이는 땅의 이치를 살피는 방법론 중의 하나이며 오랜 경험에 의하여 형성되어졌다고 본다.

생하였음을 확인할 수 있다.

문화는 시대의 사회상과 사상을 반영하고 있으므로 이의 산물인 문화재를 통하여 당시의 사회상과 문화를 짐작할 수 있는 것이다. 본서에서 실증적 연구의 대상은 문화재 중에서 땅 위의 공간을 바탕으로 하는 문화유적이며, 그 범위는 우리나라 역사 전체를 포괄하고, 연구의 방법은 각 시대별 문화유적에 대한 현장을 답사(踏査)하여 연구하였기에 한국 전통지리사상의 통시적 고찰에 있어서 현장답사를 중심으로 한 최초의 연구라 할 수 있다.

한국의 전통지리사상을 개관(槪觀)한 뒤에, 현장을 답사하여 문화재 혹은 관련 사료에 내재되어 있는 전통지리사상을 읽어내고 이를 통하여 전통지리학을 올바르게 정립하는 데 있어 작은 초석이 되고자 한다. 나아가 역사와 국문학, 지리학, 조경학, 건축학, 민속학, 철학, 문화인류학 등과 같은 인접 관련 학문의 연구에 있어서 이해의 기반을 제공하고, 또한 전통지리학이 나아가야 할 방향을 제시하는 데 본 연구의 목적이 있다.

한국 전통지리사상과 관련하여 지금까지 성과를 보이고 있는 연구 분야는 문학, 지리학, 민속학, 인류학, 역사학, 건축학, 조경학, 환경학, 그리고 철학, 사상 등이다. 이러한 제반분야의 연구 경향을 정리해보면 다음과 같다.

첫째, 신화(神話), 전설(傳說), 민담(民譚) 등의 설화(說話)와 가사(歌詞), 소설 등에 내재되어 있는 전통지리사상적 내용과 이를 소재로 한 작품들에 대한 문학적 연구.14)

---

14) 강중탁, 「도선전설의 연구」, 『월산 임동권박사 송수기념 논문집』, 1986.
    ______, 「풍수설의 설화문학적 수용 양상」, 『광장』 4월호, 1988.
    ______, 『한국문학과 풍수설』, 백문사, 1988.
    ______, 「풍수사상이 수용된 가사문학연구」, 『전주대대학원 논총』, 1998.
    김태곤, 『한국민간신앙연구』, 집문당, 1983.
    김해정, 「답산가 연구」, 『한국언어문학』 21, 1983.
    서성렬, 『우리 옛 시가 속의 풍수사상』, 국학자료원, 2006.
    손진태, 『한국민족설화의 연구』, 태학사, 1981.
    신월균, 『풍수설화』, 밀알, 1995.
    유증선, 『영남의 전설』, 형설출판사, 1974.
    이수봉, 『백제문화권역의 상례풍속과 풍수설화 연구』, 백제문화개발연구원, 1986.

둘째, 지리학에서 그의 합리성이나 입지론적 타당성 여부를 분석하는 연구.[15]

셋째, 풍수지리(風水地理), 도참(圖讖), 샤머니즘(Shamanism), 신흥종교 등이 미분화된 상태에서 현황조사와 그 해석을 시도하거나, 미신으로 취급되기도 하는 술법적 입장에서의 추효(追孝), 발음(發蔭)을 주된 내용으로 한 음택에 대하여 민간 신앙적으로 접근한 민속학 및 인류학 분야의 연구.[16]

넷째, 역사학에서 주로 나말여초와 고려시대 및 여말선초의 정치, 사회상을

이숭녕, 「세종과 풍수지리설에 관한 연구」, 『한국의 전통적 지리관』, 1985.
장덕순, 『한국설화문학연구』, 서울대학교출판부, 1971.
_____, 「풍수설의 영향을 받은 소설들」, 『광장』 4월호, 1988.
장장식, 『한국의 풍수설화 연구』, 민속원, 1995.
최래옥, 『한국구비전설의 연구』, 일조각, 1981.
최인학, 『한국설화론』, 형설출판사, 1982.
현길언, 「풍수단맥설화에 대한 일고찰」, 『한국문화인류학』 10, 1978.

15) 김덕현, 「전통촌락의 동수에 관한 연구」, 『지리학논총』 13, 1986.
노도양, 「한국문화의 지리적 배경」, 『한국문화사대계』 1, 고려대 민족문화연구소, 1970.
양보경, 「조선시대의 자연인식체계」, 『한국사시민강좌』 14, 일조각, 1994.
_____, 「전통시대의 지리학」, 『한국의 지리학과 지리학자』, 한울, 2001.
오세창, 「풍기읍의 정감록촌 형성과 이식산업에 관한 연구」, 『지리학과 지리교육』 9, 1979.
유제헌, 「농촌경관의 형태적연구: 여주·이천 지방을 중심으로」, 『지리학 논총』 6, 1979.
윤홍기, 「한국적 Geomentality에 대하여」, 『지리학논총』 14, 1987.
_____, 「한국풍수지리 연구의 회고와 전망」, 『한국사상사학』, 2001.
이몽일, 「한국풍수사상사 연구」, 경북대학교 박사학위논문, 1991.
임덕순, 「한양이 조선수도로 선정된 이유: 정치지리학적 접근」, 『충북대학교논문집』 27, 1984.
최기엽, 「경관적 표현과 공간인식」, 『지리학총』 10, 1982.
최영준, 「택리지: 한국적 인문지학서」, 『진단학보』 69, 1990.
_____, 「풍수와 택리지」, 『한국사시민강좌』 14, 일조각, 1994.
최창조, 「음택풍수에 대한 지리학적 해석」, 『지리학논총』 5, 1978.
_____, 「풍수설 좌향론상의 길흉판단에 관한 위학적 해석」, 『지리학』 26, 1982.
_____, 『한국의 풍수사상』, 민음사, 1984.
_____, 「월악산 미륵사지 명당의 풍수해석」, 『도시 및 환경연구』 1, 전북대부설도시 및 환경연구소, 1986.
_____, 「풍수사상에서 본 통일한반도의 수도입지선정」, 『국토연구』 11, 국토개발연구원, 1989.
_____, 「왕조실록에 나타난 서울 정도 논의」, 『풍수 그 삶의 지리 생명의 지리』, 푸른나무, 1993.
형기주, 「지리사상과 도성계획」, 『문화역사지리』 1, 1989.

16) 김광언, 「집에 관한 풍수설」, 『전통문화』 통권 133호(8월호), 1983.
김열규, 『한국민속과 문화연구』, 일조각, 1971.
김태곤, 「성기신앙연구」, 『한국종교』 1, 원광대 종교문제연구소, 1971.
배도식, 「풍수쟁이와 풍수신앙」, 『전통문화』 1, 1986.
신종원, 「고대 일관의 성격」, 『한국민속학』 12, 1980.
임돈희, 「한국농촌부락제에 있어서의 묘자리의 영향: 풍수와 조상탓」, 『한국문화인류학』 14, 1982.
_____, 「한국조상의 두 얼굴: 조상덕과 조상탓」, 『한국민속학』 21, 1988.
임동권, 「풍수민속」, 『한국의 풍수지리』, 1982.
_____, 『한국민속문화론』, 집문당, 1983.
최길성, 「풍수를 통해본 조상숭배의 구조」, 『한국문화인류학』 16, 1984.

그로써 해석하고자 하는 접근.[17]

다섯째, 동양철학 내지는 사상사(思想史) 분야에서 역(易)을 근본으로 음양오행(陰陽五行), 이기(理氣), 간지(干支) 등을 분석하여 전통지리사상의 본질을 이해하고자 하는 연구.[18]

여섯째, 건축학, 조경학, 환경학 분야에서 공간구성의 형태적, 전통건축사상적·경관 인식적 측면에서 그의 합리성을 도출코자 하는 연구.[19]

---

17) 김두진, 「신라말 풍수지리설의 참모습과 그 후의 변용」, 『광장』 통권176(4월호), 1988.
　　김상기, 「묘청의 천도운동과 칭제건원론에 대하여」, 『국사상의 제문제』 2, 1959.
　　김용국, 「서울천도의 동기와 전말」, 『향토서울』 1, 1957.
　　＿＿＿, 「龍山考」, 향토서울 34, 1976.
　　원영환, 「조선시대한성부연구－행정·치안·방위를 중심으로」, 성균관대학교 박사학위논문, 1985.
　　이기백, 「후삼국시대의 호족」, 『한국사의 재조명』, 독서신문사출판국, 1975.
　　이병도, 「세종조의 국도주산문제」, 『진단학보』 8, 1937.
　　＿＿＿, 「이조초기의 건도문제」, 『진단학보』 9, 1938.
　　＿＿＿, 『고려시대의 역구』, 아세아문화사, 1980.
　　이용범, 「풍수지리설」, 『한국사』 6, 국사편찬위원회, 1981.
　　이원명, 「하양천도 배경에 관한 연구」, 『향토서울』 42, 1984.
　　장지연, 「여말선초 천도논의에 대하여」, 『한국사론』, 2000.
　　조동원, 「역대 풍수도참사상에 대한 고찰」, 『한국종교』 4·5, 1980.
　　차용걸, 「전통사상으로서의 풍수도참과 정치득실」, 『청람』 27, 1985.
　　최　동, 「한성천도와 신도의 건설」, 『한국학연구총서』 2, 성진문화사, 1972.
　　최병헌, 「도선의 생애와 나말여초의 풍수지리설」, 『한국사연구』 11, 1975.
　　＿＿＿, 「고려건국과 풍수지리설」, 『한국사론』, 1988.
　　＿＿＿, 「도선의 풍수지리설과 고려의 건국이념」, 『선각국사와 한국』, 1996.
　　＿＿＿, 「유교·불교·풍수도참사상」, 『한국사 연구입문』, 1981.
　　최승희, 「조선태조의 왕권과 정치운영」, 『역사와 현실』 15, 1995.
　　최완수, 「고려의 건국과 선종」, 『한국사의 재조명』, 독서신문사 출판국, 1975.
　　한영우, 「한양정도의 민족사적 의의」, 『향토서울』 45, 1988.
　　황의돈, 「역사상으로 본 서울」, 『한국학연구총서』 1, 성진문화사, 1971.

18) 김득황, 『한국사상사』, 대지문화사, 1978.
　　문상희, 「한국민간신앙의 자연관」, 『신학논단』 11, 연세대 신과대학, 1972.
　　박종홍, 「나말여초의 정신적 추세」, 『한국사상사』, 1966.
　　배종호, 「풍수지리약설」, 『인문과학』 22, 연세대 인문과학연구소, 1969.
　　서윤길, 「도선과 그의 비보사상」, 『한국불교학』 1, 1975.
　　＿＿＿, 「도선 비보사상의 연원」, 『불교학보』 13, 동국대 불교문화연구소, 1976.
　　＿＿＿, 「도선국사의 생애와 사상」, 선각국사 도선의 신연구, 1988.
　　신정암, 「정감록의 사상적 영향」, 『한국사상』, 한국사상연구회, 경인문화사, 1973.
　　유동식, 「민간신앙과 신흥종교를 통해본 민중의 종교사상」, 『고대문화』 17, 1977.
　　이은봉, 「풍수도참의 사상적 구조」, 『광장』 4월호, 1988.
　　＿＿＿, 『한국고대종교사상』, 집문당, 1984.
　　장병길, 『한국고유신앙연구』, 서울대 동북아문화연구소, 1970.
　　＿＿＿, 「한국종교의 사회적 성격에 관한 연구」, 『성곡논총』 2, 1971.

19) 김용국 외, 『동양조경사』, 한국조경학회, 2007.
　　김진일, 「농촌취락과 생활공간에 대한 고찰」, 『건축』 24권, 95호, 1980.

이와 같이 제반 분야에서 전통지리와 관련된 다양한 연구 성과를 내고 있지만 대개의 연구는 전통지리사상의 본질적인 연구가 아니라 관련 부분의 단편적 연구에 그칠 뿐만 아니라 전통지리사상의 본질을 제대로 이해하지 못한 채 필자의 연구 목적에 따라 단순한 인용으로 해당 부분을 기술하다 보니 오히려 전통지리의 본질과는 거리가 먼 잘못된 해석을 하는 경우도 많이 있다.

대개의 종교와 사상은 오랜 역사 과정에서 때로는 왜곡되기도 하고 때로는 부패하고 타락하기도 한다. 왜냐하면 종교나 사상의 운영 주체는 인간이고 인간의 필요성에 의해 탄생한 관념적인 것이므로 시대적 상황에 따라 인간의 필요성은 달라질 수 있으며 또한 물질이나 권력이 이에 결부되기 때문이다. 그렇다고 하여 종교나 사상 그 자체를 부정할 수는 없다. 그것은 그렇게 오용(誤用), 혹은 악용(惡用)한 이들의 문제이지 종교나 사상 자체의 본질적인 내용의 변화에 기인한 것이 아니기 때문이다.

김형만 · 김철수, 「한국성곽도시의 발전과 공간패턴에 관한 연구」, 『국토계획』 17권, 1호, 1982.
김홍식, 「마을 공간구성 방법에 대한 한국전통건축사상연구」, 『건축』 19권, 64호, 1975.
______, 「성읍리 공간구성의 연구」, 『제주도연구』 1, 제주도연구회, 1984.
박경립, 「전일적 세계관으로 본 한국전통건축의 공간적 특성에 관한 연구」, 한양대 박사학위논문, 1986.
박시익, 「풍수지리설과 건축계획」, 『건축사』 통권 115호, 1978.
______, 「풍수지리설과 건축계획과의 관계에 관한 연구」, 고려대 석사학위논문, 1978.
______, 「풍수지리설의 현대건축학적 적용」, 『광장』 통권 176(4월호), 1988.
______, 「풍수지리설 발생배경에 관한 분석연구」, 고려대학교 박사학위논문, 1987.
______, 『한국의 풍수지리와 건축』, 일빛, 1999.
박언곤, 「길흉건축」, 『건축』 30권, 3호, 1986.
박찬용, 「조선시대 읍성정주지의 경관구성 연구」, 『한국조경학회』 12권, 1호, 1984.
______, 「우리나라 전통읍성의 경관구성과 해석에 관한 기초연구」, 『환경연구』 17권, 1호, 1988.
______, 외, 「닭실마을의 경관복원과 정비에 관한 연구」, 『한국정원학회지』 20권, 4호, 2002.
현중영 · 박찬용, 「조선시대 전통주택 풍수의 좌향」, 『한국정원학회지』 16권, 4호, 1998.
______, 「조선시대 사대부마을 풍수의 시각적 구조」, 『한국정원학회지』 17권, 3호, 1999.
박찬용 · 황상돈, 「조선시대 읍성의 관아 정원에 관한 연구」, 『한국정원학회지』 1/권, 3호, 1999.
성인수, 「동양의 입체오행사상을 통하여 본 세계관과 건축공간배치에 관한 가설」, 『건축』 27권, 113호, 1983.
유응교, 「조경을 중심으로 한 도시공간구성에 관한 연구」, 『국토계획』 10권, 2호, 1975.
윤홍택, 「지연관이 건축공간구성에 미치는 영향」, 『건축』 23권, 86호, 1979.
이해성, 「건축문화에 표출된 동서의 자연관」, 『비교문화연구』 4, 한양대 비교문화연구소, 1985.
임충신, 「모공간의 원형: 물과 향천적 흐름」, 『건축』 25권, 103호, 1981.
장성준, 「풍수지리의 국면이 갖는 건축적 상상력에 관한 고찰」, 『건축』 22권, 85호, 1978.
조성기, 「농촌자연부락의 집락형태에 관한 연구」, 『건축』 23권, 88호, 1979.
주남철, 「전통주택의 연구」, 『한국의 사회와 문화』 2, 한국정신문화연구원 사회연구실, 1980.
주종원, 「서울시 도시형태 형성에 관한 연구」, 『국토계획』 16권 2호, 1981.

한국의 전통지리사상은 우리의 조상들이 이 땅에 살면서부터 형성되기 시작한 자연관이자 신앙이며 사상이기에 시원적(始原的) 역사를 가졌다고 볼 수 있다. 그러기에 우리민족의 의식이나 학문, 생활 등 역사 속에 폭넓게 수용되어 있다. 때로는 왜곡되거나 타락하기도 한 시기도 있었고 이를 이용한 사람도 있었다. 그렇지만 이것은 대개의 종교나 사상이 그러하듯이 오랜 역사의 과정에서 보면 하나의 단면일 뿐이며 이를 악용한 사람들의 문제이다.

부정적인 부분적 단면만을 확대해석하여 전체를 부정하는 것은 전통지리사상의 본질을 제대로 이해하지 못한 오류이며, 또한 오랜 역사 동안 우리 민족의 자연관이자 생활관이었던 기본적 성서를 부정하는 것과 같으므로 이는 자기 정체성을 부정하는 우(愚)를 범하게 된다고 본다.

단군신화(檀君神話)에서 전통지리의 사상적 기반을 찾아내어 이를 바탕으로 전통지리사상의 성격과 생명원리를 살피고, 우리 민족의 자연에 대한 인식체계와 한국 전통지리사상을 집성(集成)하였다고 볼 수 있는 『택리지』에 대한 고찰을 통하여 한국 전통지리사상을 살펴본 후에, 현장 답사를 중심으로 하여 실증적 고찰을 하였다. 따라서 본서의 연구대상은 한국 전통지리의 사상적 기반과 성격, 그리고 그것에 내재된 생명원리와 땅을 바탕으로 하여 그 위에 남아있는 인간의 흔적으로서 역사적, 문화적 가치가 있다고 판단되어 문화재로 등록된 유적이다. 그리고 연구의 범위는 한국 전통지리사상의 성격과 부합되는 내용에 한정하였으며, 이 땅 위에 최초로 인간이 생활하였다고 추정되는 석기시대부터 근대의 조선시대까지 각 시대를 대표할 수 있는 문화재로 하였다.

현장 중심의 실증적 고찰에 있어서는 시간적 순서에 따라 선사시대는 석기와 청동기, 고조선시대로 구분하였고, 역사시대는 국가 성립 시기를 기준으로 고대사에 속하는 백제와 신라, 근대사인 조선으로 분류하여 시대별로 시간적 순서에 따라 고찰하고자 하였다.

부여와 고구려 그리고 발해 및 고려는 그 문화유적이 중국이나 북한에 있으므로 현장답사를 위한 접근성의 한계로 이후의 연구과제로 남기고자 한다.

현재 문화재로 등록된 우리의 문화유적은 방대하므로 모두를 대상으로 삼기에는 시간적 한계와 장소 접근성의 한계 등으로 인하여 부득이하게 시대별로 본 연구에 필요한 유적을 선별할 수밖에 없었기에 각 시대를 대표할 수 있는 땅을 바탕으로 한 문화유적을 대상으로 하였다.

석기시대의 연구대상은 남한에서 처음으로 석기시대 문화층의 존재가 확인된 곳으로 일반인에게 잘 알려져 있는 공주 석장리 유적을 선정하였고, 청동기시대는 세계문화유산으로 등록된 고창과 화순의 고인돌 유적을 대상으로 하였다.

국가가 성립된 삼국시대 이후의 문화유적 선정의 기준은 각 시대별로 양택(陽宅)과 음택(陰宅)으로 이대별하여 국가의 가장 대표적이고 중요한 터잡이라 할 수 있는 양택인 궁궐이나 궁궐지 또는 궁궐 추정지와 시대의 사상을 대표하는 건조물, 즉 사찰과 서원, 그리고 비교적 현장보존이 가장 잘 되어 있는 음택인 왕릉 또는 왕릉 추정 고분을 중심으로 하여 살펴보고자 하였다.

이러한 기준에 따라 백제와 신라는 국가별 궁궐지나 궁궐 추정지와 왕릉이나 이에 준하는 고분 그리고 당시의 대표적 신앙의 상징물인 사찰을 중심으로 고찰하고자 하였다. 유교중심 국가인 조선은 천도의 과정과 경복궁, 그리고 사학기관이자 종교적 기능의 상징물인 서원, 그리고 왕릉을 연구대상으로 하였다.

한국 전통지리의 사상적 기반은 『삼국유사(三國遺事)』의 단군신화 기록을 중심으로 하여 관련 논문과 서적을 참고하였고, 자연에 대한 인식체계는 『산경표(山徑表)』와 『대동여지도(大東輿地圖)』를 중심으로 살펴보았다. 그리고 한국 전통지리사상의 생명원리는 『삼국유사』와 『삼국사기(三國史記)』의 기록을 기본으로 하여 『고려사(高麗史)』와 『고려사절요(高麗史節要)』, 『조선왕조실록(朝鮮王朝實錄)』 등의 사서(史書)와 각종 지리지(地理誌), 그리고 여러 지리서(地理書)를 참고하였다.

또한 우리 국토와 문화경관의 본질을 가장 잘 파악한 전통적 지리서[20]로 평가받고 있는 『택리지(擇里志)』의 내용 중에서 터잡이의 원칙을 기술한 「복거총론(卜居總論)」을 일반적 기준으로 하여 구체적 사례에 적용하여 비교 고찰하고자 하였다.

그리고 실증적 고찰에 있어서는 각 시대별 문화유적에 대한 현장의 직접 답사를 원칙으로 하였고 위성사진과 『대동여지도』, 『산경표』, 각종의 고지도와 근·현대지도 등 기타 관련 자료를 참고하였다. 또한 『삼국사기』, 『삼국유사』, 『고려사』, 『고려사절요』, 『조선왕조실록』 등의 사서(史書)와 『세종실록지리지(世宗實錄地理志)』, 『동국여지승람(東國輿地勝覽)』, 『신증동국여지승람(新增東國輿地勝覽)』, 『산림경제(山林經濟)』, 『임원경제지(林園經濟志)』 등의 조선시대의 지리지, 그리고 『청오경(靑烏經)』, 『금낭경(錦囊經)』, 『지리신법(地理新法)』, 『인자수지(人子須知)』, 『조선의 풍수』 등 각종 지리서를 참고하였으며, 『회남자(淮南子)』, 『시경(詩經)』, 『주자가례(朱子家禮)』, 『위지(魏志)』와 『후한서(後漢書)』의 「동이전(東夷傳)」, 『조선금석총람(朝鮮金石總覽)』, 『필원잡기(筆苑雜記)』 등의 각종 고서(古書)를 참고하였다.

본 연구의 실증적 고찰은 선사시대부터 근대사인 조선시대까지 아우르는 우리 전통지리사상의 통시적 연구이므로 개별적인 문화유적의 미시적 연구 분석을 지양하고 각 문화유적들의 입지를 중심으로 각 문화유적에 내재되어 있는 특징적인 전통지리사상을 개괄하면서 동시에 유기적으로 고찰하고자 하였다.

---

20) 최영준, 「택리지: 한국적 인문지리학서」, 『진단학보』 69, 1990, 165면.

제 2 장

한국의 전통지리사상

1. 한국 전통지리의 사상적 기반

1) 단군신화(檀君神話)에 내재된 지리사상 원리

한국의 가장 오래된 역사에 대한 기록은 단군신화이다. 신화에는 신화를 창조한 집단(민족)의 사상과 정서, 그리고 그것에 기초한 생활양식과 문화 등이 내포되어 있으며 그러한 사상과 문화는 오늘날까지도 그 집단에게 상당한 영향을 미치고 있다. 따라서 우리는 신화를 통하여 그 신화를 창조한 집단의 의식과 세계관, 생활 등을 유추해 볼 수 있다.

> 단군신화는 우리문화의 원형이요 헌장으로서 존재하고 있다. 이것은 사상(天 · 樹木 · 서낭당 · 萬神 · 神仙)이나 의례(婚禮 · 成年式 · 歲時風習), 예술(고분벽화 · 조각 · 건축 · 그림), 사회이념, 언어(傳說 · 民譚 · 이야기) 등에서 골고루 보여진다.[1]

본서에서는 일연(一然, 1206~1289)이 저술한 『삼국유사(三國遺事)』의 권1 「기이(紀異)편」에 기록되어 있는 단군신화를 통하여 시원적(始原的)인 한국의 사상 속에 내재되어 있는 지리사상의 원리를 고찰해보고자 한다.

『삼국유사』에 수록되어 있는 단군신화의 기록은 다음과 같다.

> 고기(古記)에 이르기를, 옛날에 환인(帝釋의 다른 이름)의 서자 환웅이 자주 천하에 뜻을 두고 인간세상을 다스리고자 하였는데, 아버지가 아들의 뜻을 알고 세상을 내려다보니, 삼위태백이 세상을 널리 이롭게 할 만한 곳이었다. 이에 천부인 3개를 주고 보내어 다스리게 하였다. 환웅은 삼천의 무리를 거느리고 태백산 정상의 신단수(『제왕운기』, 『동국여지승람』 등 각종 서적에는 檀樹로 기록하고 있음) 아래에 내려오니 이곳을 신시라 히고 이 분을 환웅천왕이라고 한다. 그는 풍백 · 우사 · 운사를 거느리고, 곡식 · 생명 · 질병 · 형벌 · 선악 등을 주관하면서, 인간의 360여 가지 일들을 주관하고, 세상에 있으면서 이치로 다스렸다. 이때 곰 한 마리와 범 한 마리가 같은 굴에 살고 있으면서 그들은 항상 신웅(환웅)에게 사람이 되게 해주기를 원하면서 기도하였다. 이때 신(환웅)께서 이들에게 신령스러운 쑥 한 다발과 마늘 스무 개를 주면서, "너희들이 이것을 먹고 100일 동안 햇빛을 보지 않으면 곧

---

1) 윤명철, 『단군신화, 또 다른 해석』, 백산자료원, 2008, 89면.

사람의 모습을 얻게 될 것이다"라고 하였다. 곰과 범은 이것을 얻어 먹으면서 삼칠일간을 금기하여 곰은 여자의 몸을 얻게 되었으나, 범은 금기를 하지 못하여 사람의 몸을 얻지 못했다. 웅녀는 그녀와 혼인해 주는 이가 없으므로 항상 단수 아래에서 잉태할 수 있기를 기원하였다. 이에 환웅은 잠시 사람으로 변하여 혼인하고 아들을 잉태해 낳으니 이름을 단군 왕검이라 하였다. 단군은 중국 당나라 요임금이 즉위한 지 50년인 경인년에 평양성에 도읍하여 비로소 조선이라 하였다. 또 백악산 아사달로 도읍을 옮겼는데 그곳을 궁홀산 또는 금미달이라고도 하였으며 1500년간 나라를 다스렸다. 주나라 호왕(무왕)이 즉위한 기묘년에 기자를 조선왕으로 봉하자 단군은 장당경으로 옮겼다가 후에 아사달에 돌아와 숨어서 산신이 되었는데, 그때 나이 1908세였다.

[古記云, 昔有桓因(謂帝釋也)庶子桓雄. 數意天下. 貪求人世. 父知子意. 下視三危太伯可以弘益人間. 乃授天符印三箇. 遣往理之. 雄率徒三千, 降於太伯山頂(卽太伯今妙香山.)神壇樹下. 謂之神市. 是謂桓雄天王也. 將風伯雨師雲師. 而主穀主命主病主刑主善惡. 凡主人間三百六十餘事. 在世理化. 時有一熊一虎, 同穴而居. 常祈于神雄. 願化爲人. 時神遺靈艾一炷, 蒜二十枚曰. 爾輩食之. 不見日光百日 便得人形. 熊虎得而食之忌三七日. 熊得女身. 虎不能忌. 而不得人身. 熊女者無與爲婚. 故每於壇樹下. 呪願有孕. 雄乃假化而婚之. 孕生子. 號曰壇君王儉. 以唐高卽位五十年庚寅.(唐高卽位元年戊辰. 則五十年丁巳. 非庚寅也. 疑其未實.) 都平壤城.(今西京.) 始稱朝鮮. 又移都於白岳山阿斯達. 又名弓(一作方)忽山. 又今彌達. 御國一千五百年. 周虎王卽位己卯. 封箕子於朝鮮. 壇君乃移於藏唐京. 後還隱於阿斯達爲山神. 壽一千九百八歲.]

환인과 환웅은 천신(天神)이나 태양신을 말하고, 이것은 곧 태양숭배 혹은 하늘숭배사상을 의미한다. 천신은 지신(地神)과 결합하여 생명을 탄생시키므로 생명의 근원이 된다.

삼위태백에 관해서는 몇 가지의 이설(異說)이 있는데, 첫째는 삼위와 태백을 각각 다른 산으로 보는 경우이고, 둘째는 삼위를 태백산의 성격을 나타내는 명칭으로 보는 경우이며, 셋째는 세 개의 큰 산인 태백산으로 보는 경우이다.[2] 안호상은 삼위(三危)를 삼신(三神)이라고 해석하면서 삼위와 태백을 같은 산으로 보아 삼신산(三神山)은 태백산이라고 하였다.[3] 이것은 산신(山神)과 통하며 산악숭배사상(山岳崇拜思想)과 맥을 같이한다. 여기서 삼신이란 두 가지로 설명할 수 있는데, 첫째는 환인(桓因)·환웅(桓雄)·단군(檀君)으

---

2) 윤명철, 앞의 책, 27,8면.

3) 안호상, 『민족사상과 정통종교의 연구』, 민족문화출판사, 1996, 33~9면.

로 해석하는 경우와, 둘째는 천신(天神)인 환웅과 지신(地神)인 웅녀(熊女), 그리고 이들의 결합에 의하여 탄생한 인(人)에 해당하는 단군(檀君)으로 해석할 수 있다. 두 가지의 설명 모두 타당성이 있지만 천(天)·지(地)·인(人) 삼재(三才)의 합일과 조화를 전제하는 둘째의 해석이 한국 전통지리의 조화(調和)와 상생(相生)의 원리에 보다 적합하다고 본다.

우랄알타이인들에게 수메르 산은 그 정상에 북극성이 걸려 있는 세계의 중심점으로 성산(聖山), 즉 우주산(宇宙山)이다. 우주산의 정상은 단순히 땅의 가장 높은 지점일 뿐만 아니라 땅의 배꼽, 즉 천지창조가 시작된 지점이기도 하다.4)

중심이 지니는 역할은 세 영역(천국, 지상, 지하)을 연결하여 세계를 카오스(Chaos)에서 코스모스(Cosmos)로 변화시키는 우주론적 역할과 인간을 천계(天界)와 결합시킴으로써 인간의 생존을 가능케 하는 구제론적 역할을 한다. 따라서 이 지역은 신성한 곳인 성역(聖域)이기에 절대적인 실제의 영역이 된다. 이 우주의 중심인 성산의 개념은 확대되어 그들이 도읍을 정하면 그곳이 성도(聖都)가 되며 하늘의 명을 받은 신의 대리자인 왕의 주거지 혹은 사원 등이 되어 많은 원형의 모방을 파생시킨다. 이 성산, 즉 우주산의 개념은 전 세계적으로 보편화되어 있다.5)

이와 같은 의미에서 볼 때 태백산은 우주산이 된다. 이러한 우주산은 전국에 산재하며 하늘을 향하여 제의를 올리던 제단을 간직하고 있다. 우주산의 개념은 산악신앙과 밀접한 관련을 맺고 있다. 이것은 산이 많고 험하며 생활과 직접적인 관계를 맺은 특정한 지역에서 보편적인 우주산의 개념이 자연환경의 영향을 받아 산 자체를 신이 깃들인 곳으로 인식하고 숭배하기 때문이다.6)

홍익인간(弘益人間)7)과 재세이화(在世理化)의 이념은 전세(前世)나 후세(後世)가 아닌 현실세계에서 이치(理致)로 다스려 널리 인간세상을 유익하세

---

4) M, Eliade 저, 심재중 역, 『영원회귀의 신화(Le mythe de l'eternel retour: archeypes et repeition)』, 이학사, 2005, 23~5면.

5) 정진홍 역, 앞의 책, 32~4면.

6) 윤명철, 앞의 책, 43,4면.

7) 한국의 건국이념인 홍익인간은 미군정시절부터 현행 한국의 교육이념으로 설정되었고, 1949년 12월 31일 법률 제86호로 제정, 공포된 <교육밥> 제1조에 명기(明記)함으로써 교육이념의 정수(精髓)가 되었다.

하는 이상적 국가건설을 의미한다. 여기서 이치는 자연의 순리, 즉 천지(天地), 사물(事物)의 도리에 어긋나지 않는 조화로움을 말한다. 이와 같이 자연과 조화로운 현실에서의 이상적 국가 건설은 자연과 상생하고 조화를 이루는 이상적인 공간 창출이라는 전통지리사상의 바탕을 이루고 있다.

신단수(神檀樹)는 우주산의 중심인 정상에서 하늘과 땅을 연결해주는 우주목(宇宙木)이며 세계수(世界樹)가 된다. 즉 대지의 배꼽이며 세계와 세계를 연결해주는 세계축이 되어 세계의 중심이 된다.[8] 이와 같은 세계수는 나무 자체에 정령(精靈)이 깃들어 있다고 하여 신과 동일시하는 수목신앙(樹木信仰)으로 발전한다.[9] 이러한 수목신앙은 당(堂)나무의 형태로서 지금까지 전승되어 오고 있으며 당나무는 신령스러운 나무로서 동제의 수호신 역할을 하기도 한다.

신단수 아래에 자리 잡은 신시(神市)는 천상의 유토피아를 지상에 구현한 것으로 하늘과 땅이 만나 이루어지는 창조의 공간이며 성역(聖域)으로서 지상에서의 이상적인 공간을 의미한다. 『삼국지(三國志)』 「위지(魏志)」 동이전(東夷傳)의 한(韓)조에는 '삼한에는 모두 별읍이 있는데 이를 소도라 한다. 큰 나무에 방울과 북을 매달아 세우고 귀신을 섬긴다(諸國各有別邑 名之爲蘇塗 立大木縣鈴鼓事鬼神)'라는 내용이 있다. 이와 같은 내용에서 보아 신성한 지역인 소도(蘇塗)는 신시의 변형된 또 다른 모습이라 할 수 있다. 또한 솟대가 여기에서 유래되었다고도 하지만 우주목으로서의 성격을 가진 솟대는 신단수에 비유함이 타당하다.

곰(熊)에 대해서, 첫째는 熊을 생물학적 동물로 보아 그 곰을 중심으로 한 토테미즘(totemism)적 분석과 둘째는 熊을 '곰'으로 발음하여 언어학적 분석을 한다.[10]

토테미즘이란 집단의 성원 모두가 특정한 동물이나 식물 등의 자연물(토템)과 특수한 관계가 있다고 여기고 그것을 숭배하는 사회 체제 및 종교 형태를

---

8) 김열규, 『한국의 신화』, 일조각, 1976, 42면.

9) Nioradze 저, 이홍식 역, 『시베리아 제민족의 원시종교』, 신구문화사, 1976, 58면.

10) 윤명철, 앞의 책, 53면.

말한다. 이것은 자연물에 대한 정령(精靈), 즉 생명력을 전제하고 있다.

고(古) 아시아족은 곰에 대한 토템의 정서가 강하여 곰을 신으로 섬기고11) 아이누어(語)에서는 熊을 Kamui라고 부르며 이것은 산신(山神)을 의미한다.12)

고 아시아족은 우리나라 신석기 시대의 종족이며 무문토기를 사용하는 집단에 의하여 정복당하거나 동화되면서 사라지지만 언어나 문화에 부분적인 흔적을 남겼으며13) 이후의 문화형성에 영향을 미쳤다고 본다.

熊이 신(神)을 의미한다고 보면 웅녀(熊女)는 여신(女神)이며 환웅의 배우자가 되므로 환웅은 남신(男神)이 된다. 또한 환웅은 천신(天神)이므로 웅녀는 이의 상대적 개념인 지신(地神)에 해당한다.

대지(大地)는 여성적 생산력의 상징인 지모신(地母神)의 현현(顯現)으로 이해되고 있으며 특히 곰이 혈(穴)에 거(居)했다는 사실은 곰의 지모신으로서의 성격을 확실히 하고 있다.14) 동면(冬眠)을 거쳐 봄에 다시 활동을 하는 곰의 재생(再生) 관념은 식물계의 주기적인 재생과 연결되고 이러한 배경 하에 농경문화가 시작되면서 지모신 신앙이 탄생하게 되었던 것이다.

범(虎)은 백수(百獸)의 왕으로서 산신령으로 여겨지고 있으며 우리의 민담(民譚)이나 설화(說話)에서 쉽지 않게 찾을 수 있다. 이와 같이 범은 우리의 문화와 밀접한 관계를 가진 토템적 성격이 강하며 이것은 산악숭배사상을 토대로 형성되어진 것이다.

일반적으로 신화 속에서 동굴이나 미로 등은 창조 이전의 모태(母胎), 질서 이전의 혼돈을 나타낸다. 이와 동일한 의미를 가진 혈(穴)은 존재의 근원으로서 생활의 공간과 시간을 나타낸다. 이것은 일상생활과 상황이 아니라 특수한 상황을 상징하고 있으며 혈(穴)은 창조를 위한 예비과정으로서 대개 여성과 생산기능을 상징하고 있다. 따라서 지모신으로서의 성격을 내포하고 있다. 인류기원사회에서는 혈(穴) 또는 동굴에서 생산과 관계되는 행위가 많이 발생하

---

11) 김정배, 「고조선의 민족구성과 문화적 복합」 『백산학보』 12, 백산학회, 1972, 72~5면.
12) 강길운, 「고조선삼국에 대한 비교언어학적 고찰」 『언어』 2, 충남대학교 어학연구소, 1981, 34면.
13) 김정배, 앞의 논문, 13,4면.
14) 윤명철, 앞의 책, 58면.

는 모습을 보이고 있다.15) 바로 이 혈(穴)은 생명을 잉태하고 생산하는 신성스러운 공간적 의미를 가지며 전통지리의 핵심적 요소로 자리 잡게 된다.

단군은 천신인 환웅과 지신인 웅녀의 결합, 즉 천지(天地)의 조화에 의하여 탄생된 결정체로 인(人)에 해당한다. 단군은 천제(天祭)를 주관하는 제사장, 곧 무당과 같은 역할을 담당하고 있다. 단군의 무군(巫君)적인 요소, 즉 주술적(呪術的)인 성격에서 볼 때 샤먼(Shaman)적 군장(君長)이었음을 알 수 있다. 제정일치(祭政一致) 체제에서의 사제(司祭)적인 기능, 병과 목숨을 주관하는 의무(醫巫)적 기능 등에서도 신분을 엿볼 수 있고 무당을 당굴·단골이라 하는 것도 당굴이 몽골어인 Tengri의 음역(音譯)이고 그 원뜻이 하늘 또는 제천자(祭天者)를 의미하니 단군이 제천의 무군임은 틀림없다.16) 무당(巫堂)의 '巫'자에서 위의 '一'은 하늘 또는 신령(神靈)을 표현한 것이고, 아래의 '一'은 땅 또는 인간을 표현한 것이다. 가운데의 'ㅣ'은 하늘과 땅의 연결을 의미하고 있으며, 'ㅣ'의 양편에는 사람(人)이 춤추는 모습을 형상화한 것이다. 이것은 단군이 천제를 모시는 제사장으로서의 역할과 논리구조를 같이하고 있다.

단군이 하늘로 돌아가지 않고 산신(山神)이 되었다는 것은 도가적(道家的) 사상을 반영한 현세적(現世的) 세계관을 나타낸 것이며 이것은 산신 및 산악 숭배사상, 조령(祖靈)숭배와 맥을 같이한다.

〈표 1〉 단군신화의 구성요소와 한국 전통지리의 사상적 기반

단군신화의 구성요소	한국의 시원적 전통사상	한국 전통지리사상의 원리
환인, 환웅	태양숭배, 하늘숭배사상	천신, 생명의 근원
삼위태백	산악숭배, 산신사상	산악숭배, 산신사상
홍익인간, 재세이화, 신시	현세주의적 사상	현세주의적 이상공간
신단수	수목신앙, 정령숭배	정령숭배
곰, 웅녀	토테미즘, 지(모)신사상	정령숭배, 지모신사상
범	토테미즘	정령숭배
혈	지모신사상	지모신사상, 이상적 장소
단군	무속신앙	정령숭배
산신	산신·산악·조령숭배사상	산신·산악·조령숭배사상

---

15) 윤명철, 앞의 책, 61면.

16) 홍순창, 「원시생활에 나타난 한국의 고유한 사고와 사상(상)」, 『한국민족사상대계』 1, 개설편, 아세아학술연구회, 1979, 31면.

단군신화의 내용에서 전통지리의 사상적 원리를 요약하면 아래와 같다.

단군신화의 삼위태백과 산신은 전통지리의 사상적 원리가 되는 산악숭배사상과 관련되고, 홍익인간과 재세이화는 현세주의적 이상공간의 건설과 연결된다. 웅녀는 지모신 사상, 그리고 곰과 범은 토테미즘, 무당과 유사한 역할을 담당하는 단군은 무속신앙(巫俗信仰, shamanism), 신단수는 정령숭배(精靈崇拜, animism)를 각각 사상적 기반으로 하고 있다. 토테미즘은 자연물에 대한 정령을 전제하고 무속신앙은 정령과 인간의 매개자인 무당을 중심으로 이루어진 것이기에 토테미즘과 무속신앙은 정령신앙을 바탕으로 하여 성립되어진다. 정령신앙은 자연물, 즉 만물의 생명성을 전제한 것이므로 이것은 나아가 땅에 대한 생명력의 바탕이 된다. 따라서 정령(精靈)신앙은 산악숭배(山岳崇拜)사상, 지모신(地母神)사상과 더불어 한국 전통지리사상의 근본 원리가 된다. 본서에서는 한국 전통지리사상의 근본원리가 되는 이들 사상에 대하여 구체적으로 고찰해보고자 한다.

경험과학적인 한국 전통지리사상은 이후에 음양(陰陽) · 오행(五行)과 습합하면서 이론적 체계화를 이루게 된다.

역사시대 이후에 한국에 도입된 대표적인 종교로 유(儒) · 불(佛) · 선(仙)이 있는데, 이러한 종교와 전통지리사상과의 관계성을 간략하게 살펴보면 다음과 같다.

사찰에서 산신령(山神靈)을 모시고 있는 산신각(山神閣)은 민간신앙이 불교에 수용된 것이며 이것은 산신사상, 산악숭배사상과 맥을 같이한다.

선교(仙敎)는 도교(道敎)를 말하며 무위자연(無爲自然)과 현세적 무릉도원(武陵桃源)은 신선(神仙), 즉 산신사상, 산악숭배사상과 의미적 연결성을 가지고 있다.

인본주의(人本主義)를 표방하고 있는 유교(儒敎)에서는 전통지리 법술(法術)의 윤리성과 조령숭배(祖靈崇拜) 사상을 찾을 수 있다. 『주역(周易)』의 「문언전(文言傳)」에 '선을 쌓은 집안은 반드시 남는 경사가 있고, 불선을 쌓은 집안에는 반드시 남는 재앙이 있다(積善之家, 必有餘慶, 積不善之家, 必有餘殃)'는 내용에서 법술의 행동규범을 확인할 수 있다. 그리고 효(孝)를 바탕으로 한 조령숭배(祖靈崇拜)는 음택(陰宅)에 대한 관심을 집중시켰고, 이러한 현상은 여러 가지의 폐해를 초래하여 조선 후기 실학자들의 비판의 대상이 되었으며, 오늘날 전통지리가 불신 받게 되는 원인이 되기도 하였다.

2) 정령숭배(精靈崇拜, Animism)

원시시대부터 사람들은 자신의 외부를 구성하고 있는 환경을 나름대로 파악하고 구조화하여 일정한 체계로 이해하는 세계관을 지니고 있었다. 이러한 세계관 또는 자연관은 인간의 역사와 활동 방향, 과학과 기술의 발선, 정관(景觀)의 형성 등을 결정하는 기초적 이념으로 작용하였다. 사회가 변화함에 따라 그 사회가 공유하는 세계관도 시대에 따라 변화하였다. 그러나 그 변화의 밑에는 원형적인 사고 체계가 뿌리로서 자리 잡은 경우가 많았다.[17]

한국문화의 기저를 이루는 전통사상으로 흔히 천지인합일(天地人合一)에 대한 믿음을 들듯이 전통적 한국 지리사상의 기초는 자연과 인간의 합일성에 있었다. 자연은 그 자체로서 완벽하게 조화된 질서이며, 인간은 그 자연의 일부라고 생각한 것이다. 자연숭배의 원시신앙과 도교적 자연관, 그리고 오랜 농경문화에서 오는 경험적 환경윤리가 융합된 결과라고 할 수 있을 것이다. 지식인과 지도층은 청풍명월(淸風明月)을 노래하면서 자연을 찬미하고 자연으로부터 지혜를 배우는 것을 풍류(風流)라 하여 낙이요 멋으로 알고 있었다. 왕실과 지배층에서는 경세(經世)의 근본이 치산치수(治山治水)에 있다고 하여 자연에 대하여 보다 적극적인 자세를 강조하였다. 그러나 이 역시 자연에 도전하여 그 한계를 극복하려는 모습이라기보다는 자연의 이치를 궁구하여 활용할 것을 강조한 것으로 보는 것이 타당할 것이다.[18]

우리나라 건국신화의 신은 해, 달, 산수 등 자연 그 자체이며 초월신은 없다. 이는 곧 고대인의 자연숭배를 보여주는 것이다. 고대국가 이래 국가적 차

---

17) 양보경, 앞의 논문, 70면.
18) 유우익, 앞의 책, 3,4면.

원에서 명산에 제사를 지냈으며, 조선에 이르러서도 명산대천에 제사를 지내는 사전(祀典)제도를 유지해온 것은 이러한 고유의 자연신앙 특히 산악중심의 고유 신앙에 적합한 바탕을 이루고 있었던 것임을 알 수 있다. 삼국시대에 백제와 신라에서는 산신을 숭상하여 제사를 지냈음은 물론, 이러한 산악신앙과 함께 용에 대한 신앙도 뚜렷하게 나타난다. 신라 문무왕이 수중릉에 묻혀 호국룡(護國龍)이 되었다든가, 고려시대에 왕씨들이 해룡(海龍)의 후손들이라 하여 용신(龍神)을 모신 예 등은 물에 사는 용을 통해 물의 의미를 강조하고 숭앙하는 민간신앙의 유형이다. 이는 산과 물을 기본으로 하는 전통적 사고를 반영하는 것으로 민간신앙의 기저를 이루는 사고로 볼 수 있다.[19]

애니미즘(Animism)이란 호흡, 생명, 영혼 등을 의미하는 라틴어 Anima에서 유래된 말이며, 정령숭배(精靈崇拜)·물신숭배(物神崇拜)·영혼신앙(靈魂信仰) 또는 만유정령설(萬有精靈說)로 번역되는 종교의 원초적인 형태의 하나로 정령신앙(精靈信仰)이라고도 한다. 영국의 인류학자 에드워드 버넷 타일러가『원시문화』에서 이 말을 처음 사용하였다.[20] 즉 자연계의 모든 사물에 영혼이 존재한다는 생각이나 신앙을 말한다. 그리하여 우주에는 무수한 정령이 있다고 보았고 이 다수의 정령활동이 우주의 전 생명의 활동을 지배한다고 믿었다. 애니미즘은 인간의 시원적인 신앙형태일 뿐만 아니라 모든 인간에게 보편적인 것이며, 신까지도 정령의 한 형태에 지나지 않는다고 믿었다.

한국의 영혼숭배사상은 오래된 원시종교현상의 한 잔존물이라기보다는 사회체계·상징체계가 관련되어 있는 문화의 한 요소이다. 영(靈)이란 신(神)·혼(魂)·귀(鬼)의 총칭으로 쓰이는 말이므로 신령·혼령·귀령 등으로 구분되기도 하나, 포괄적인 토착개념으로는 신령(神靈)으로 불렸다. 신·혼·귀의 범주는 지역·의례·종교마다 다르게 변형되었으며, 귀신·신위·영혼·영신·혼백·잡귀·요귀 등으로 세분화되기도 한다.

영의 표상은 비물질적인 것으로 사물에 원초적으로 내재하거나 인간과 관계없이 외부에서 깃들기도 한다. 개인의 꿈이나 일상생활 속에서 인격화되어

---

19) 양보경,「전통시대의 지리학」,『한국의 지리학과 지리학』, 한울, 2001, 18면.
20) Tylor Edward Burnett,『Primitive Culture』, Routledge/Thoemmes Press, 1994.

현실화되기도 하며, 이동이 자유로워서 쉽게 파악할 수 없는 것이 그 특징이다. 영의 개념은 표면적으로는 뚜렷하게 형상화되지 않고, 사물과 비사물, 가시적인 것과 비가시적인 것에 융합되어 있다.

신령군(神靈群)에는 인격화 과정이 존재하고, 신통이 분화되어 있다. 한편 분화된 영의 하위범주인 신·혼·귀는 그것을 매개하는 유형·무형의 형태에다 상징이 개입됨으로써 다양하게 인지되었다. 신앙의 대상은 돌무더기·곡식·나무·산·토지·강·해·달·별·암석·동물·식물 등과 같이 다양하며, 일정한 공간에 다신다령(多神多靈)이 집합·분화되어 있다는 특징이 있다. 주요한 신령으로는 옥황상제와 같이 우주를 관장하는 신, 집안 내에 조령(祖靈)·성주·용왕·허주·업·문신·축신 등의 가택신, 서낭·산신·골매기 등과 같이 지역마다 존재하는 다양한 동신(洞神), 용왕이나 곡령신(穀靈神)과 같은 생업수호신, 삼신(三神)과 같은 산육신(産育神) 등이 있다. 이러한 신에 대해서 계절적 주기에 따라서 세시의례를 주기적으로 행했다. 신령관은 민속종교나 일반종교의 신관과 융합되어 있었으며, 신령구조는 어느 정도 위계적이며 선과 악의 범주가 개입되기도 한다.[21]

이와 같이 모든 자연물에 영혼이 있다고 믿는 정령신앙은 우리 선조들의 자연에 대한 시원적인 인식이었고 전통적 민간 사상인 무속신앙과 토테미즘의 바탕이 되었다. 이러한 자연에 대한 인식이 자연의 생명력을 전제로 하는 한국 전통지리사상의 바탕을 이루게 되었다고 볼 수 있다.

3) 산악숭배사상(山岳崇拜思想) – 산신사상(山神思想)

예로부터 인간에게 산은 숭배의 대상이었다. 특히 동양에서는 산을 인간과 유기적, 조화적 관계로 보았으며, 산을 포함한 땅을 우리들의 원형이고 어머니의 품이라고 보았다. 산지가 국토의 4분의 3을 차지하고 있는 우리나라에서 산지는 예로부터 삶의 바탕이었다. 사람들은 산지를 생명의 원천으로 인식하여, 산을 숭

---

21) 『브리태니커백과사전』(http://preview.britannica.co.kr).

배의 대상으로 삼았으며 산을 포함한 땅을 삶의 원형적 존재로 파악하였다.[22]

산을 외경과 두려움의 대상으로 보지 않는 민족은 거의 없다. 민족들마다 여러 가지 형태로 산과 관련한 신들과 정령들에 대한 신앙이 전해져 온다. 높이 우뚝 솟아 있는 모습, 광대한 크기, 세상과 멀리 떠나 있는 신비스러운 분위기, 안개와 구름이 산허리를 둘러싸고 있는 모습, 산골짜기에서 들려오는 기묘한 소리, 바위가 떨어지는 소리, 산울림의 반향, 힘 있고 고고한 자태 등, 모든 것이 어떤 인격적인 모습을 가진 존재로 간주하지 않을 수 없는 요인들이다. 특히 산의 정상은 하늘에 가깝고 시각적으로 보더라도 구름에 둘러싸여 있거나 구름을 뚫고 하늘의 신비한 영역에 닿아 있기 때문에 산은 천신이나 혹은 비의 신과 관련을 맺고 있다. 산정(山頂)의 세속으로부터의 분리성, 정상의 신비가 곧바로 신들이 거주하는 곳으로 관념된 것은 세계 어느 나라에서나 볼 수 있는 일이다. 특히 산이 많은 한국에서 산신들이 많이 있으리라는 것은 짐작하기에 어렵지 않다.[23]

환웅(桓雄)이 하늘에서 태백산 신단수 아래에 내려와 그곳에 신시(神市)를 건설한 것과 단군이 아사달로 돌아가 신선이 되었다는 단군신화의 기록에서 신선(神仙)사상, 즉 산신(山神)사상, 산악숭배사상의 시원(始原)을 확인할 수 있다. 하늘의 신과 동일시된 가락왕국의 시조 김수로(金首露)가 강천(降天)하였다는 구지봉(龜旨峰) 또한 산악신앙의 원류의 하나로 보아도 좋을 것이다. 그 밖에 신라의 여섯 촌장(村長) 가운데 일부의 시조가 역시 하늘에서부터 산봉우리에 내렸다는 기록도 위의 두 예와 더불어 생각해야 한다.

이 세 가지 기록에 등장하는 산은 다음과 같은 성격을 가지고 있다. 시조 내지 시조신이 하늘에서부터 내려오는 곳이 산 또는 산봉우리이다. 신라 육촌장의 경우는 그렇지 않으나, 태백산과 구지봉의 경우는 그곳이 신맞이 굿을 하는 장소 또는 종교행사가 베풀어지는 곳이라는 공통성을 지적할 수 있다. 이 두 가지 성격을 갖춘 산악의 모습에서 산악신앙의 원초적인 형태를 떠올릴 수 있게 된다.

---

22) 양보경, 「전통시대의 지리학」, 『한국의 지리학과 지리학』, 한울, 2001, 18면.

23) 이은봉, 『증보 한국고대종교사상』, 집문당, 1999, 102,3면.

구지봉과 태백산의 경우, 다 같이 지상에서 높이 솟아올라 있어 하늘의 신이 강림하는 곳, 그리하여 그곳은 신맞이 굿을 하는 곳이라는 인상이 있어 두 산을 세계산 내지 우주산으로 추정할 수 있게 해주고 있다.

구지봉과 태백산의 이와 같은 성격은 후세의 민간신앙에서 큰 몫을 하는 당산(堂山)에서 그 자취를 느끼게 한다. 더욱이 태백산과 신단수의 관계는 당산과 당산나무의 결합에서 그 흔적을 찾을 수 있다. 그리하여 최근에도 베풀어지고 있는 당산굿은 단군신화 및 수로신화를 오늘날에 재현하는 종교의례로 지적해도 좋을 것이다.

세계산의 산악신앙 외에도 '진산사상(鎭山思想)'을 들 수 있다. 한 국가나 지역공동체를 보호하고 있는 것으로 믿어진 신령스러운 산이 곧 진호지산(鎭護之山)인 진산이다. '신라의 삼산오악(三山五岳)'이나 상고대 북방 계열의 예민족들이 믿음을 바쳤다는 산이 진산사상의 모습을 보여주고 있다.

국가의 진산인 삼산오악은 왕이 친히 나아가서 산제(山祭)를 모시기조차 하였다. 신라는 특히 삼산오악을 비롯하여 명산을 골라 산이 가지는 신앙적인 비중에 따라 대사(大祀)·중사(中祀)·소사(小祀)를 올려 산에 제사를 지냈다. 나력(奈歷)·골화(骨火)·혈례(穴禮)의 삼산(三山)에는 대사를, 동악의 토함산, 남악의 지리산, 서악의 계룡산, 북악의 태백산, 중앙의 부악(父岳, 팔공산) 등 오악(五岳)에는 중사를, 그리고 상악(霜岳)·설악·화악(花岳)·겸악(鉗岳)·부아악(負兒岳) 등 24곳의 산에는 소사를 드렸다.

『삼국사기』의 다음과 같은 기록에는 국가를 수호하는 신령이 깃들인 산이라는 관념이 있다.

고구려에서는 항상 3월 3일에 낙랑의 언덕에 모여 사냥을 하여 잡은 돼지와 사슴으로 하늘과 산천에 제사를 지냈다.[24]

화랑(花郞)들이 명산대천(名山大川)을 두루 돌아다니면서 심신을 단련시켰다.[25]

---

24) 『삼국사기』 권 32, 「雜志」 제1, 제사(祭祀)조.
　　高句麗常以三月三日　會獵樂浪之丘　獲渚鹿　祭天及山川.
25) 『삼국사기』 권 4, 「신라본기」, 진흥왕 37년.

산제가 국사(國祀), 곧 나라제사로만 이루어진 것은 아니다. 왕이 필요를 느낄 때마다 수시로 산에 제사를 지내기도 하였다. 가령, '부여왕 해부루가 늙도록 자식이 없기에 산천에 제사하여 후사를 구하려 하였다'[27]고 한 기록이나, "왕에게 자식이 없어 산천에 기도 드리니 이달 보름날 밤 꿈에 천신이 나타나, '내가 너의 소후로 하여금 아들을 낳게 할 것이니 근심하지 말라'고 말하였다"[28]라는 기록을 통하여 득남(得男) 기원적 성격도 발견할 수 있다.

한편, 신라에는 '신선이 사는 산'과 '불타(佛陀)가 현신하는 산'이라는 관념이 있었다. 이것은 물론 도교와 불교가 들어오고 난 뒤의 일이다. "산중에 예로부터 전하여지는 이야기를 두고 생각컨대, 이 산을 진성(眞聖, 문수보살)이 머물러 있는 곳이라고 하는 것은 자장율사(慈裝律師)에서부터 비롯된 것이다.[29] 절의 스님이, '이곳의 남쪽 이웃에는 천산(千山)이 있어 예로부터 현철(賢哲)들이 머물러 살고 명감(冥感)이 많았다고 하니 그곳으로 가서 사는 것이 좋겠다'고 말함에 따라 산 밑에 이르자 산신령이 노인으로 변해 맞이하였다"[30]라는 『삼국유사』의 기록에서 이를 확인할 수 있다. 또한 지리산 노고단

更取美貌男子 粧飾之 名花郎以奉之 徒衆雲集 或相磨以道義 或相悅以歌樂 遊娛山水 無遠不至 因此知其人邪正 擇其善者 薦之於朝.

26) 『삼국사기』 권 41, 「列傳」 제1, 김유신조.
眞平王建福二十八年辛未 公年十七歲 見高句麗·百濟·靺鞨侵軼國疆 慷慨有平寇賊之志 獨行入中嶽石崛 齊戒告天盟誓曰 "敵國無道 爲豺虎 以擾我封場 略無寧歲 僕 是一介微臣 不量材力 志淸禍亂 惟天降監 假手於我" 居四日 忽有一老人 被褐而來曰 "此處多毒蟲猛獸 可畏之地 貴少年爰來獨處 何也" 答曰 "長者從何許來 尊名可得聞乎" 老人曰 "吾無所住 行止隨緣 名則難勝也" 公聞之 知非常人 再拜進曰 "僕新羅人也 見國之讐 痛心疾首 故來此 冀有所遇耳 伏乞長者 憫我精誠 授之方術" 老人默然無言 公涕淚懇請不倦 至于六七 老人乃言曰 "子幼而有幷三國之心 不亦壯乎" 乃授以秘法曰 "愼勿妄傳 若用之不義 反受其殃" 言訖而辭 行二里許 追而望之 不見 唯山上有光 爛然若五色焉. 建福二十九年 鄰賊轉迫 公愈激壯心 獨携寶劍 入咽薄山深壑之中 燒香告天祈祝 若在中嶽誓辭 仍禱 "天官垂光 降靈於寶劍" 三日夜 虛角二星 光芒赫然下垂 劍若動搖然.

27) 『삼국사기』 권13, 「고구려본기」, 동명성왕조
先是 扶餘王解夫婁老無子 祭山川求嗣 其所御馬至鯤淵 見大石 相對流淚 王怪之 使人轉其石 有小兒 金色蛙形.

28) 『삼국사기』 권16, 「고구려본기」 산상왕조
七年 春三月 王以無子 禱於山川 是月十五夜 夢天謂曰 吾令汝小后生男勿憂.

29) 『삼국유사』 권3, 臺山 오만진신조
按山中古傳, 此山之署名眞聖住處者, 始自慈藏法師.

(老姑壇)의 경우에 있어서 노고단이라는 지명은 할미당에서 유래한 것으로 '할미'는 도교(道敎)의 국모신(國母神)인 서술성모(西述聖母) 또는 선도성모(仙桃聖母)를 일컫는다. 통일신라시대까지 지리산의 최고봉 천왕봉 기슭에 '할미'에게 산제를 드렸던 할미당이 있었는데, 고려시대에 이곳으로 옮겨져 지명이 한자어인 노고단으로 된 것이었다.

고려가 왕의 사신을 보내어 산에 제사 지내고 영험이 현저한 산에는 산에 가호(加號: 산에 벼슬을 주어 그 지체를 정하는 일)하던 사례를 조선왕조도 그대로 이어받아 실천하게 되었다. 아울러 조선시대에는 서낭신신앙과 산악신앙이 맺어져서 산천성황(山川城隍)이라는 관념이 형성되기도 하였다. 이것은 민간신앙에서의 서낭신숭배와 겹쳐지면서 오늘날에 이르기까지 한국인이 가지고 있는 산악숭배의 대종을 이루고 있다.[31]

이러한 산악숭배사상은 산의 유기체적인 생명력을 인정하는 것이므로 전통지리의 사상적 기초를 이루고 있다.

4) 지모신사상(地母神思想)

전술한 바와 같이 단군신화의 웅녀에서 파악한 지모신사상은 대지(大地) 및 특정지역 토지가 지닌 것으로 믿어지고 있는 초자연적 힘을 인격화해서 신앙화함으로써 형성된 개념이다. 추상적인 이론체계상 천신(天神)과 짝을 이룬, 대지신인 지신(地神)의 존재는 민간신앙 현장에서 흔히 듣게 되는 "천지신명이시여"라는 말에서 쉽사리 확인될 수 있다.

대지가 지닌 위대한 생산력에 바치는 경외감이 대지를 곧 영원한 생명의 힘 또는 근원이라고 간주하게 되면서 대지신이라는 개념은 민간신앙에서 중요한 몫을 차지하게 된 것이지만, 천신과 짝을 이루게 됨으로써 '천부지모(天

---

30) 『삼국유사』 권3, 미륵선화조.
　　寺僧欺其情蕩然, 而見其懃恪, 乃曰 此去南隣有千山, 自古賢哲寓止, 多有冥感, 盍歸彼居 慈從之. 至於山下, 山靈變老人出迎.
31) 한국민족문화대백과사전편찬부, 앞의 책.

父地母)’, 곧 아버지인 하늘과 어머니인 땅이라는 가부장제적인 발상을 바탕에 깐 관념이 형성된다. 이러한 인식체계는 지배이념을 반영하는 국가적 의례에서도 찾아볼 수 있다. 고려시대의 국가의례인 길례(吉禮)에는 천신에 대한 의례로 원구(圓丘)가 있고, 지신에 대한 제사인 사직(社稷)이 거행되었다. 조선시대에는 천자(天子)만이 지내는 천제(天祭)를 제후의 나라에서 지낼 수 없다고 하여 천신에 대한 제사가 공식적으로는 사라지나 천부지모의 인식체계는 변하지 않았다. 민간에서는 농경 중심의 생활로 인해 지신의 비중이 보다 강화되어 나타나기도 하지만 천신의 흔적으로 추정되는 성주신보다 하위의 신격으로 자리매김되는 것으로 보아 역시 천부지모의 인식에는 별 차이가 없다. 이는 10월에 추수가 끝나고 가택신사(家宅神祠)를 올릴 때 성주신에게 먼저 올리고 지신에게는 뒤에 하기 때문에 이를 후전(後殿)풀이 혹은 뒤풀이라고 하는 데서도 잘 드러난다.

한국의 상고대신화에서 왕조의 창건주는 모두 하늘에서 하강한 남성신이고, 이와는 달리 창건주의 배우자인 여성은 우물이나 강수(江水)를 포함해서 지상에 그 출생근거지를 두고 있는 것을 지적함으로써 우리 상고대 신앙체계 속에 존립하고 있었을 천부지모의 관념을 유추해볼 수 있다. 한편 제주도 삼성혈(三姓穴)의 신화는 훨씬 더 원초적인 대지모 관념에 대해서 말하여주고 있으니, 그것은 천부와 별도로 존재할 수 있는, 말하자면 천부와 짝지어짐이 없는 대지의 모성에 대해서 시사하고 있기 때문이다. 이 경우는 혈(穴) 내지 굴혈(窟穴)이 최초의 인간탄생의 자리구실을 하고 있다는 뜻에서 서안굴신앙 및 굴혈신앙과 함께 ‘대지모태(大地母胎)’의 관념을 추상화할 수 있는 근거를 얻게 된다. 대지모신앙은 대지의 농산력(農産力) 신앙과 쉽게 맺어지게 되는 것이다.[32]

전북 남원시 대산면 대곡리 봉황대에 있는 청동기시대 대곡리 암각화의 특징 중의 하나는 가장 발달된 형태의 검파형 기하문양, 그 문양 내의 구획된 각 면에 3개의 성혈(性穴)과 삼각형 또는 역삼각형의 바위구멍이 제작되어 있다는 점이다. 검파식은 여성상(女性像)이며, 삼각형은 여성신적 표현이고,

---

32) 한국민족문화대백과사전편찬부, 『한국민족문화대백과사전』, 한국정신문화연구원, 1991.

성혈은 여성의 성기를 모방·묘사한 것이다. 이러한 검파형 기하문은 지모신상(地母神像)으로서 농경생활을 기반으로 생활하던 토착민들이 농경의 생산과 풍요를 기원하기 위해 여신상을 조각했던 것으로 보인다.33)

제주도에서는 마을 수호신당인 본향당에 가는 것을 흔히 '할망당'에 간다고 하는데, 노고당(老姑堂)이라는 말이 생긴 기반에는 우리 농경민족이 유구히 신앙하고 전승하여온 지모신(地母神) 신앙이 깔려 있는 것으로 보아도 좋을 것이다. 지금껏 동제당의 신격도 남신보다 여신이 월등하게 많기 때문이다.34)

대보름날의 뜻을 농경의 기본으로 하였던 우리 문화의 상징적인 면에서 보면, 그것은 달-여신-대지의 음성원리(陰性原理) 또는 풍요원리를 기본으로 하였던 것이라 하겠다. 태양이 양(陽)이며 남성으로 인격화되는 데 대해서 달은 음(陰)이며 여성으로 인격화된다. 그래서 달의 상징구조는 여성·출산력·물·식물들과 연결된다. 그리고 여신은 대지와 결합되며, 만물을 낳는 지모신(地母神)으로서의 출산력을 가진다.35)

동맹(東盟)은 고구려에서 10월에 행하던 제천의식이다. 일종의 추수감사제로 동명(東明)이라고도 하여 고구려 국조신(國祖神)에 대한 제사의식이라는 성격을 함께 지니고 있었다. 『삼국지(三國志)』「위지(魏志)」동이전(東夷傳), 고구려전에는 '10월에 지내는 제천행사인 국중대회(國中大會)를 동맹이라 한다. …… 그 나라의 동쪽에 대혈(大穴)이 있는데 그것을 수혈(隧穴)이라고 한다. 10월의 국중대회 때는 수혈신(隧穴神)을 맞이하여 돌아와서는 국도의 동쪽 물가에서 제사를 지내고 목수(木隧)를 신좌(神座)에 모신다'36)고

---

33) 송화섭, 「南原 大谷里 幾何文岩刻畵에 대하여」, 『백산학보』 42, 1992.
    ______, 「韓半島 先史時代 幾何文岩刻畵의 類型과 性格」, 『선사와 고대』 5, 1993.
34) 한국민족문화대백과사전편찬부, 앞의 책.
    노고당이라는 신당이 황해도 구월산과 본영 화산리 산꼭대기에 있다. 노고할머니는 '업주할머니'라고 부르며, 맞은편 화산리 노고할머니는 '애기당의 애기업주'라고 한다. 노고할머니는 '범의 마누라'라고 전하는데, 이에 관한 설화는 300여 년 전 본영 구로리에는 모두 세 집밖에 살지 않았는데, 어느 날 호랑이가 산에서 내려와 그중 가운뎃집에 사는 처녀를 업어갔다. 호랑이가 처녀를 업어가 산 후, 본영과 구월산 일대에는 부자가 많이 생겼다고 한다. 이같이 부자가 많이 생긴 것은 업주 탓이라고 하는데, 업주는 주인이라는 뜻이며 노고할머니를 가리킨다. 그리고 속담에도 '노고가 어디 가느냐' 또는 '녹밥을 삼 년 먹으면 소원이 다 풀린다'는 말이 있거니와 이때의 녹밥은 삼 새옹밥을 말하며 노고할머니를 위하여 정성을 드리는 밥이다. 따라서, 노고할머니는 부(富) 또는 복(福)을 가져다주는 신으로 상징된다고 하겠다.
35) 한국민족문화대백과사전편찬부, 앞의 책.

했다. 수신의 성격에 대해서는 단군신화의 혈신(穴神), 즉 웅녀신(熊女神)을 가리키는 것이며, 국토신·생산신인 수혈신을 맞아 국도 동쪽 물가에서 제사 지냈다는 것은 동명신화에서 하백녀가 청하(淸河)의 웅심연(熊心淵)에서 해모수(解慕漱)와 결합했다는 구성과 연관되는 것으로 보는 견해도 있다.37) 동맹이 농경사회에서 이루어지는 추수감사제와 같은 성격의 것인 만큼 수신은 곡신(穀神), 즉 지모신(地母神)을 가리키는 것으로 이해된다. 고구려 주몽신화에서 주몽의 어머니로 나오는 하백의 딸 유화(柳花)가 농업을 주관하는 지모신의 성격을 갖는 것과 같다.38)

지모신은 땅 자체를 만물의 생명을 잉태하는 주체로 의인화한 신으로서 인간의 전반적인 생활을 관장한다. 이러한 땅의 생명력을 전제로 하고 있는 지모사상은 지리법의 형세론에 수용되어 조산(祖山) – 부모산(父母山) – 태(胎) – 식(息) – 잉(孕) – 육(育)체계를 이루고 있다. 지상의 신을 자연세계의 어떤 측면들과 관련시킨 것은 후대에 역할이 분화되어 이루어진 것을 반영한 것으로 볼 수 있다.

2. 한국 전통지리사상의 성격과 자연인식 체계

1) 풍수(風水)와 지리(地理)의 관계

풍수(風水)라는 용어는 한대(漢代)에 청오자(靑烏子)가 지은 것으로 알려져 있는 『청오경(靑烏經)』과 동진(東晋)시대 곽박(郭璞)이 저술한 『금낭경(錦囊經)』39)에서 그 유래를 찾을 수 있다.

---

36) 진수, 『삼국지』 「위지」, 동이전, 고구려전, 민국제일도서국.
　　以十月祭天 國中大會 名曰東盟……其國東有大穴 名隧穴 十月國中大會 迎隧穴神 還於東國(水) 上祭之 置木隧　於神座.

37) 이병도 역주, 『삼국사기』 상, 을유문화사, 2005, 327,8면.

38) 『브리태니커사전』(http://preview.britannica.co.kr).

39) 『청오경』을 장경(葬經), 『금낭경』을 장서(葬書)라고도 한다. 일부의 서적에는 『금낭경』을 장경이라고도 하지만 『청오경』을 장경으로 보는 것이 일반적이다. 조선시대의 과거제도에서 지리학은 음양과(陰陽科)

『청오경』에는 '陰陽符合 天地交通 內氣萌生 外氣成形 內外相乘 風水自成(음양이 부합하고 천지가 교통하면 내기는 생명의 싹을 틔우고 외기는 형상을 이룬다. 내기와 외기가 서로 조화를 이루면 풍수는 저절로 이루어진다)'이란 문장에서 風水라는 말이 나오지만 이 내용은 후에 가필된 것으로 보는 견해[40]가 있으며, 『금낭경』의 '風水之法 得水爲上 藏風次之(풍수의 법술은 물을 얻는 것이 먼저이고 바람을 감추는 것이 다음이다)'란 내용 중 藏風과 得水에서 風水라는 용어가 유래되었다고 보는 것이 일반적이다.

장풍과 득수의 구체적 의미를 『청오경』과 『금낭경』에서 살펴보면 다음과 같다.

〈표 2〉 청오경, 금낭경의 장풍과 득수 개념

	得 水	藏 風
청오경	脈遇水止	氣乘風散
금낭경	氣不流過	氣不吹散
〃	界水則止	氣乘風則散
〃	行之(氣)使有止	聚之(氣)使不散

득수(得水)는 물을 얻는다는 말인데, 지맥(地脈)은 물을 만나면 그 흐름을 멈추게 된다. 『금낭경』에는 '夫土者氣之體 有土斯有氣'란 내용이 있는데 '흙은 기의 몸이므로 흙이 있는 곳에 기가 있다'는 뜻이다. 지기(地氣)는 지맥을 따라 기의 몸인 땅속을 흘러 다니다가 지맥이 멈추면 지기도 멈추게 된다. 지기가 멈추어 생기(生氣)[41]가 머무르는 곳에 혈(穴)이 형성된다. 혈은 생기가 뭉쳐진 곳이고 생기가 모이기 위해서는 지기가 그 흐름을 멈추어야 하는데 지기는 물을 만나면 멈추게 되므로 혈의 전제조건은 득수가 된다. 따

에 속하여 실시되었고 지리학의 시험은 10개의 과목이 있었는데 그 중에서 『청오경』과 『금낭경』은 배강(背講)에 지정되어 있었던 것으로 보아 가장 중요한 과목이었음을 짐작할 수 있다.

40) 최창조 역, 『청오경·금낭경』, 민음사, 2003, 16면.

41) 生氣의 사전적 의미는 싱싱하고 힘찬 기운이다. 生命之氣라고도 하는데 생명을 싹 틔우는, 인간에게 유익한 기운을 뜻한다. 조선시대 지리학의 필수과목이었던 『명산론(明山論)』에는 '산과 물이 만나면 음양이 모이게 되고, 음양이 모이면 생기가 되는데 소위 길한 것이다(山水聚集則爲陰陽會 會則爲生氣 所謂吉也)'라는 내용은 이에 대한 적절한 설명이라고 본다.

라서 득수위상(得水爲上)이라 하였다.

장풍(藏風)은 사신사(四神砂)[42]에 의하여 바람을 감춘다는 말이다. 외부에서 불어오는 바람을 막는다는 의미의 방풍(防風)과는 달리 장풍이란 내부의 바람을 감춘다는 뜻이 된다. 『금낭경』의 '夫陰陽之氣 噫而爲風 升而爲雲 降而爲雨 行乎地中 則爲生氣'란 내용이 있는데 이 말은 '무릇 음양의 기는 뿜어내면 바람이 되고, 오르면 구름이 되며, 내리면 비가 되고, 땅속을 흘러 다니면 생기가 된다'란 뜻이다.

여기서 바람은 기의 또 다른 모습임을 알 수 있다. 장풍이란 말에서 내부의 바람이란 혈에서 분출되고 있는 기로 파악하여야 한다.

풍수란 땅속을 흘러 다니는 지기가 물을 만나 결혈(結穴)되고 혈장의 생기는 장풍에 의하여 보호를 받게 된다는 의미이다.

학자들이 풍수의 개념을 정의한 것에 대해 살펴보면 다음과 같다.

> ⅰ) 대개 풍수지리는 都邑·宮宅·陵墓의 地를 卜相하는 데 쓰이는 일종의 觀相學으로 地相學이라고 할 수 있다. 마치 骨相學, 즉 인문학이 사람의 형모·골격을 관상하여 그 사람의 심성과 일생의 길흉을 판단하는 것과 같이, 풍수지리도 山水의 형세·국면을 관찰하여 그 지리가 도읍·궁택·능묘의 地로서 適·不適, 즉 그곳에 있어서의 사람의 길흉·화복 관계를 설하는 것이니 좀 용장하지만 地理觀相學이라고도 할 수 있다.[43]

> ⅱ) 원래 풍수지리설은 지리와 인생의 관계를 취급하는 점에서는 오늘날의 人文地理學과 다를 바가 없으나, 다만 그 설명방법에 있어서 양자는 현격하게 다르다. 즉 인문지리학에서는 지리와 인생과의 관계를 자연과학적으로 설명하는 데 비하여 풍수지리설은 그것을 형이상학적으로 설명하고 있으며, 또한 인문지리학이 지구 표면의 자연현상과 인간생활과의 관계를 설명하는 것이라면 풍수지리설은 地表의 아래에 흐르는 地氣라는 무형적인 힘과 인간생활과의 관계를 설명하는 것이다. 다시 말해 풍수지리설은 토지에 일종의 신비력을 인정하고 그 힘이 인간에 미치는 길흉·화복을 설명하는 것이라고 할 수 있는 것이다.[44]

---

42) 좌청룡(左靑龍), 우백호(右白虎), 전주작(前朱雀), 후현무(後玄武)를 말한다.

43) 이병도, 『고려시대의 연구』, 을유문화사, 1980, 21면.

44) 최병헌, 「도선의 생애와 나말·여초의 풍수 지리설」 『한국사 연구』 11, 한국사 연구회, 1975, 102면.

ⅲ) 풍수지리설이란 陰陽論과 五行論을 기반으로 周易의 체계를 주요한 논리구조로 삼는 중국과 우리나라의 전통적인 地理科學으로 追吉·避凶을 목적으로 삼는 相地技術學이다. 이것이 후세 孝의 관념이 샤머니즘과 결합되어 이기적인 속신으로 진전되기도 하였으나, 기본적으로는 일종의 土地觀의 표출이라 할 수 있다.[45]

ⅳ) 풍수지리설은 생기가 충만한 吉地를 택하여 도읍·궁택·능묘를 경영해야 한다는 것과, 그 결과 왕조나 가문이 복을 받아 번성하고, 그 반대면 화를 입게 된다는 신앙인 것이다.[46]

ⅴ) 풍수지리는 장소의 지형과 방위 및 물의 조건을 고려하여 吉地를 선택하고, 그곳에 무덤이나 집을 지음으로써 發福을 기원하는 擇地術의 일종이다.[47]

상기의 학자들이 정의한 풍수지리에 대한 개념의 공통섬은 원인행위로서의 택지(擇地)와 그 결과로서 나타나는 길흉(吉凶)·화복(禍福)의 관계를 논하고 있다는 점이다.

지리(地理)는 땅의 이치를 말한다. 지리는 지기(地氣)라는 땅의 생명력을 전제로 한다. 풍수지리는 장풍과 득수로써 땅의 이치(理致)를 살핀다는 의미이다. 즉 풍수는 지리를 살피기 위한 방법론 중의 하나이며 지리가 본질인 것이다. 다시 말하면 풍수는 양택과 음택의 혈 자리를 택지하는 방법론인 것이다. 지리는 혈(穴)과 비혈(非穴)을 아우르는 자연, 즉 땅의 총체로서 자연 그대로의 이치이다. 따라서 지리는 풍수를 핵심적 요소로 하는 포괄적인 개념이다.

2) 현대지리학과 한국의 전통지리학

ⅰ) 한국 지리학계가 안고 있는 난제 중의 하나는 정통성(正統性) 확립일 것이다. 지리학의 인접 학문들 중에는 국학적(國學的) 전통을 자랑스럽게 지니고 있는 분야가 있는가 하면, 외국의 최신 방법론을 수용하여 과학화 추진에 성공한 분야도 있다. 그런데 국토의 자연환경과 문화환경을 종합적으로 연구하는 학문인 지리학은 외국의 이론을 수용하는 데 한계가 있어 적절한 방법론의 확립에 많은 어려움을 겪고 있다.[48]

---

45) 최창조, 『한국의 풍수사상』, 민음사, 1984, 32면.
46) 이기백, 「한국 풍수지리설의 기원」, 『한국사시민강좌』 14, 일조각, 1994, 5면.
47) 윤홍기, 「한국 풍수지리 연구의 회고와 전망」, 『한국사상사학』 17, 한국사상사학회, 2001, 11면.
48) 최영준, 「풍수와 택리지」, 『한국사시민강좌』 14, 일조각, 1994, 98면.

ⅱ) 우리의 경우 아직 자연관이나 환경관에 대한 본격적인 연구가 많지 않아 우리의 옛 문화와 사회, 역사를 이해하는 데 장애가 되고 있다. 이것은 우리의 전통적인 자연관을 정리하고 체계화한 이른바 '전통지리학'이 단절되어 계승되지 못하였을 뿐 아니라 그에 대한 연구조차 부진한 데에도 원인이 있다.[49]

ⅲ) 전통지리의 학문적 연구와 교육의 맥이 끊어져 계승하지 못하고 있다.[50]

ⅳ) 우리나라의 현대지리학은 일인(日人)들에 의해 도입된 서양 지리학을 모체로 발달되기 시작하였으며, 1960년대부터는 분석적·실증적 방법론을 앞세운 신 지리학 사조가 유입되어 학계를 주도하게 되었다. 이로써 우리 국토는 서양 지리학적 패러다임과 모델의 실험장으로 전락할 위기에 처하게 되었다. 선조들의 지리학 전통을 제대로 계승받지 못한 상태에서 지리학계가 이와 같은 위기에 직면한 것은 불행이 아닐 수 없다.[51]

현재 한국의 지리학계는 위와 같이 현대지리학의 한계와 전통적인 지리학의 단절을 인정하면서도 전통지리학을 복원하려는 진지한 노력은 미미한 실정이다. 이것은 전통지리학에 대한 학자들의 인식에 대한 문제로 보이는데 전통지리학을 풍수와 동일시하는 일부의 견해에 대해서는 풍수의 환경 결정론적·신비적(神秘的)·도참적(圖讖的) 측면을 들어 학문으로서 이를 수용하는 데에 있어 상당한 거부감을 나타내고 있는 것으로 보인다.

땅은 지역마다 각기 다른 지형과 고유한 지기가 있는데 이러한 지역마다의 지형과 지기에 적합한 용도로 활용하고, 자연과 조화를 이루며 생활하고자 하는 자연관이 전통지리사상이다. 전통지리사상은 혈 자리의 택지에만 국한하지 않고 지역마다 각기 다른 지형과 다양한 지기에 맞추어 이에 적합한 용도로 활용하며 자연과 상생하는 선조들의 생활양식이었던 것이다. 따라서 전통지리 사상을 올바르게 파악하기 위해서는 자연 그대로의 지리에 대한 연구와 아울러 전통지리사상의 중요한 영역을 차지하고 있는 풍수에 대한 올바른 인식과 이에 대한 연구 또한 반드시 필요하다. 이것이 단절된 전통지리학의 정체성을 회복하고 정통성을 확립하는 방법인 것이다.

---

49) 양보경, 「조선시대의 자연 인식 체계」『한국사시민강좌』 14, 일조각, 1994, 70,1면.
50) 유우익, 『한국의 지리학과 지리학자』, 한울, 2001, 4면.
51) 최영준, 앞의 논문, 98,9면.

땅의 이치를 연구하는 학문인 한국의 전통 '지리학(地理學, Jirihak)'은 땅을 기술하는 학문인 서구의 'Geography'와는 확연히 다르다.

현대지리학(Geography)[53]은 땅을 무생물로 보고 광물이나 자원의 생산과 이용, 개발의 대상으로 인식하여 지표상의 인간과 자연의 관계를 객관적 · 분석적으로 파악하고 있다.

그러나 전통지리학은 땅을 살아 있는 생명체로 인정하고 땅은 인간이 개발하고 이용해야 할 대상이 아니라 인간은 땅 위에서 상생하고 조화를 이루며 살아야 하는 것으로 인식하고 있었다.

서양의 지리학은 자연을 무생물로 보는 인식을 전제로 한 분석적인 학문이므로 이를 계량화하여 객관화할 수 있지만, 한국의 전통지리학은 자연을 살아 있는 생명체로서의 인식을 바탕으로 한 종합적 · 유기적인 학문이기에 이를 분석하고 계량화할 수 있는 영역이 아니라고 본다. 왜냐하면 학문이 터 잡고 있는 전제조건인 자연에 대한 인식의 차이를 인정하여야 하기 때문이다. 만약 이를 무시하고 서구적 과학화라는 명목 하에 자연을 분석적으로 계량화하게 되면, 생명체를 해체하여 전통지리사상의 본질인 고유한 생명력이 상실되는 결과를 초래할 것이다.

따라서 한국의 전통지리학은 생명력 있는 자연에 대한 인식을 전제로 한 한국 전통지리사상의 특수성을 인정하고 이를 토대로 하여 종합적이고 체계적인 연구를 하여야 한다.

---

52) 최영준, 앞의 논문, 99면.

53) 우리나라 사범대학에 도입된 것은 해방 이후이고, 문리과대학에서 지리학과로 자리 잡게 된 것은 1958년이므로 한국에서의 현대지리학의 역사는 50년에 불과하다.

3) 자연에 대한 인식체계

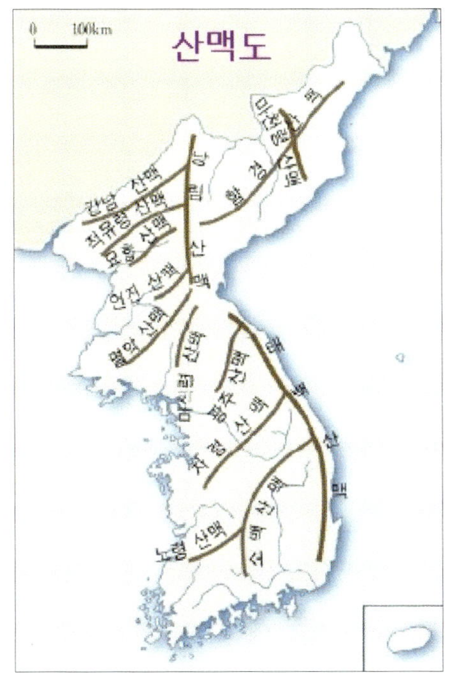

〈그림 1〉 산맥도

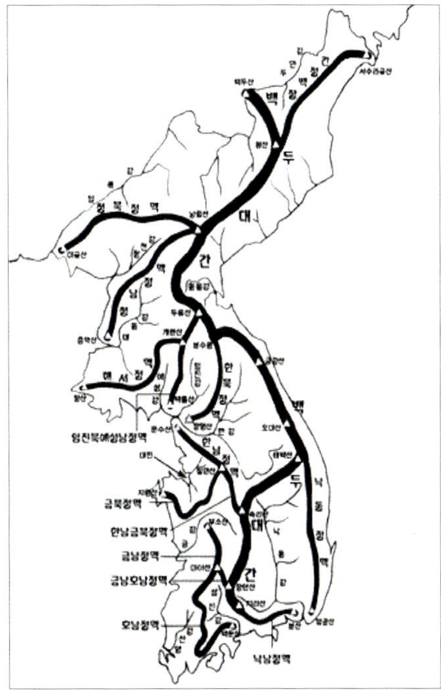

〈그림 2〉 산경도

현재의 우리들은 전통적인 산천인식과는 전혀 다른 내용으로 우리의 국토와 산천을 이해하고 있어 전통과 단절되어 있다.[54]

일본인 지질학자의 지질학적 조사에 기초한 현행 산맥 체계는 지질구조(광물분포선)에 의해 분류된 것으로서 실제 지형과는 달리 땅속의 지질구조선을 지도상에 표기한 것이다.[55]

일본이 한국의 지질구조에 관심을 가진 것은 광산개발과 관련된 이권(利權) 때문이었다. 현행 산맥 분류체계는 일본인 지질학자인 도쿄제국대학의 고토분지로(小藤文次郎)가 1903년에 쓴 논문에서 제시하였던 틀을 기본으로 하고 있다. 고토분지로(小藤文次郎)는 1900년부터 1902년 사이에 조선을 두 차례

---

54) 양보경, 「조선시대의 자연 인식 체계」『한국사시민강좌』14, 일조각, 1994, 71면.

55) 현진상, 『한글 산경표』, 풀빛, 2000, 29면.

방문하여 전국을 답사하면서 조선의 지질과 지형을 연구한 후 그 결과를 발표하였는데,[56] 특히 1903년 『도쿄제국대학기요(東京帝國大學紀要)』에 발표한 「조선산악론(An Orographic Sketch of Korea)」에서 제시한 조선의 산맥 체계는 그 후 커다란 영향을 미쳤다. 1904년에 야쓰쇼에이(矢津昌永)가 저술하여 일본 도쿄에서 간행한 『한국지리(韓國地理)』에서도 이를 바탕으로 서술하였다. 1905년 조선이 통감부 체제로 들어가고 교과서의 내용에도 제재를 받게 됨에 따라 조선에서 발행한 『고등소학대한지지(高等小學大韓地誌)』 등 교과서에서도 지질구조에 의한 산맥체계를 따르는 등 전통적인 산줄기 분류 체계가 왜곡되기 시작하였다.

이러한 산맥 분류 체계는 일본인 지질학자가 지형보다도 지질구조를 바탕으로 분류한 것으로, 땅 위의 모습을 기준으로 하는 것이 아니라 땅속의 지질구조를 기본으로 하여 체계화하였고, 땅 위에서 인간의 생활과 밀접한 관계를 맺고 있는 생활 기반인 산과 하천의 모습이 제외되어 있다. 그리고 원산-강화를 잇는 지질구조선을 경계로 남북이 크게 구분되어 남과 북이 이질적인 단위로 나누어지도록 되어 있다. 또한 후술하는 백두산에서 지리산으로 이어지는 것으로 이해했던 백두대간이 마천령산맥, 함경산맥, 낭림산맥, 태백산맥, 소백산맥으로 조각나고, 민족의 영산(靈山)이자 성산(聖山)이었던 백두산은 아무런 중요한 의미도 가지지 못하는 뭇 산 중의 하나로 전락하였다.[57]

산맥 체계는 같은 시기의 조산운동과 관련한 땅속의 지질구조를 연결한 선이므로 실제의 외부적인 지형에 일치하지 않는 경우가 많고 강이 산맥을 가로질러 흐르는 경우도 있어 실제의 자연 지형을 이해하는 데에 한계가 있다[58].

이러한 산맥 체계는 땅속의 지질구조를 분석한 것이기에 지리학에서보다는 지질학이나 지구과학에서 다루는 것이 보다 적합하다고 본다.

---

56) B. Koto, 「An Orographic Sketch of Korea」, 『東京帝國大學紀要』 19-1, 도쿄제국대학, 1903. B, Koto, 「Journey Through Korea」, 『東京帝國大學紀要』 26-2, 도쿄제국대학, 1909.

57) 양보경, 앞의 논문, 94면.

58) 강남산맥과 차령산맥은 실제로는 없는 산맥으로 드러났다. 압록강과 거의 평행하게 동서방향으로 큰 산줄기가 뻗어 있는 것으로 알려져 왔던 강남산맥의 위치에는 오히려 크고 작은 산줄기들이 대부분 남북방향으로 뻗어 있다. 차령산맥은 남한강 등 여러 강과 하천으로 중간이 완전히 단절되어 있다(김영표, 「대동여지도와 닮은 새 산맥지도」, 국토연구원, 2005).

『산경표(山經表)』는 우리나라의 외형적인 산줄기의 흐름, 산의 갈래, 산의 위치를 일목요연하게 표로 정리해놓은 지리서이며 이를 지도상에 표현한 것이 산경도(山經圖)이다. 조선후기 고산자(古山子) 김정호(金正浩)가 만든 「대동여지도(大東輿地圖)」가 여기에 해당된다고 할 수 있다. 『산경표』는 『산리고(山里考)』, 『여지편람(輿地便覽)』, 『기봉방역지(箕封方域誌)』 등 다른 이름으로 필사된 것도 있으며 조선 후기의 실학자 여암 신경준(申景濬)의 저술로 전해지고 있으나 확실하지는 않다. 그러나 『산경표』가 신경준이 지은 『동국문헌비고(東國文獻備考)』의 「여지고(輿地考)」와 「산수고(山水考)」를 바탕으로 하여 편찬된 것임은 분명하다. 여지(輿地)는 만물을 싣는 수레 같은 땅이라는 뜻으로 산수(山水), 산하(山河), 강산(江山), 강토(疆土), 대지(大地)와 같은 말이다.

『산경표』의 내용을 보면, 백두산을 시작으로 하여 지리산까지 연결되는 한반도의 골간(骨幹)인 큰 산줄기를 백두대간(白頭大幹)이라 하고, 이 백두대간을 중심으로 하여 갈라져 나온 산줄기를 1정간(正幹), 13정맥(正脈)으로 분류하고 있는데, 이것은 현재 지리교과서의 산맥 분류 체계와 전혀 다르다. 간(幹)은 줄기이고, 맥(脈)은 줄기에서 뻗어 나간 갈래를 지칭한다. 『산경표』의 산줄기 체계는 백두산을 한반도 산천의 시발점이자 민족혼의 발원지로 보는 시각이 내포되어 있다고 할 수 있다.

산을 단절된 고립된 봉우리로 보지 않고 지맥으로 연결된 지기가 흘러 다니는 유기체로 이해하는 지형 인식은 전통지리사상의 중요한 내용을 이루고 있으며, 전통지리사상의 체계가 확립된 삼국시대 이후 백두산을 중심으로 국토의 지형을 이해했을 것으로 보인다.

백두산을 우리 국토의 조종(祖宗)으로 보는 관점은 매우 오래되었으며, 특히 고려시대에 지리법이 광범위하게 적용되면서 백두산 중심의 지맥론(地脈論)은 일반화되었던 것으로 보인다. 이것은 전통지리사상의 특징인 내맥(來脈)체계와 같은 맥락이다. 전통지리에서는 산을 용(龍)으로 이해한다. 용은 생명체이며, 생명체는 단절되지 않으며, 생동하는 움직임을 갖는다. 땅을 유기체(有機體)로 인식하는 것은 한국의 전통적인 사상이며, 전통지리사상의 내맥 체계와 그 뜻을 같이한다.

옛 문헌의 기록을 통하여 백두산 중심의 자연인식을 살펴보면 다음과 같다.

『고려사(高麗史)』에는 제18대 의종(毅宗) 때 김관의(金寬毅)가 쓴 『편년통록(編年通錄, 失傳)』을 인용하면서 왕건(王建) 탄생설화와 관련하여, '도선(道詵)이 곡령에 올라 산천의 맥을 살피면서 말하길, 이 지맥은 임방(壬方)의 백두산으로부터 수모목간(水母木幹)으로 뻗어 내려와서 마두명당(馬頭明堂)이 되었다'[59]고 하여 고려 태조 왕건이 백두산의 정기를 받아 탄생했다는 것을 강조하고 나아가 고려건국의 정당화 논리로 삼고 있다. 고려의 수도인 개성과 창업주인 왕건을 신성화하는 근거와 수단을 백두산에서 찾았고, 이는 당시의 사람들에게 백두산이 신성한 대상으로 인정되고 있었으며, 민족정신의 상징으로 받아들여지고 있었던 점을 반영한 것이라 할 수 있다.

『세종실록(世宗實錄)』「지리지(地理志)」에도 같은 내용을 고려 말에 김지(金沚)가 편찬한 『주관육익(周官六翼)』을 인용[60]하여 설명하고 있다.

또한 백두대간의 체계를 확인할 수 있는 기록을 『고려사절요(高麗史節要)』에서도 찾을 수 있다. 고려 말 공민왕 6년(1357)에 사천소감(司天少監)인 우필흥(于必興)이 도선의 『옥룡기(玉龍記)』를 인용하여 말하길, '우리나라는 백두산에서 시작되어 지리에서 끝나는데 그 지세가 수근목간(水根木幹)의 땅이다'[61]라고 하였다. 우리나라 지맥의 근간이 백두산에서 시작하여 지리산에서 끝난다고 한 것은 『산경표』의 백두대간과 그 맥을 같이하고 있다.

세종의 명으로 하연(河演, 1376~1453) 등이 세종 7년(1425)에 편찬한 『경상도지리지(慶尙道地理志)』는 현존하는 최고(最古)의 독립된 지리지이다. 고려시대에 편찬된 『삼국사기』「지리지」는 명칭은 비록 지리지이지만 『삼국사기』의 부록에 불과하기 때문이다.

경상감사 하연이 쓴 『경상도지리지』의 서문에는 '우리나라의 지세(地勢)를

---

59) 『고려사』 권1, 「세계」,
　　道詵…… 登鵠嶺 究山水之脈…… 曰此地脈自壬方白頭山 水母木幹 來落馬頭明堂…….

60) 『세종실록』「지리지」, 전라도, 나주목, 영암군.
　　此地脈, 自壬方白頭山水母木幹來, 落馬頭明堂.

61) 『고려사절요』 권 26, 공민왕 6년.
　　我國始于自白頭山終于智異 其勢水根木幹之地.

보면 장백산(長白山, 백두산)이 만 리(萬里)를 뻗으면서 기복(起伏)을 이루어 마천령·마운령·철령·오대산·금강산·치악산이 되었고, 경상도 경계에 이르러 기운이 모여 태백산·소백산이 되었다. 빙 돌아서 속리산·지리산이 되어 바닷가에 이르러 멈추었다. 산은 극히 높고 물은 더욱 깊어 신령한 기운이 함축되고 또 솟아 나온다'고 기록되어 있다.[62)

이는 『산경표』의 백두대간 산줄기 체계와 유사하다. 이것으로 미루어 보아 『산경표』는 비록 조선 후기에 편찬되었지만, 이전의 오랜 역사 속에서 우리 선조들이 가졌던 자연에 대한 인식체계를 정리한 것임을 짐작할 수 있다.

성호(星湖) 이익(李瀷, 1681~1763)이 저술한 『성호사설(星湖僿說)』 권1 「천지문(天地門)」편에 '백두산은 우리나라 산맥의 조종(祖宗)이다. 철령으로부터 태백산, 소백산에 이르기까지 하늘에 닿도록 높이 치솟았으니 이것이 곧 정간(正幹)이다. ……그 왼쪽 줄기는 동해를 끼고서 뭉쳐 있는데, 하나의 큰 바다와 백두대간(白頭大幹)은 그 시종(始終)을 같이하였다. ……대개 한 줄기 곧은 대간(大幹)이 백두산에서 시작하여 태백산에서 중봉(中峰)을 이루고 지리산에서 끝났으니, 당초 백두정간(白頭正幹)이라고 이름 지은 것이 뜻이 있어서인 듯하다'[63)라고 하였다.

여기에서 백두대간과 백두정간이라는 명칭이 처음으로 발견되지만 천지문의 내용으로 보아 이러한 명칭은 이미 알려져 있었음을 짐작할 수 있다.

이중환(李重煥, 1690~1756)이 지은 『택리지(擇里志, 1751)』의 「산수(山水)」편에는 '백두대맥'(白頭大脈), '백두남맥'(白頭南脈), '대간'(大幹) 등으로 표현되어 있고, 「팔도총론(八道總論)」과 「산수(山水)」편의 내용에서 산줄기의 인식체계가 동일함을 확인할 수 있다.

다산(茶山) 정약용(丁若鏞, 1762~1836)은 『대동수경(大東水經, 1814)』에서 백두산을 두고 '팔도의 모든 산이 다 이 산에서 일어났으니 이 산은 곧 우리나라 산악의 조종(祖宗)이다'라고 하였으며, 백산대간이라는 용어를 사용하고 있다.

---

62) 한국학문헌연구소 편, 한국지리지총서 『전국지리지』1, 영인본, 아세아문화사, 2006, 100,1면.

63) 민족문화추진회, 『국역 성호사설』 권1, 「천지문」, 경인문화사, 1978, 90,1면.

조선 시대 지리학의 특징으로 지적할 수 있는 지지(地志)에도 산줄기의 연속성을 표현하고 있는데, 반계(磻溪) 유형원(柳馨遠, 1622~1673)이 편찬한 전국 지리지인 『동국여지지(東國輿地志)』에도 이러한 내용이 포함되어 있다.

이러한 백두산 중심의 산천(山川) 인식은 인문적이라기보다 자연적이며, 국가적인 차원이라기보다는 민간적인 차원에서 형성된 개념이다. 또한 가시적으로 관찰이 가능한 지형적 측면이 강한 우리 민족이 가진 원형적 사고의 하나이며, 절대적인 위치를 점하면서 시대에 따라 큰 변화 없이 지속된 체계라 할 수 있을 것이다.[64]

『산경표』에 표현되어 있는 산줄기의 특징은 『대동여지전도(大東輿地全圖)』의 발문에 나오는 '산자분수령(山自分水嶺, 산은 곧 분수령이다)'의 원리이다. 조석필은 이에 대하여 '산은 물을 가르고, 물은 산을 건너지 않는다', '하나의 산에서 물을 건너지 않고 다른 산으로 가는 길은 오직 하나뿐이다'라고 해석하고 있다.[65]

이러한 해석은 전통지리사상의 내맥(來脈) 체계인 지맥선의 흐름과도 일치하며 산경표의 본질을 파악하고 있는 적절한 표현이라 생각한다.

『산경표』에 나타난 간(幹)과 맥(脈)들은 단절이 없다. 마치 혈맥이 뻗어 나가 서로 통하듯이 모든 산줄기가 연결되어 있고, 산줄기와 산줄기의 결절점에 주요 산이 위치하고 있다. 현재의 산맥체계는 지질구조를 중심으로 하여 파악한 것이기 때문에 산맥 사이의 연결 관계는 중요한 문제가 아니었다. 이에 따라 개별 산맥들이 연속되지 않고 단절되어 있는 것으로 나타나고 있다. 이는 중요한 차이점을 내포하고 있다. 맥으로 연결된 땅들은 서로 분리될 수 없는 존재이며, 크게 보면 하나의 뿌리를 가진 유기체적인 성격을 지닌 것으로 이해할 수 있다. 그러나 오늘날의 산맥 분류는 한반도를 하나의 유기체적인 뗄 수 없는 존재로 바라보는 것이 아니라, 서로 이질적인 기원과 성격을 가진 개체들의 집합으로 국토를 바라보도록 되어 있다.[66]

---

64) 양보경, 앞의 논문, 76면.

65) 조석필, 『산경표를 위하여』, 산악문화, 1995, 22~5면

66) 양보경, 앞의 논문, 85,6면.

산줄기의 이름에서 알 수 있듯이 산줄기의 체계가 강의 수계(水系)를 기준으로 나누어져 있다. 즉, 청천강은 청북정맥과 청남정맥, 대동강은 청남정맥과 해서정맥, 예성강은 해서정맥과 임진북예성남정맥, 임진강은 임진북예성남정맥과 한북정맥, 한강은 한북정맥과 한남정맥, 금강은 금북정맥과 금남정맥, 영산강과 섬진강은 호남정맥, 낙동강은 낙동정맥과 낙남정맥을 나누는 기준이 되고 있다.

지형을 이해할 때 그 땅 위에서 살고 있는 인간을 포함시켰는가, 인간을 배제하고 땅속의 구조를 중심으로 살펴보았는가 하는 차이는 결과적으로 땅을 바라보는 사고의 형성에 지대한 영향을 줄 것이다. 하천 중심의 인식 체계라 할 수 있는 전통적 자연 인식 체계는 인간을 바탕에 둔 인간주의적 자연지리학이라 할 수 있다.[67]

위와 같이 『산경표』의 산줄기 분류 체계의 내용은 첫째, 산과 산은 끊어짐 없이 연결되어 있는 유기체라는 점, 둘째, 강의 수계(水系)를 기준으로 산줄기를 분류하고 있는 점, 셋째, 백두산을 모든 산의 출발점이자 영산(靈山)으로 하고 있는 점 등이며, 이것은 우리 선조들이 오랜 역사 속에서 가지고 있었던 자연에 대한 인식 체계였다.

3. 한국 전통지리에 내재된 생명사상

한국 진통지리의 사상적 기반을 이루고 있는 정령숭배와 산악숭배사상, 그리고 지모신사상은 땅을 포함한 자연의 생명력을 바탕으로 하고 있다. 이러한 자연의 생명력은 땅을 대상으로 하는 한국의 전통지리에 수용되어 땅은 살아있는 유기체라는 한국 전통지리사상의 기본적인 인식이 이루어지게 된 것이다. 이와 같은 인식을 전제로 한 한국 전통지리사상의 핵심은 자연의 생명성이며, 지인상관론 · 지기쇠왕설 · 형국론 · 비보와 단맥 등이 그 중심을 이루고 있다.

---

67) 양보경, 앞의 논문, 95면.

1) 지인상관론(地人相關論)

　땅과 그 땅을 터전으로 살아가는 인간은 상호 불가분의 관계에 있다고 보는 것을 지인상관론이라 한다. 지인상관론은 땅이 인간의 심성에 영향을 미친다고 보는 지리인성론(地理人性論)과 땅의 영험함, 즉 산천의 정기를 받아야 인물이 탄생한다는 인걸지령론(人傑地靈論), 그리고 택지(擇地)라는 원인관계에 따라 결과로서 나타나는 길흉화복론(吉凶禍福論)을 포괄하는 개념이다. 『회남자(淮南子)』의 '토지는 각기 그 유형에 따라 사람을 낳는다. 그러므로 산기(山氣)에서는 남자가 많이 나고, 택기(澤氣)에서는 여자가 많이 나며, 장기(障氣)에서는 벙어리가 많이 나고, 풍기(風氣)에서는 귀머거리가 많이 나며, 임기(林氣)에서는 쇠약한 자가 많이 나고, 목기(木氣)에서는 곱사등이가 많이 나며, 안하(岸下)의 기(氣)에서는 종기 있는 자가 많이 나고, 석기(石氣)에서는 힘센 자가 많이 나며, 험조(險阻)한 기(氣)에서는 목에 혹이 있는 자가 많이 나고, 서기(署氣)에서는 요절하는 자가 많이 나며, 한기(寒氣)에서는 장수하는 자가 많이 나고, 곡기(谷基)에서는 류머티즘 있는 자가 많이 나며, 구기(丘氣)에서는 광인이 많이 나고, 연기(衍氣)에서는 어진 자가 많이 나며, 능기(陵氣)에서는 탐욕스러운 자가 많이 난다. 경토(輕土)에서는 빠른 자가 많이 나고, 중토(重土)에서는 느린 자가 많이 나며, 청수(淸水)는 소리가 작고, 탁수(濁水)는 소리가 크다. 단수(湍水)에서는 사람이 가볍고, 지수(遲水)에서는 사람이 무거우며, 중토(中土)에서는 성인이 많이 난다. 모두 그 기운을 본받아서 그 유형이 형성되는 것이다. 그러므로 남방에는 죽지 않는 풀이 있고 북방에는 녹지 않는 얼음이 있으며 동방에는 군자의 나라가 있고 서방에는 일그러진 시체가 있다'[68]는 내용은 인걸지령과 지리인성론을 반영하고 있다. 그리고 '견토(堅土)에서는 사람이 강건하고, 약토(弱土)에서는 사람이 유

---

68)『淮南子』,「墜形訓」.
　　土地各以類生人 是故 山氣多男 澤氣多女 水氣多暗 風氣多聾 林氣多癃 木氣多傴 岸下氣多腫
　　石氣多力 險阻氣多癭 署氣多天 寒氣多壽 谷氣多痹 丘氣多狂 衍氣多仁 陵氣多貪 輕土多利 重
　　土多遲 淸水音小 濁水音大 湍水人輕 遲水人重 中土多聖人 皆象其氣 皆應其類 故南方有不死之
　　草 北方有不釋之冰 東方有君子之國 西方有形殘之尸.

약하며, 검은색의 단단한 땅에서는 사람이 크고, 모래땅에서는 사람이 작으며, 식토(息土)에서는 사람이 아름답고, 모토(耗土)에서는 사람이 추하다'[69]라는 내용과 『지리신법(地理新法)』의 '무릇, 땅에 집을 짓고 유골을 묻게 되면 받는 것은 땅의 기운인데 땅의 기운은 아름답고 그렇지 않음의 차이가 있다. 사람은 그 기를 받아서 태어나므로 그 사람됨의 맑음과 탁함, 현명함과 어리석음, 선함과 악함, 귀함과 천함, 부함과 가난함, 장수와 요절의 차이가 있기 마련이다. 이뿐만 아니라 대개 인간의 성하고 쇠함, 만물의 차고 비움, 일의 좋고 나쁨, 인생의 길고 짧음에는 모두 그 받은 기의 차이에 있다. 그러므로, 무덤과 집을 만드는데 어찌 그 땅을 가리지 않겠는가?'[70]라는 내용은 길흉화복론 및 지리인성론과 관계가 있다.

신라 선덕여왕 시 자장법사가 중국에 유학하여 오대산에서 문수보살로부터 법을 받을 때 문수보살이, '너희 나라는 산천이 험하여 사람의 성질이 거칠고 도리에 어긋나며 간사한 말을 많이 믿으므로 천신이 가끔 재앙을 내렸다'[71]라고 말하였다는 내용과 고려시대 태조 왕건의 「훈요십조(訓要十條)」 중에서 제8조의, '차현(車峴: 車嶺) 이남, 공주강(公州江: 錦江) 밖의 산형지세가 모두 수도인 개경에 대하여 배역(背逆)하여 그 지역의 인심도 또한 그러하니, 그 지역의 군민이 조정에 참여해 왕후(王侯)·국척(國戚)과 혼인을 하여 국정을 잡으면 나라를 어지럽히거나, 후백제의 합병에 대한 원한을 품고 반역을 일으킬 것이다. 또 일찍이 관노비나 진(津)·역(驛)의 잡역(雜役)에 속했던 자가 혹 세력가에 투신하여 요역을 면하거나, 혹 왕후·궁원(宮院)에 붙어서 간교한 말을 하며 권세를 잡고 정사를 문란하게 해 재변을 일으키는 자가 있

---

69) 『淮南子』, 「墜形訓」.
　　是故, 堅土人剛. 弱土人肥(柔). 壚土人大. 沙土人細. 息土人美. 耗土人醜.

70) 호순신, 『지리신법』 「택지론」.
　　夫, 旣於其地, 立家植骨, 則所受者, 地之氣. 地之氣, 佳否之異, 如此, 則人受其氣以生, 亦豈能無
　　淸濁, 賢愚, 善惡, 貴賤, 貧富, 壽夭之異乎. 非特如此, 凡, 人有盛衰, 物有盈虛, 事有好惡, 世有
　　長短, 悉有所受之氣, 有異也　然則爲塚宅者, 安可不擇其地哉.

71) 『삼국유사』 권3, 탑상조.
　　新羅第二十七善德王卽位五年,　貞觀十年丙申,　慈藏法師西學,　乃於五臺感文殊授法, 文殊又云:
　　"汝國王, 是天竺刹利種, 王*〈豫,預〉受佛記, 故別有因緣, 不同東夷共工之族, 然以山川崎嶇, 故人
　　性麤悖, 多信邪見, 而時或天神降禍.

을 것이니, 비록 양민이라도 마땅히 벼슬자리에 두지 못하게 하라[72]'는 내용에서 지리인성론을 엿볼 수 있다.

그리고 조선시대 영조 때 이익은 『성호사설』에서, '경상도는 산수가 모두 취합하고 풍기(風氣)가 모이어 흩어지지 않았으니 옛 풍속이 여전히 남아 있고 명현이 배출되는 우리나라 최고의 지역이다. 전라도는 산수가 마치 머리를 풀어 사방에 흩어진 것과 같이 국면을 이루지 못했으므로 재주와 덕망 있는 자가 드물고 사람의 풍속도 사납고 간교하여 사대부가 돌아가 의탁할 만한 곳이 못 된다'[73]라고 하면서 경상도와 전라도의 산수를 비교하여 거기에 따른 인성을 논하고 있다.

『택리지』에서 이중환은 '마을의 인심이 어질면 아름다운 곳이 되는데, 마을의 인심이 어진 곳을 가려서 살지 않으면 어찌 지혜롭다 하랴'라는 공자의 말과, 맹모삼천지교(孟母三遷之敎)를 인용하면서 가거지(可居地)를 정할 때 풍속(風俗)의 중요성을 강조하면서 팔도의 인심에 대하여, '우리나라 팔도 중에 평안도는 인심이 가장 순후하고, 다음은 경상도 풍속이 질실(質實)하다. 함경도 땅은 오랑캐와 접하여 백성들이 모두 억세고 사나우며, 황해도는 산수가 험하므로 많은 백성들이 모질고 포악하다. 강원도는 산골짜기이므로 많은 백성이 어리석으며, 전라도는 교활하고 음흉함을 좋아하여 나쁜 일에 쉽게 움직인다. 경기도는 도성 밖 야읍이므로 백성들의 물자가 시들어 피폐하고, 충청도는 오로지 권세와 재리만 따른다'[74]라고 논하고 있는데 이 내용은 지리

---

72) 『고려사』 권2, 세가2, 태조26년.
　　其八曰: 車峴以南公州江外山形地勢　趨背逆人心亦然彼下州郡人　與朝廷與王侯國戚婚姻得秉國政則或變亂國家或　統合之怨犯　生亂且其曾屬官寺奴婢津驛雜尺或投勢移免或附王侯宮院姦巧言語弄權亂政以致　變者必有之矣. 雖其良民不宜使在位用事.

73) 이익, 『星湖僿說』 권3, 「天地門」, 兩南水勢條.
　　觀其山水知風氣之聚散山勢回抱水安得散流乎.　我國山脉自白頭迆西迆南至頭流爲全羅慶尙兩道之界水自黃池南主爲洛東江沿東海有山隔海頭流之支又東走衆水一一合流至金海東萊之間而入海故其風聲氣習萃聚不渙古俗猶存名賢輩出爲一國之最而大小白之河安禮之間爲堂奧他日邦家有事終必賴之也全羅一道之水其無等以東之水皆東入海以西之水皆南入海全州以西之水皆西入海其德裕以北之水皆北流合於錦江比如散髮四下不成局面此所以材德罕人風獷狡出士大夫不可爲依歸不但背逆於車嶺以北也.

74) 이중환, 『택리지』 「복거총론」, 인심.
　　孔子曰里仁爲美擇不處仁焉得智昔孟母三遷欲敎子也擇非其俗則不但於身有害於子孫必有薰染註誤之患卜居不可不視其地之謠俗矣.　我國八道中平安道人心醇厚爲上次則慶尙道風俗質實咸鏡道

인성론과 관련이 깊다.

또한 이중환은 『택리지』에서, '우리나라는 천리를 흐르는 강이 없고 백 리가 되는 들이 없어 거인이 나지 못한다',[75] '전라도는 풍속이 노래와 여색, 부와 사치를 좋아하고 약빠르며 경박하고 간교하여 문학을 중하게 여기지 않아서 과거에 급제하여 출세한 자가 경상도에 미치지 못하지만 인걸은 지령인지라 인물이 적지 않다'[76]라고 하면서 기대승, 이항, 김인후, 고경명, 윤선도, 이상형 등의 많은 인물을 열거하면서 인걸지령을 강조하고 있다.

히포크라테스(Hippocrates)는 『공기, 물, 장소(Airs, Waters and Places)』에서 의사는 각 지역의 독특한 입지조건으로서 바람의 방향, 일출, 수질과 토질을 제대로 살펴야 병을 치료할 때 실수를 저지르거나 당황하는 경우를 피할 수 있다고 하였다. 특히 특정 도시의 방위는 사람의 체질, 성격, 지적 능력 등에까지 밀접한 영향을 미치고 있음을 강조하였다. 히포크라테스의 전통을 이어받은 로마의 건축가 비트루비우스(Vitruvius)도 자신의 저서 『건축십서(Ten Books of Architecture)』에서 '건축가는 그 지역의 토양과 대기의 특성, 지역 특성, 그리고 물의 공급 등과 관련된 의술을 알고 있어야 한다'고 하여 히포크라테스의 전통을 건축학에 도입하고 있었다. 서구의 법철학자 몽테스키외(Montesquieu, Charles)도 『법의 정신(L'Esprit des Lois)』에서 '터를 잡을 때 또 다른 사항들을 잊어서는 안 된다. 어떤 지역은 다른 곳에 비해 상대적으로 인간에게 나쁜 성격을 형성하게 해주고, 어떤 지역은 다양한 바람과 더운 기간 때문에 적합하거나 부적합할 수 있다. 어떤 지역은 수질이, 또 어떤 지역은 땅에서 자라는 생물이 육체뿐만 아니라 정신에도 영양을 공급할 수도 있고 해를 줄 수도 있다'고 말하고 있다.[77]

地接胡境民皆勁悍黃海道則山水險阻故民多獰暴江原道則峽氓多蠢全羅道則專尙狡險易動以非京畿都城外野邑則民物凋弊忠淸道則專趨世利此乃八道人心之大略也.

75) 이중환, 『택리지』「복거총론」, 산수.
無千里之水 百里之野 故不生巨人.

76) 이중환, 『택리지』, 「팔도총론」, 전라도.
俗尙聲色富侈人多儇薄傾巧而不重文學以故科第顯達遜於慶尙蓋人少以文學砥礪自名故也然人傑地靈亦自不少.

77) 김두규, 『풍수학사전』 비봉출판사, 2005, 484,5면.

이와 같이 지인상관론은 동양은 물론 서양에서도 자연에 대한 공통된 정서로 자리 잡고 있었던 것으로 보인다.

2) 지기쇠왕설(地氣衰旺說)

땅이 가진 생명력(地氣)은 시간의 흐름과 땅을 차지한 사람에 따라 왕성해지거나 또는 쇠약해진다고 믿는데, 지기가 왕성할 때에는 부귀와 영화를 누리지만 쇠약할 때에는 운이 다하여 재앙과 불행이 닥친다고 하는 것을 지기쇠왕설(地氣衰旺說)이라 한다.

지기의 쇠왕은 역사적으로 국가의 흥망과 왕조의 교체, 천도(遷都) 문제와 깊은 연관성을 갖고 있는 것으로 여겨졌으며, 때로는 이를 정치적으로 이용하기도 하였는데 특히 고려시대와 선초의 천도론의 과정에서 가장 두드러지게 나타나고 있다. 고려시대에는 삼경(三京)[78]과 삼소(三蘇)[79] 설치에 의한 순주론(巡駐論), 숙종 대 김위제와 공민왕 대 보우의 남경(南京)천도론 및 인종 대 묘청과 공민왕 대 신돈의 서경천도론, 조선시대에는 태조의 계룡산과

---

78) 고려 초 태조가 고구려 수도였던 평양에 서경(西京)을 설치하여 개경(開京, 中京)과 더불어 양경제를 취하였고, 성종이 신라의 수도였던 경주에 동경(東京)을 설치하여 3경(京)이 이루어졌다. 그런데 문종 2년(1048), 남경(南京)이 설치되어 4경(京)이 되었으나 일반적으로 개경이나 동경 중에서 하나를 제외하여 3경 체제를 형성하였다.

79) 고려시대에 수도였던 개경(開京)의 지덕(地德)을 위하여 설정하였던 세 지역을 말하며 세 곳의 지덕을 빌어 국기(國基)를 연장하려는 것으로 지리도참사상과 산악숭배사상이 결합되어 나타났으며 삼경제(三京制)와 비슷한 관념을 지니고 있다. 삼소는 좌소(左蘇)·우소(右蘇)·북소(北蘇)를 말하는데, '소(蘇)'의 의미에 대하여는 학자들의 의견이 서로 다르다. 이병도(李丙燾)는 산이나 봉우리를 의미하는 '소라'·'솔'·'수리'·'솟', 또는 용출(湧出)·초출(超出)의 뜻인 '솟'·'솟을'에서 나온 것으로 여기고, 숭고의 뜻과 연결되는 산악으로 해석하였다. 따라서, 삼소는 삼산(三山)이라고 단정하고 송악(松岳)을 중심으로 한 주위의 삼진산(三鎭山) 혹은 삼신산(三神山)이라고 주장하였다. 한편, 김상기(金庠基)는 소복(蘇復)·소생(蘇生)의 뜻으로 여기고 지기(地氣)를 소생시키기 위하여 고려 때 소복별감(蘇復別監)이 설치된 사실과 『고려사』의 충렬왕세가(忠烈王世家)에 삼소(三蘇)가 삼소(三甦)로 표기된 것을 보고, 갱생의 뜻이 뚜렷하다고 주장하였다. 이러한 견해 차이가 있으나 비보연기(裨補延基)의 관념이 바탕에 깔려 있다는 점에 대해서는 양자가 공통된 견해를 보이고 있다. 삼소에 관한 기록이 처음 나타난 것은 1174년(명종 4) 5월 삼소조성도감을 두어 세 지역에 궁궐을 축조하였다는 것으로, 이 때 지정된 삼소는 좌소 백악산(白岳山), 우소 백마산(白馬山), 북소 기달산(箕達山)이었다. 공민왕 때는 평양·금강산·충주 세 곳을 삼소로 정하고 순주(巡駐)하려고 하였다. 우왕 4년(1378) 북소 기달산이 험하고 좁은 계곡이므로 천도하여야 한다는 말이 나돌았고, 북소의 조성을 위하여 도감을 새로이 만들기로 하다가 중지된 일도 있음을 미루어볼 때, 삼소의 대상지가 일정하지 않았으며 고려 말까지도 삼소에 대한 관심이 매우 높았음을 알 수 있다(참고: 『한국민족문화대백과사전』).

한양천도론 및 광해군 대 이의신의 교하천도론 등이 대표적이다.

고려 태조가 자손들을 훈계하기 위해 박술희(朴述希)에게 전해 후세의 귀감으로 삼게 한 열 가지 유훈(遺訓)으로 알려진「훈요십조(訓要十條)」중에는 제2조와 제5조가 지기쇠왕설과 관련이 있는데 내용은 다음과 같다.

훈요2조: 신설한 사원은 도선(道詵)이 산수의 순(順)과 역(逆)에 맞추어 세운 것이다. 도선이 말하길, "정해놓은 이외의 땅에 함부로 절을 세우면 지덕(地德)을 손상하여 왕업이 길지 못하리라" 하였다. 후세의 국왕·공후·후비·조신들이 각기 원당(願堂)을 세운다면 큰 걱정이다. 신라 말에 사탑을 다투어 세워 지덕을 손상하여 나라가 망한 것이니, 어찌 경계하지 아니하랴.

훈요5조: 나는 우리나라 산천의 음우(陰佑)로 통일의 대업을 이룩하였다. 서경(西京: 평양)의 수덕(水德)은 순조로워 우리나라 지맥의 근본을 이루고 있어 길이 대업을 누릴 만한 곳이니, 사중(四仲: 子·午·卯·酉가 있는 해)마다 순주(巡駐)하여 100일간 머물러 안녕을 이루게 하라.[80]

숙종 원년(1096) 김위제는 남경 천도를 요청하는 상서(上書)를 올리는데 그의 주장은 다음과 같다.

『도선기』를 인용하여 '고려에는 삼경이 있는데 송악은 중경(中京), 목멱양은 남경(南京), 평양은 서경(西京)에 해당한다. 일 년을 3기로 나누어 11·12·1·2월에는 중경, 3·4·5·6월에는 남경, 7·8·9·10월에는 서경에서 지내면 36국이 와서 조공할 것'이라고 하였으며, 또한 '건국 후 160여 년에 목멱양(남경)에 도읍한다'라고도 하였으므로 지금이 바로 새로운 수도에 머무를 때라고 주장하였다.

또한『도선답산가』에 송도(개경)의 운수가 다 되면 삼동(三冬)에 해 돋는 곳인 송경(개경)의 손방(巽方, 동남방)에 해당하는 목멱(남경)에 후대의 어진 사람이 도읍하면 한강의 어룡이 사해로 통할 것이라고 하였으며, 송악에 도읍

---

80)『고려사』권2,「세가」2, 태조 26년.
　　其二曰: 諸寺院皆道詵推占山水順逆而開創. 道詵云: '吾所占定外妄加創造則損薄地德祚業不永.' 朕念後 世國王公候后妃朝臣各稱願堂或增創造則大可憂也. 新羅之末競造浮屠衰損地德以底於亡 可不戒哉.
　　其五曰: 朕賴三韓山川陰佑以成大業. 西京水德調順爲我國地之根本大業萬代之地. 宜當四仲巡駐 留過 百日以致安寧.

한다 할지라도 명당의 근맥(根脈)이 미약하면 지맥(枝脈)도 그러하니 거우 백년도 지나지 않아 파(罷)하게 된다. 이러하므로 한강의 북쪽에 새로이 도읍 하면 왕업이 장구할 것이며 사해가 조래하고 왕실이 창성할 것이니 실로 대 명당의 땅이다. 또한 한강을 건너지 않아야 만대에 이어질 것이며 만약에 한 강을 건너서 제경(수도)을 건설하면 강의 남북이 분열하게 된다고 하였다.

이어서 『삼각산명당기』의, '산의 생김새를 살펴보니 북쪽을 등지고 남쪽을 향하 고 있는 이곳(남경)은 음양이 조화하여 겹겹이 꽃이 피어나는 명당이라 …… 만 약 임자(壬子)년에 왕도의 공사를 시작하면 정사(丁巳)년에 성군이 될 왕자 가 태어날 것이다. 삼각산을 의지하여 제경(도읍)을 건설하면 9년 뒤에는 사 해가 모두 조공을 바칠 것'이라는 내용을 들어 이곳이 바로 현명한 왕이 덕을 성대히 펼칠 땅이라고 주장하면서 남경의 지덕이 왕성함을 논하였다.

또한 『신지비사』에서 삼경을 저울에 비유한 내용을 인용하여, 저울대(秤幹) 는 부소(송악), 저울추(秤錘)는 오덕구(五德丘, 남경)81), 저울의 접시(極器)는 백아강(서경)에 비유하면서, 首(극기, 서경)와 尾(추, 남경)가 균형을 이루면 지덕(地德)에 힘입고 신령(神靈)의 보호로 70개 나라의 조공을 받게 되며 나 라가 흥하고 태평이 보장될 것이고, 그렇지 않으면 왕업이 쇠퇴할 것이라고 하였다. 이어서 남경[삼각산 남쪽 목멱산(남산) 북쪽 평지]에 관한 지리적 정 당성을 논하고 도성을 건설하여 때에 맞추어 순주할 것을 주장하였다.82)

---

81) 김위제가 말하고 있는 五德丘는 백악을 중심으로 한 사방의 山形이 五行의 방위배정과 일치하며 상생조 화의 관계를 이루고 있는 오행산을 뜻한다. 즉, 중앙의 面嶽(백악)은 圓形이니 土德, 북의 紺嶽은 曲形 이니 水德, 남의 冠岳은 尖銳하니 火德, 동의 南行山은 直形이니 木德, 서의 北嶽은 方形이니 金德 에 속한다고 하였다. 동·서·남·북·중앙의 각 방위에 배정되는 木·金·火·水·土의 오행과 산 형이 일치한다고 보아 중앙의 토는 금을 생하고, 금은 수를 생하며, 수는 목을 생하고, 목은 화를 생하며, 화는 토를 생하니 오행상생의 무궁한 吉地라는 주장이다. 그런데 원형이니 토덕, 방형이니 금덕에 속한다 고 하는 것은 오늘날 일반적으로 알려져 있는 山形의 오행배정과 차이가 있는데, 원형은 금덕, 방형은 토 덕으로 보는 것이 일반적이다.

82) 『고려사』 권 122, 김위제전.
　道詵記云 高麗之地有三京 松嶽爲中京 木覓壤爲南京 平壤爲西京 十一·十二·正月·二月住中 京 三·四·五·六月住南 京 七·八·九·十月住西京 則三十六國朝天, 又云開國後百六十餘 年 都木覓壤 臣謂今時正時巡駐新京之期. 臣又竊觀道詵踏山歌曰 松城落後向何處 三冬日出有 平壤 後代賢士開大井 漢江魚龍四海通 三冬日出者 仲冬節日 出巽方 木覓在松京東南 故云然也, 又曰宋嶽山爲辰馬主 嗚呼誰代知始終 花根細劣枝葉然 纔百年期何不罷 爾後 欲覓新花勢 出渡 陽江空往還 四海神魚朝漢江 國泰人安致太平 故漢江之陽 基業長遠 四海調來 王族昌盛 實位大 明堂之地也, 又曰後代 賢士認人壽 不越漢江萬代風 若渡其江作帝京 一席中裂隔漢江.
　又三角山明堂記曰 擧目回頭審山貌 背壬向丙是仙龜 陰陽花發三四重 親袒負山臨守護 案前朝山

이와 같이 김위제는 각종 비서(秘書)를 근거로 하여 삼경(三京)을 설치할 것과 남경으로 천도(遷都)할 것을 주장하였다.

『고려사』에서 지기의 쇠왕과 관련된 서경천도론의 기록을 살펴보면 다음과 같다.

서경천도론은 묘청에 의해 제기되었다. 인종 6년(1128) 묘청 등이 "신 등이 서경 임원역의 지세(地勢)를 살펴보니 이곳이 음양가들이 말하는 대화세(大花勢), 즉 대명당의 터입니다. 만약 그곳에 궁궐을 지어 머무르면 천하를 아우를 수 있으며, 금나라가 예물을 가지고 스스로 항복해올 것이며, 36국이 모두 신하가 될 것입니다"[83]라고 하였다.

서경 출신인 정지상이 말하길 "상경(개경)은 터의 운이 이미 쇠하여 궁궐도 불타 없어졌고 서경은 왕기(王氣)가 있으니 마땅히 임금이 옮겨 앉아 상경(수도)으로 삼아야 한다"[84]라고 하였다.

인종 10년 개경의 구궁(舊宮)을 중수하려 할 때 묘청과 백수한은, "상경(개경)의 지세가 쇠퇴하였으므로 하늘이 재앙을 내려 궁궐이 불타버렸으니 자주 서경에 머무르면서 재앙을 물리치고 복을 모아 무궁한 왕업을 누리소서"[85]라고 상주(上奏)하였다.

고려시대 우왕은 좌사 홍중선, 정당문학 권중화 등을 불러 "경성이 바다를 끼고 있어 불의의 습격을 당할 우려가 있고 또한 지기(地氣)에도 쇠왕이 있는

五六重 姑叔父母 山巒巒 內外門犬各三爾 常侍龍顔勿餘心 靑白相登勿是非 內外商客各獻珍 賣名隣客如子來 輔國匡君皆一心 壬子年中若開土 丁巳之歲得聖子 憑三角山作帝京 第九之年四海朝 故此明王盛德之地也.

又神誌秘詞曰 如秤錘極器 秤幹扶疎樑 錘者五德也 極器百牙岡 朝降七十國 賴德護神精 首尾均平位 興邦保太平若廢三諭地 王業有衰傾 此以秤論三京也 極器者首也 錘者尾也 秤幹自提綱之處也 松嶽爲扶疎 以諭秤幹 西京爲 白牙岡 以諭秤首 三角山南爲五德丘 以諭錘 五德者 中有面嶽爲圓形土德也 北有紺嶽爲曲形水德也 南有冠嶽尖 銳火德也 東有陽州南行山直形木德也 西有樹州北嶽方形金德也 此亦合於道詵三京之意也 今國家有中京西京而南 京闕焉 伏望於三角山南 木覓北平 建立都城以時巡駐 此實關社稷興衰 臣干胃忌諱謹錄申奏.

83) 『고려사』 권127, 묘청전.
臣等觀西京林原驛地 是陰陽家所謂大華勢 若立宮闕御之 則可並天下 金國執贄自降 三十六國皆爲臣妾.

84) 『고려사』 권127, 묘청전.
上京基業已衰 宮闕燒盡無餘 西京有王氣 宜移御爲上京.

85) 『고려사』 권127, 묘청전.
上京地勢衰 故天降災孽 宮闕焚蕩 須數御西京 禳災集禧 以亨無窮之業.

데 이곳에 도읍을 정한 지가 오래되었으니 다른 땅을 택하여 도읍을 옮기는 것이 좋겠다. 도선의 문서를 상고하여서 보고하라"[86]라고 지시하기도 하였다.

그리고 조선 초기 태조가 무악에서 천도지를 물색할 때 천도에 부정적인 유한우에게 화를 내며, "송도(松都)의 지기(地氣)가 쇠하였다는 말을 너는 듣지 못하였느냐?"[87]라고 말한 것과, 한양도읍을 확정하고 왕도 공사의 시작에 앞서 황천후토(皇天后土)와 산천의 신에게 고한 고유문(告由文)에, '송도(개경)의 터는 지기(地氣)가 오래되어 쇠해 가고, 화산(華山)의 남쪽은 지세(地勢)가 좋고 모든 술법에 맞으니, 이곳에 나아가 새 도읍을 정하라'[88]는 내용에서 천도의 정당성을 지기쇠왕설에서 구하고자 한 일면을 엿볼 수 있다.

또한 광해군 때 이의신(李懿信)이 상소에서, 임진년의 병란과 역변이 계속하여 일어나는 것이며 조정의 관리들이 분당하는 것과 사방의 산들이 벌거벗은 것은 국도인 한양의 왕기(旺氣)가 쇠했기 때문이라고 말하며 교하천도론을 주장[89]하기도 했다.

위에서 역사적 기록을 통하여 살펴본 바와 같이 지기쇠왕설은 시대적 상황에 따라 주장자의 정치적 목적을 위하여 자의적 해석에 의하여 이용된 측면이 강하다.

3) 형국론(形局論)

땅은 생명력 있는 유기체이다. 생명력의 근원은 기(氣)이다. 땅은 지역마다의 각기 다른 지형에 따른 고유한 기를 가지고 있다.

『청오경』에는 '음양이 부합하고 천지가 교통하면 내기는 생명을 싹 틔우고

---

86) 『고려사』 권133, 신우전.
　　禑嘗召左使洪仲宣 政堂文學權仲和等曰 京城控海　慮有不虞之患　具地氣有衰旺　而定都已久　宜擇地徙都之　其考道　讀書以聞.
87) 『태조실록』 권4, 태조 3년 8월 무인.
　　上怒曰: "汝爲書雲觀, 謂之不知, 欺誰歟? 松都地氣衰旺之說, 汝不聞乎?"
88) 『태조실록』 권4, 태조 3년 12월 무진.
　　日官告曰: "松都之地氣久而向衰; 華山之陽, 形勝而協吉, 宜就是處, 庸建新都".
89) 『광해군일기』 권59, 광해 4년 11월 을사.

외기는 형상을 이룬다. 내기와 외기가 서로 조화하면 풍수는 저절로 이루어지게 된다(陰陽符合 天地交通 內氣萌生 外氣成形 內外相乘 風水自成)'라는 내용이 있다.

여기서 내기(內氣)란 지중지기(地中之氣)를 말하고 외기(外氣)란 지형을 이루어지게 한 기(氣)를 이르므로 기의 다양성에 따라 지형은 그 모습을 달리하고 있다고 본다. 따라서 지역마다의 다양한 지형은 그에 따른 상이한 기를 갖고 있으며 바로 이러한 지형에 따른 기가 형국론의 정서와 그 맥을 같이하고 있다.

즉 생명을 싹 틔우는 지중지기처(地中之氣處)는 형세론적으로 분석하고 지형에 따른 그 지역의 고유한 기는 형국론적으로 파악하여, 형세론적(形勢論的) 분석과 형국론적(形局論的) 파악이 일치되는 바로 그곳이 혈(穴)이 되는 것이다.

형국론(形局論)이란 형(形)과 국(局)을 주체와 대상으로 삼아서 지리(地理)에 대하여 논(論)하는 것을 말하며 물형론(物形論)이라고도 한다. 여기서 형이란 주체가 되는 대상물인 산의 형상이나 모양을, 국은 국면(局面)이라는 대상 공간(주변지역)을 말하며 이러한 형과 국을 살펴 분석 정리하는 것이 형국론이다.

즉, 주체가 되는 산형을 보고서 생김새가 유사한 동물이나 식물, 문자 등의 어떤 형상에다 비유한 명칭을 짓고, 주변 국면에서 종(從)적인 형상을 연관시켜 종물의 명칭을 부여하여 명칭을 완성한 다음 여기에 지리적 해석을 하는 것을 말한다.

예를 들면 주체가 되는 산의 모양이 누운 소와 같으면 와우(臥牛)라는 주된 명칭을 짓고, 그 앞에 곡식을 쌓아놓은 노적가리 모양의 사(砂)가 있으면 이를 소의 먹이와 연관시켜 적초(積草)라는 종물의 명칭을 부여하여 와우적초형(臥牛積草形)이라는 형국명(形局名)을 완성한다.

소는 농경사회에서 대단히 중요하였으며 생산 활동의 원동력이었다. 소가 풀밭에 누워서 한가롭게 되새김질을 하는 모습은 평화와 태평 그리고 풍요를 한껏 느끼게 해준다.[90] 소는 누워서 음식을 먹을 때가 많으므로 와우형은 안산(案山)에 적초형의 사(砂)가 많을수록 좋다. 와우적초형은 큰 인물이 나고

---

90) 김두규, 『풍수학사전』, 비봉출판사, 2005, 754면.

자손대대로 풍요스럽게 배불리 먹으면서 지낼 수 있지만 소는 낳는 새끼의 수가 적기에 자손번식에 불리하다는 지리적 해석을 하는 것이다.

형국론은 우리나라 특유의 지리사상이 배여 있는 것으로 산의 생김새와 우리 민족의 정서가 결합되어 있다. 우리나라 각 지역마다 형국론과 관련된 전설이나 지명을 어렵지 않게 발견할 수 있는 것은 우리 민족의 정서와 자연에 대한 인식의 관계를 이해할 수 있게 한다.

김광언은 남한지역에 있는 마을이나 집터의 형국 수를 266개로 파악하였고, 이를 다섯 종류로 분류하여 동물형 163개(62.27%), 물질형 38개(14.28%), 인물형 36개(13.53%), 식물형 23개(8.64%), 문자형 6개(2.25%)로 정리하고 있다. 그리고 형국과 관련된 마을이나 집터는 모두 2,146개소이며 5개 유형이 차지하는 비율은 동물형이 1,198개소(55.9%)로서 절반 이상을 차지하고 인물형이 360개소(16.8%), 물질형 355개소(16.6%), 식물형 221개소(10.3%), 문자형 12개소(0.6%)의 분포를 나타내고 있다고[91] 하였다.

〈그림 3〉 구미 금오산 거인 두상(頭像)

〈그림 4〉 연화부수형의 안동 하회마을

형국에 대한 내용으로 『삼국유사』, 『삼국사기』에서 확인할 수 있는 최초의 명시적 기록은 신라의 도읍인 월성에 대한 것인데, 이에 대한 내용은 후술하기로 한다.

『삼국유사』의 기록 중에서 여근곡(女根谷)에 대한 내용이 있다.

『삼국유사』의 「기이편」에는 선덕여왕이 재위 시에 세 가지의 일에 대하여

---

91) 김광언, 『풍수지리』(집과 마을), 대원사, 1995, 31면.

기미(징조)를 알았다는 '지기삼사(知幾三事)'[92]의 내용이 있는데, 그중에서 두 번째가 여근곡(女根谷)에 대한 기록이다. 여근곡은 그 지형이 여자의 생식 기와 유사하다고 하여 붙여진 것이다.

역사 속에서 각 국가의 수도에 대한 형국을 살펴보면 다음과 같다.

고구려의 수도인 평양에 대한 『택리지』의 '평양의 지리는 행주형이기 때문에 우물을 파는 것을 꺼린다. 옛날에 우물을 팠다가 읍에 자주 화재가 일어나 메워버렸다'[93]는 기록에서 행주형(行舟形)임을 알 수 있다.

백제의 경우 한성시대의 몽촌토성은 둥지형(巢形)이며, 웅진시대의 공산성은 비봉형(飛鳳形)이고, 사비시대의 부소산성은 반월형(半月形)이며 이를 포함한 사비 지역은 평사낙안형(平沙落雁形)이다. 신라의 궁성은 반월형(半月

---

92) 『삼국유사』 권1, 「기이편」, 선덕왕지기삼사.

凡知幾有三事, 初, 唐太宗送畫牧丹 三色紅紫白 以其實三升 王見畫花曰 "此花定無香." 仍命種 於庭 待其開落 果如其言. 二, 於靈廟寺玉門池 冬月衆蛙集鳴三四日 國人怪之 問於王 王急命 角干閼川弼呑等 鍊(揀)精兵二千人 速去西郊 問女根 谷必有賊兵 掩取殺之 二角干旣受命 各 率千人問西郊 富山下果有女根谷 百濟兵五百人 來藏於彼 並取殺之 百濟將軍亐召者 藏於南 山嶺石上 又圍而射之殪 又有後兵一千二百人來 亦擊而殺之 一無孑遺. 三, 王無恙時, 謂群臣 曰 "朕死於其(某)年某月日 葬我於忉利天中" 群臣罔知其處 奏云 "何所?" 王曰 "狼山南也." 至 其月日 王果崩 群臣葬於狼山之陽 後十餘年 文虎(武)大王創, 四天王寺於王墳之下 佛經云 四天 王天之上 有忉利天 乃知大王之靈聖也. 當時群臣啓於王曰 "何知花蛙二事之然乎?" 王曰 "畫花 而無蝶 知其無香 斯乃唐帝欺寡人之無稱也 蛙有怒形 兵士之像 玉門者 女根也 女爲陰也 其色 白 白西方也 故知兵在西方 男根入於女根 則必死矣 以是知其易捉" 於是群臣皆服其聖智[첫째는, 당나라 태종이 홍색·자색·백색의 모란꽃을 그린 그림과 씨앗 석 되를 보내 왔는데 선덕 여왕이 그림을 보고 말하길, "이 꽃은 틀림없이 향기가 없을 것이다." 그 씨앗을 궁전 뜰에 심어 보게 했는데 꽃이 피어서 지기까지 과연 향기라곤 없었다. 둘째는, 추운 겨울날에 영묘사의 옥문지에 개구리 떼가 모여들어 삼사 일을 울어대어 나라 사람들이 그것을 괴상히 여겨 왕에게 물어 보니, 여왕은 급히 각간 알천과 필탄 등에게 명해 날랜 군사 2천 명을 뽑아 서쪽 교외 여근곡(지형이 꼭 여인의 생식기 모양으로 생겼음)을 찾아가 잠복 중인 적병을 습격해 죽이라고 하였다. 두 각간이 왕명을 받고서 각각 1천의 군사들을 거느리고 서쪽 교외에서 물어보니 부산(富山) 아래에 과연 여근곡이 있고, 거기에 백제의 군사 5백여 명이 잠복해 있기에 모두 잡아 죽였다. 그리고 백제의 장군 오소란 자가 남산령 바위 위에 숨어 있는 것을 사살하고, 또한 후속 병사 1천 2백 명이 오는 것을 공격하여 한 사람도 남김없이 죽였다. 셋째는, 왕이 건강할 때 그 신하들에게 이르길, "짐은 아무 해, 아무 날에 죽을 것이니 장사를 도리천에 하라"라고 하였다. 신하들은 그 도리천이 어느 곳인지를 알 수 없어 왕에게 물어 보았더니 왕은 낭산의 남쪽이라고 하였다. 예언했던 그날이 되자 왕은 과연 죽었으며 신하들은 낭산의 남쪽에 장사 지냈다. 십여 년 뒤에 문무대왕은 선덕 여왕릉 아래에다 사천왕사를 창건했다. 불경에 이르길 사천왕천은 수미산의 중턱에 있고 그 위에 바로 도리천이 있다고 하였으므로 그제야 선덕여왕의 영성함을 알았다. 생존당시 신하들이 모란꽃과 개구리에 대한 두 가지 일을 어떻게 알았는지 물으니, 왕이 말하길. "꽃을 그린 그림에 나비가 없으므로 그 꽃이 향기가 없음을 알았다. 그것은 곧 당나라 왕이 과인의 배우자 없음을 업신여김이다. 그리고 개구리는 성난 형상이므로 병사의 상징하고 옥문이란 곧 여근이다. 여자는 음이며 그 색은 희고 흰색은 서쪽이므로 적이 서쪽에 있음을 알았고, 남근이 여근 속에 들어가면 반드시 죽게 마련이므로 쉽게 잡을 수 있음을 알았다." 이 말을 듣고 신하들은 모두 그 성지에 감복했다].

93) 이중환 저, 이민수 역, 『택리지』, 평화출판사, 2005, 273면.

形)이며 고려의 경우는 『택리지』에서 김관의의 『통편』을 인용하면서 금돈와형(金豚臥形)[94]이라 하였다. 그리고 조선시대의 한양에 대해서는 『조선의 풍수』에 구전(口傳)을 인용하여 학익형(鶴翼形)[95]이란 내용이 있지만 후술하는 바와 같이 선인무수형(仙人舞袖形)이 보다 적합하다고 본다.

4) 비보(裨補)와 단맥(斷脈)

지리법(地理法)의 이론에 부합하는 완벽한 명당(明堂)을 찾기는 쉽지 않다. 이론적으로 존재할 뿐이지 현실 속에서는 존재하지 않는 이상적 유토피아일 수도 있다.

비보(裨補)란 자연과 인간의 관계에서 인간을 기준으로 하여 발생한 것이다. 이것은 자연의 결함을 보완하여 인간에게 보다 적합한 지리적 환경을 만들고자 하는 인간의 제반적인 행위를 말한다. 땅을 포함한 자연물에는 기(氣)가 존재한다. 기는 생명력의 원천이므로 자연은 생명력 있는 유기체(有機體)이다. 보다 완전한 지리적 환경을 만든다는 것은 인간의 용도에 적합하게 생명력을 보완한다는 말이 된다.

단맥(斷脈)이란 지맥(地脈)을 인위적으로 끊는 것을 말한다. 지기(地氣)는 지맥을 따라 흘러 다니므로 지맥을 끊는다는 것은 지기의 흐름을 단절시킨다는 의미이다. 따라서 지기를 단절시킨다는 것은 생명력의 단절을 뜻한다.

이와 같이 비보와 단맥은 상반된 개념이다. 형국론을 바탕으로 한 비보와 단맥이 동시에 발견되어지는 현장이 있는데, 바로 김수로왕 탄생설화와 관련이 있는 경남 김해의 구지봉(龜旨峯)이다.

구지봉은 백두대간의 종착점인 지리산의 영신봉에서 흘러온 남정맥(洛南正脈)이 낙동강을 만나 흐름을 멈추면서 만들어 놓은 분성산[96]에서 서남쪽으로 내려와 이루어진 낮은 봉우리이다.

〈그림 5〉 구지봉과 김수로왕릉 및 왕비릉

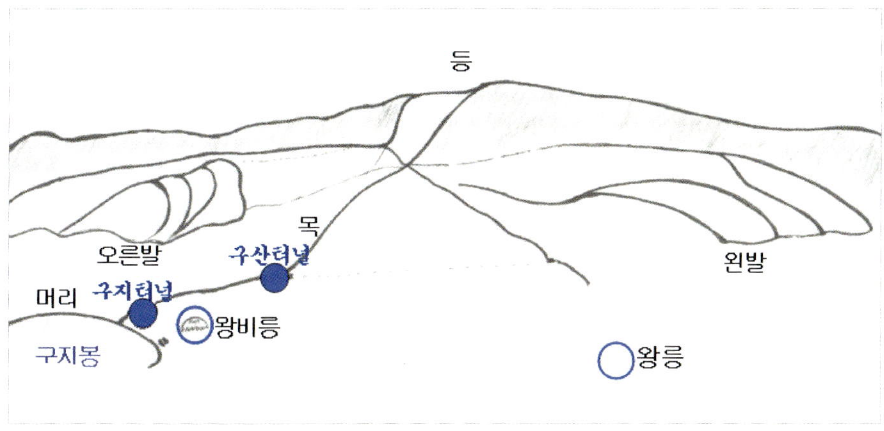

〈그림 6〉 영구하산형의 단맥과 비보

〈그림 7〉 인공지맥 구지터널

〈그림 8〉 인공지맥 구산터널

『삼국유사』의 「가락국기(駕洛國記)」에서 구지는 그 봉우리가 마치 10마리의 거북이 엎드리고 있는 형상과 같다고 해서 칭했다고 한다.[97] 그런데 <그림 6>에서도 확인할 수 있듯이 세산(勢山)인 분성산에서 한 마리의 신령스러운 거북이가 내려오고 있는 형국임을 알 수 있는데, 이러한 형국을 영구하산형(靈龜下山形)이라 한다.

구전되는 바에 의하면 일제강점기 때에 일본은 식민지국의 수도를 김해에 건설하고자 했으나 김해 김씨와 김해 허씨가 이에 반대하자 이들의 정신적 구심점이었던 구지봉과 김수로왕릉의 지기를 훼손할 목적으로 이와 연결되는 지맥을 두로를 낸다는 구실로 단맥(斷脈)하였다고 한다. 구시봉은 가락국의 시조인 수로왕의 탄강신화를 지니고 있기에 가락국의 지역민에게는 정신적으로 대단히 성스러운 장소이다.

김수로왕의 비(妃)인 허황후릉은 하산하는 거북의 목에 해당하는 부분에 입지하고 있는데, 일제는 허왕후릉과 구지봉 그리고 수로왕릉으로 이어지는 지맥을 단절하여 도로를 내면서 거북의 목 부분을 단맥하였던 것이다.

모든 생명체는 목이 잘리면 생명력이 없어지므로 구지봉과 김수로왕릉의 생명력을 없애는 동시에 그의 비인 허황후와 분리하는 교활함까지 보여주고 있다.

김해 김씨 종친회의 적극적인 활동으로 인해 1993년 김해시는 가야문화유적지 복원사업의 일환으로서 잘려나간 거북의 목 줄기를 잇는 사업을 하였는데 <그림 7>에서와 같이 육교도 터널도 아닌 오로지 지맥의 연결선임을 확인할 수 있다. 즉 단절되었던 지맥을 연결하여 잃어 버렸던 생명력을 복원하고자 하는 비보(裨補)를 하였던 것이다.

비보는 광의와 협의의 개념으로 나눌 수 있다.

광의의 비보는 압승(壓勝)[98]을 포괄하는 개념으로 모든 지리적 결함에 대하여 이를 보완하는 일체의 행위를 말한다.

그리고 협의의 비보는 비보와 압승을 분리한 개념으로, 여기서의 비보는 지

---

97) 『삼국유사』 권2, 「기이편」, 가락국기.
   所居北龜旨(是*〈峰,峯〉巒之稱, 若十朋伏之狀, 故云也).
98) 압승을 염승(厭勝), 진압(鎭壓), 진양(鎭禳)이라고도 함.

리적 결함 중에서 부족한 부분을 보충하는 것을 말하며, 압승은 지나친 부분을 누르거나 빼는 것을 말한다.

비보의 방법을 유형별로 보면, 조산(造山), 득수(得水), 연못, 조림(造林), 사탑(寺塔), 불상, 남근석이나 장승·솟대와 같은 상징조형물, 당목(堂木), 작명(作名) 등이 있다.

그리고 공간을 단위로 한 비보의 유형은 국토 전체를 대상으로 하는 산천비보인 국역(國域), 왕도를 중심으로 한 국도(國都), 중소 도시의 고을, 그리고 취락의 기본 단위인 마을비보 등으로 나눌 수 있다.

또한 비보의 기능(機能)을 유형화하면 수구(水口)막이, 수살(水殺)막이, 화재진압, 수해(水害)방지, 압승(壓勝) 등이 있다. 이를 통하여 지력(地力, 땅의 생명력)을 유지하고 보존하며 회복하여 보다 적합한 환경을 조성하기 위함이다.

비보라는 전통적 환경 구성 원리는 자연 혹은 사람의 일방으로 치우치는 편향과 불균형을 조정하여 지인조화(地人調和)를 구현하려는 실천원리로서, 비보론의 기능적 구성요소에는 비보·압승이라는 두 가지 역학적 상보방식이 있는데, 자연적 조건의 모자람은 비보 원리로 보충·보완하고 자연적 조건의 지나침은 압승원리로 견제 혹은 억제함으로써 환경적인 균형을 유지한다. 이를 생극(生剋)의 논리로 표현하면 비보적 방식은 상생(相生)의 원리이며 압승적 방식은 상극(相剋)의 원리로서, 이러한 두 가지 원리의 적절한 운용을 통해 자연과 사람 간의 환경적 상보력(相補力)을 증진하고 조율하는 것이다. 이와 같이 비보·압승은 기능상 상보적 평형력을 유지하는 조정자 역할을 하고, 상보관계를 유지하는 중간적 매개의 위상을 지닌다.[99]

한국의 전통지리사(傳統地理史)에서 비보설(裨補說)은 신라 말 선승(禪僧)이었던 도선(道詵, 827~898)의 국역비보(國域裨補)로 대표되는 비보사탑설(裨補寺塔說)에서 비롯되었다고 일반적으로 알려져 있다. 도선에 의하여 지리비보가 일반화된 것은 사실이지만 그 이전에도 비보가 적용된 예는 문헌적 기록 속에서도 어렵지 않게 발견할 수 있다.

고려조 신종 원년(1197)에는 국가의 터전을 연장하기 위하여 산천을 비보하고

---

99) 최원석, 『한국의 풍수와 비보』, 민속원, 2004, 68면.

자 국가의 공식관청인 산천비보도감(山川神補都監)을 설치하기도 하였다.[100]

조선조 태조 3년에는 천도의 논의과정에서 지리의 학설을 올바르게 정립하기 위하여 음양산정도감(陰陽刪定都監)을 설치하기도 하였다.[101]

이하에서는 역사적 기록 속에서 비보의 개념에 대한 내용을 살펴보고, 비보가 적용된 사례를 개괄하고자 한다.

비보의 개념에 대한 역사적 기록은 『조선사찰사료』에서 찾아볼 수 있는데 대개 도선과 관련된 내용이다.

> ⅰ) 『고려국사도선전(高麗國師道詵傳)』: 사람이 만약 병이 들어 위급할 경우 곧장 혈맥을 찾아 침을 놓거나 뜸을 뜨면 곧 병이 낫는 것과 마찬가지로 산천의 병도 역시 그러하니 절을 짓거나 불상을 세우거나 탑을 세우거나 부도를 세우면 이것은 사람이 침을 놓거나 뜸을 뜨는 것과 같으니 이를 이름하여 비보(神補)라고 한다.[102]

> ⅱ) 『백운산내원사사적기(白雲山內院寺事迹記)』(1706년): 비유컨대 우리나라 땅은 병이 많은 사람과 같다. 인물의 태어남은 이러한 산천의 기(氣)에 감응되는 것인데, 인심과 산천의 형세는 서로 닮지 않을 수 없다. 인심이 통일되지 않으므로 구역에 따라 나뉘어져 혹은 아홉 나라로 혹은 세 나라로 분열되어 서로 침략하여 전쟁이 끊이지 않고, 도적이 횡행하는데도 억압할 수 없는 것은 스스로 유래한 것이다. 부처의 도를 약쑥으로 삼아 산천의 병든 땅을 치료해야 한다. 부족한 곳은 절을 지어 보충하고, 지나친 것은 불상으로 억제하며, 산천의 기운이 달아나는 것은 탑으로써 멈추게 하고, 배역하는 것은 당(幢)으로써 불러들이며, 해치는 것은 방지하고, 다투는 것은 금하며, 좋은 것은 세우고, 길한 것을 드러내면 천하가 태평하고 법륜이 자전할 것이다.[103]

---

100) 『고려사절요』 권14, 신종정효대왕 원년.
　　置山川神補都監崔忠獻會宰樞重房及術士議國內山川神補延基事遂置之(산천비보도감을 설치하였다. 최충헌이 재추와 중방과 술사를 모아 국내의 산천을 비보해서 국기를 연장하고자 하는 일을 의논하여 드디어 산천비보도감을 설치하였다).

101) 『태조실록』 권6, 태조 3년 7월 무신(11).
　　都評議使司啓曰: "地理之學未明 人人各執所見 互相同異, 眞僞難辨 前朝相傳秘錄 亦有同異 邪正難定 請置陰陽刪定都監 勘校一定" 上從之.

102) 조선총독부내무부지방국, 「고려국사 도선전」, 『조선사찰사료』 하, 삼명살업(1911년 조선총독부내무부지방국에서 출간한 것을 1968년 삼명살업에서 영인), 1968, 377면.(이하에서는 『조선사찰사료』만 표기)
　　人若有病急卽尋血脉或針或灸則卽病愈山川之病亦然今我落點處或建寺立佛立塔立浮圖則如人之鍼灸名曰神補也.

103) 『조선사찰사료』 상, 18,9면. 김두규, 『풍수학사전』 비봉출판사, 2005, 216면.
　　比之則多疾之人也. 故人物之生感是山川之氣者. 其心其勢無不相類. 人心不合, 區域隨分, 或作九韓, 或作三韓, 互相侵伐, 兵革不息, 盜賊橫行, 無能楚(禁)制者有自來矣. 殿下假以佛氏之道爲艾而醫之於山川痛痒之地, 而缺者以寺補之, 過者以佛抑之, 走者以塔止之, 背者以幢招之, 賊

『고려국사도선전』에서는 병든 사람을 침이나 뜸으로 치료하는 것과 마찬가지로 병든 산천을 치유하기 위하여 사탑(寺塔)과 부도를 세우는 것을 비보라고 정의하고 있다. 『백운산내원사사적기』의 위 내용은 도선이 고려 태조 왕건에게 말하는 형식을 취하고 있는데, 지리인성론을 전제하여 땅을 병든 사람에 비유하고 사탑과 불상, 당(幢)을 세우는 구체적인 경우를 예시하고 있다.

『삼국유사』의 「탑상편」에는 '9층탑을 황룡사에 세우면 왕조가 영원히 평안할 것이며 타국이 침입하지 못할 것'[104]이라는 내용이 있는데, 이는 호국을 위하여 황룡사 9층탑을 세워 비보하였다는 말이 된다.

국토 전체를 대상으로 하여 그것의 지리적 결함을 보완하는 것을 국역비보(國域裨補)라 하는데 신라 말 도선에 의하여 시행되었다고 알려져 있다. 이와 관련된 문헌적 기록을 살펴보면 다음과 같다.

『조계산선암사사적(曹溪山仙巖寺事蹟)』(1704년)에 의하면 '도선(道詵)이 남방비보(南方裨補)를 위해 경상남도 영암군 월출산의 용암사(龍岩寺), 전라남도 광양 백계산의 운암사(雲巖寺)와 함께 선암사를 창건했'고 한다.[105]

박전지(朴全之)가 쓴 『영봉산 용암사 중창기(靈鳳山 龍巖寺 重創記)』에 "지리산 성모천왕(聖母天王)이 '만일 세 개의 암사(巖寺)를 창건하면 삼한(三韓)이 합하여 한 나라가 되고 전쟁이 저절로 종식될 것이다'라고 한 말을 따라 도선이 창건하였는데, 곧 선암(仙巖)·운암(雲巖)·용암(龍巖)이 그것이라고 하면서 국가의 크나큰 비보가 된다"고 하였다.[106]

者防之, 爭者禁之, 善者樹之, 吉者揚之, 則天下太平, 法輪自轉.

104) 『삼국유사』 권3, 「탑상편」, 황룡사 9층탑.
神曰 皇龍寺護法龍 是吾長子 受梵王之命 來護是寺 歸本國 成九層塔於寺中 隣國降伏 九韓來貢 王祚永安矣 建 塔之後 設八關會 赦罪人 則外賊不能爲害 更爲我於京畿南岸 置一精廬 共資予福 矛亦報之德矣…又海東名賢安弘撰東都成立記云 新羅第二十七代 女王爲主 雖有道無威 九韓侵勞 若龍宮南皇龍寺建九層塔 則隣國之災可鎭 第一層日本 第二層中華 第三層吳越 第四層托羅 第五層鷹遊 第六層靺鞨 第七層丹國 第八層女狄 第九層穢貊.

105) 『조선사찰사료』 상, 282,3면.
山川之背走若此宜爲戰場也遂拔筆向圖中擇三千五百區區區落點曰如人有病尋其血脉而針灸也 今我落點處建寺塔立浮屠則必得會三救民之主矣詵還本國——如教此仙岩寺之爲一大裨補所也 吾國南有三巖靈岩郡月出山之龍岩光陽縣白雞山之雲巖昇平府曹溪山之仙岩岩皆建寺塔立浮屠 故此仙岩局內有一鐵佛二寶塔三浮屠至于今存焉者也此煎遁道詵國師始刱此寺時 以鎭其背走元日乞 至寶也.

106) 서거정, 『동문선』 중(영인본), 경희출판사, 1967, 334면.

또한 『도선국사실록(導線國師實錄)』에서는 한반도의 형국을 행주형(行舟形)에 비유하여 배의 복부에 해당하는 운주산의 천불천탑(千佛千塔) 조성 등과 같이 형국에 적합한 지리적 비보를 함으로써 지력(地力)을 보충하여 국토의 생명력을 회복하고 국운을 왕성하게 하고자 하였다.

『도선국사실록』의 구체적인 내용을 보면 다음과 같다.

도선은 우리나라 산천의 잘못된 지맥을 바로잡고 풍기가 부족한 곳은 보완하고 넘친 곳은 누설시켜 국가의 터전을 공고케 하고 백성의 안녕과 경제의 풍요를 기하고자 하였다. 우리나라의 지형은 행주형(行舟形, 배가 물 위를 떠가는 형상)과 같다. 태백산, 금강산은 뱃머리이며 월출산과 영주는 선미에 해당한다. 부안의 변산은 키이며 영남의 지리산은 돛대이고 능주 운주산은 선체의 복부에 해당한다. 배를 띄울 때는 물건을 실어 선수와 선미, 그리고 갑판과 복부의 균형을 이루어주고, 키와 돛대로 조절하면서 나아가야 선체가 흔들리지 않고 가라앉지 않는다. 이에 사탑과 불상을 세워서 위험한 곳을 진압해야 한다. 특히 운주산 아래 완연규기(지세가 꿈틀거리듯 일어나는 곳)하는 곳에는 특별히 천불천탑(千佛千塔)을 설치하여 갑판과 복부를 실하게 하였다. 또 선수와 선미의 중요성 때문에 금강산과 월출산에는 탑을 건조하여 정성을 다했다. 월출산을 소금강이라고 하는 것은 이 때문이다. 진압(鎭壓)을 끝낸 도선은 지팡이를 짚고 천리 길 여정에 올라 팔도강산에 발자취를 남기지 않은 곳이 없었다. 도선은 국토의 균형을 맞추기 위해 절을 세울 만한 곳은 절을 세웠고, 절을 세울 곳이 아니면 부도를 세웠으며, 탑을 세울 곳이 아니면 불상을 세워서 결함이 있는 곳을 보완하고 비뚤어진 곳은 바로 세웠다. 또 월출산 천왕봉 아래에 보제단을 설치해 매년 5월 5일에 제사를 지내 복을 기도하고 재앙을 물리쳤다. 산기가 막힌 곳은 이를 고쳐 부드럽고 아름답게 만들고, 지맥이 마음대로 치달린 곳은 이를 고쳐 머물게 하였다. 이 때문에 나라에는 분쟁의 우환도 없고 사람들이 한탄할 일도 없었다. 고려가 삼한을 통일한 것도, 조선조가 북방을 개척해서 육진(六鎭)을 설치하고 영토를 확장하는 등 국운이 발전한 것도 이 도선의 진호(鎭護)의 힘에 연유한 것이다.[107]

昔開國祖師道詵 因智異山主聖母天王密囑曰 若創立三巖寺 則三韓合爲一國 戰伐自然息矣 於是創三巖寺 則今仙巖雲巖與此寺是也 故此寺之於國家 爲大裨補 古今人之所共知也.

[107] 『조선사찰사료』 상, 202, 3면.
불교전기문화연구소, 『도선국사』, 불교영상, 1997, 432~441면.
조범환 , 「도선국사실록」『멸토에서 정토로』 영암군 · 월출산 도갑사 도선국사연구소, 2002, 198~204.
旣還以西學多所得因欲救正土病宣洩風氣使邦基鞏固民物安阜以爲我國地形如行舟太白金剛其首也月出瀛洲其尾也扶安之邊山其柁也嶺南之智異其楫也綾州之雲柱其腹也舟之浮于水也有物焉以鎭其首尾背腹有柁楫焉以制其行然後免乎歃危漂沒歸之矣於是乎建寺塔以鎭之立佛像以壓之特於雲柱之下蜿蜒赳起處則別設千佛千塔以實其背腹而於金剛月出尤致精盖以首尾爲重世以月出爲小金剛者其在斯歟夫然後一錫飄然千里不留八路山川足跡殆遍非置寺則建浮屠非竪塔則立佛像缺處補之傾者培之又於月出天王峯下設普濟壇每以午季五月五日致祭爲祈福禳災之地自是以來山氣之沓拂者變以爲軟美地脉之橫 ○ 者變以爲停畜國無分爭之患而人無禮瘥之歎高麗之

요약하면 도선은 운주사에 천불천탑(千佛千塔)을 조성하여 형국(形局)을 보완하고 절이나 부도, 탑, 불상 등을 세워 국토의 균형을 맞추고 지리적 결함을 보충하였다. 이로 인하여 국토의 지력이 회복하여 백성들은 평안하고 국운은 왕성해졌다는 내용이다. 또한『일봉암기(日封菴記)』에서는 은진의 석불입상(石佛立像)은 돛대, 운주사의 천불천탑은 노(櫓)에 비유하여 행주형인 국토를 안정케 하였다고 기록되어 있다.108) 한편『택리지』에는 평양이 행주형이라고 전해지고 있어 우물을 파는 것을 꺼려하였고, 옛날에 우물을 팠다가 읍에 화재가 자주 일어나 메워버렸다고 한다.109) 또한 평양의 읍형(邑形)이 행주형이기 때문에 이것을 진압하기 위하여 현재까지 쇠닻을 연광정(練光亭) 아래에 깊이 가라앉혀 두고 있다110)고 한다.

고려 태조는 훈요십조의 제2조에서, 모든 사원은 산천의 순역에 따라 도선이 추점하여 개창한 것으로 이외에 절을 지으면 지덕을 손상하여 왕업이 길지 못할 것이라고 하면서 후세의 남설(濫設)을 우려하고 있다.111)

고려의 궁궐터인 만월대(滿月臺)는 그 형국이 늙은 쥐가 밭으로 내려오는 형상인, 이른바 노서하전형(老鼠下田形)인데 그 동남방에 있는 자남산(子南山, 103)이 아들 쥐에 해당한다. 늙은 쥐를 편안히 머무르게 하기 위해서는 아들 쥐가 어디론가 도망가지 못하도록 하여야 한다. 이를 위하여 자남산에 고양이, 개, 호랑이와 코끼리를 설치하였다. 고양이는 아들 쥐를, 개는 고양이를, 호랑이는 개를, 코끼리는 호랑이를, 쥐는 코끼리를 상호 제압하여 움직이지 못하도록 하기 위함이다. 개성 시내의 묘정(猫井), 구암(狗岩), 호천(虎泉), 상암(象岩) 및 자남산(子南山)은 그 유적이라 한다.112) 이와 같이 다섯 마리의 짐승

統三韓我朝之設六鎭盖莫不職由於此.

108)『조선사찰사료』상, 259~260면.
國師於是用刺灸穴脉法立大人石像於恩津之地設千介佛塔於運舟之谷可謂有帆有楫能使輕撓之舟鎭安於海中.

109) 이중환 저, 이민수 역,『택리지』, 평화출판사, 2005, 273면.

110) 村山智順 저, 정현우 역,『한국의 풍수』, 명문당, 1996, 632면.

111) 諸寺院皆道詵推占山水順逆而開創. 道詵云: 吾所占定外妄加創造則損薄地德祚業不永. 朕念後世國王公候后妃 朝臣各稱願堂或增創造則大可憂也. 新羅之末競造浮屠衰損地德以底於亡可不戒哉.

112) 村山智順, 앞의 책, 621면.

이 상호 견제하면서 균형을 유지하는 것을 오수부동격(五獸不動格)이라 한다.

그리고 개성의 멀리 동남방에는 삼각산이 규봉(窺峰)[113]처럼 보이는데, 이를 막기 위하여 상명등(常明燈) 한 개를 큰 바위 위에 놓고, 철제로 만든 열두 마리의 개를 개성의 동남쪽에 세워놓아 멀리 삼각산을 압승하려 하였다고 한다.[114]

조선조 문종 때 풍수학(風水學) 문맹검(文孟儉)의 상언(上言)에서 수구와 화재에 대한 비보의 내용을 확인할 수 있다.[115]

『택리지』에서 단맥(斷脈)에 대한 기록을 찾을 수 있는데 그 내용은 다음과 같다.

> 남쪽에 있는 선산은 산천이 상주보다 더욱 수려하다. 전하는 말에 의하면 조선 인재의 반은 영남에 있고, 영남 인재의 반은 선산에 있다고 한다. 그런고로 예로부터 학문하는 선비가 이 고을에 많았다. 임진년에 명나라 군사가 이곳을 지나갈 때, 명나라 술사는 외국에 인재가 많이 나는 것을 꺼려하여 군사를 시켜 읍 뒤의 맥을 끊고 숯불을 피워 그곳에 뜸을 뜨게 하였으며 큰 쇠말뚝을 박게 했다. 이러한 일이 있은 이후에는 인재가 나지 않았다.[116]

4. 한국 전통지리사상과 『택리지(擇里志)』

1) 한국 전통지리사상과 『택리지』의 관계

『택리지(擇里志)』[117]를 저술한 이중환은 조선후기 실학자의 대표인 성호(星湖) 이익(李瀷)의 재종손으로서 숙종 16년(1690)에 여주 이씨(驪州 李氏)

---

113) 도둑처럼 엿보는 산을 말함.

114) 村山智順, 앞의 책, 623면.

115) 『문종실록』 권12, 문종 2년(1452) 3월 병신(3).
　　風水學文孟儉上言, …… 一 明堂左水與右山水相會 交流衝動 有相激之勢 兩水之間 宜作一團 小石山 毋使相激. 一, 大抵巳午來山 安倉堆木 必有火災 乃其理也 今國都豊儲 廣興倉 軍資監 自崇禮門至廣通橋 皆積倉廩 恐有火災 宜移他處 以避火災. 一, 明堂水口 作三小山 各植樹木 鎭塞水口 乃古人之法也 今國都水口之內 古人作三小山 各植松木 然此小山 不在水口 而反居 水口之內 且頹圮低微 松木枯槁. 今普濟院之南 旺心驛之北 作小山或三與七 栽松與槐柳 令窄 水口 幸甚.

116) 이중환 저, 이민수 역, 앞의 책, 97면.

117) 『택리지』의 한자 표기에 있어서 擇里志와 擇里誌를 혼용하고 있다.

진휴의 아들로 태어났으며, 자는 휘조(輝祖), 호는 청담(淸潭) · 청화산인(靑華山人)이다. 병조좌랑의 자리에 있을 때 신임사화(辛壬士禍, 1721∼1722)에 연루되어 형(刑)과 귀양살이를 반복하였다.

이중환은 전라도와 평안도를 제외한 한반도의 전 국토를 답사하여 이를 바탕으로 1751년에 『택리지』를 완성하였고 이듬해인 1752년에 사망하였다.

조선시대 이전의 지리서는 단편적인 기록들만 발견되고 있을 뿐 독립된 지리서는 현전하지 않는다. 조선시대의 지리서는 초기에 『세종실록지리지』, 『동국여지승람』 등의 전국적 지리지, 후기에는 지방지인 읍지와 실학적 지리서로 나눌 수 있다. 『세종실록지리지』는 중국식의 편재를 모방한 관찬(官撰)지리지이고 『동국여지승람』은 사실을 기술한 백과사전식 지리서이다.

『택리지』는 조선후기의 실학적 사회 환경 하에서 만들어진 대표적인 전통적 지리서로 이전의 사실 기록적인 서술방식을 벗어나, 각 지역의 특성과 이에 대하여 다양한 관점에서 설명하고 있다.

『택리지』는 집필 이후 필사되어 상당히 널리 애독되었던 것으로, 내용의 차이는 없지만 표제명만 다른 50여 종의 필사본이 현재 전해지고 있다[118]고 한다.

그 명칭에 따라 구별해보면, 『택리지』는 저자 자신이 붙인 것으로 생각되지만, 『팔역가거지(八域可居地)』는 실세한 양반으로 낙향을 생각하던 계층이 살기 좋은 곳을 선택하려는 눈으로 보았던 것이며, 『동국산수록(東國山水錄)』 · 『진유승람(震維勝覽)』 등은 시인 묵객이 산수를 유람하려는 생각으로, 『동국총화록(東國總貨錄)』은 상업하는 사람이 각처 물산과 교통의 이용관계를 참고하기 위하여, 『형가요람(刑家要覽)』 등은 지리 좋은 터를 잡기 위하여[119] 읽으면서 필사자의 관점과 목적에 따라 명칭을 붙인 것으로 보인다.

『택리지』는 한 사람에 의해 자기가 가지고 있는 문제의식을 중심으로 우리나라 전체 또는 각 지역을 관찰하여 설명하고 있다. 이런 면에서 볼 때 『택리지』는 총론과 지방지를 갖춘 근대적 지지서와 그 형식을 같이 하며, 또 우리나라의 전통적 지리관 내지 세계관을 구체적 사실을 통해서 설명하고 있

---

118) 西川孝雄, 「택리지의 異名에 관해」, 〈韓〉 103, 동경 한국연구원, 1986, 126∼9면.
119) 이중환 저, 이익성 역, 『택리지』, 을유문화사, 2003, 8,9면.

다.120) 그리고 조선시대의 지리서 가운데 한반도의 자연현상과 인문현상을 가장 논리적으로 체계 있게 서술한 지리서이므로 이중환을 근대지리학의 비조로 보려는 지리학자들이 많은 것이다.121)

『택리지』의 구체적인 내용들은 당시의 역사와 사회, 문화현상을 반영하고 있지만 자연에 대한 인식, 특히 이 책의 핵심적 내용인 「복거총론」에서 다루고 있는 가거지(可居地)의 요건들은 한반도에 정착하고 살았던 사람들의 자연관과 오랜 경험의 산물로 전시대를 통한 택지의 보편적 기준이었다고 본다.

따라서 『택리지』는 한민족 고유의 전통적 지리사상을 바탕으로 저술된 한국적 지리서라 할 수 있다.

2) 『택리지』의 구성

『택리지』는 「사민총론(四民總論)」, 「팔도총론(八道總論)」, 「복거총론(卜居總論)」, 「총론(總論)」의 네 부분으로 구성되어 있다. 이러한 구성은 『택리지』의 독창적인 것으로 주제별 사실을 기록한 기존의 지리서와는 다른 체제를 이루어 '과학으로서 하나의 법칙을 추구하는 독자적인 방법과 영역을 가진 지리서'122)로 평가받고 있다.

「사민총론」에서는 사농공상(士農工商)이란 근본적으로 구별이나 차이가 없는 평등한 신분임을 주장하면서, 사대부(士大夫)의 역사적 유래를 설명하고 있다. 부(富)는 예의와 도리에 맞게 행하기 위해서 필요한 것으로 사대부는 살 만한 곳을 고른다. 그러나 천시(天時)는 이로움과 불리함이 있고, 지리(地理)에는 좋은 곳과 좋지 못한 곳이 있으며, 인사(人事)에도 나아감과 물러나는 시기의 차이가 있으므로 이를 종합적으로 살펴야 함을 강조하고 있다.

「팔도총론」에서는 한반도 산의 조종(祖宗)과 산줄기 체계를 약술하고 전국 8도, 즉 평안도, 함경도, 강원도, 황해도, 경기도, 충청도, 전라도, 경상도로 나누

---

120) 이중환 저, 이민수 역, 앞의 책, 16면.

121) 최영준, 앞의 논문, 110면.

122) 노도양, 「택리지 해설」 『택리지』 명지대학교 출판부, 1985, 15면.

어 각 도의 지리적 위치와 지형, 기후 등의 자연환경과 연혁, 산업, 취락, 인물, 풍속, 역사 등의 인문환경에 대하여 기술하면서 도별 지역현상을 설명하고 있다.

이중환은 중요하다고 판단되는 곳에 대해서는 가거지(可居地), 피병지(避兵地), 복지(福地), 은둔지(隱遁地) 등으로 분류해 소개하고 있다.[123]

「복거총론」에서는 삶터를 정하는 기준이 되는 요건들에 대해 설명하고 있다. '지리(地理)가 첫째이고, 다음은 생리(生利)이며, 그 다음으로 인심(人心)이고, 또 다음으로는 산수(山水)이다. 이 네 가지 중에서 하나라도 모자라면 살기에 좋은 땅이 아니다. 또한 지리가 비록 좋아도 생리가 모자라면 오래 살 수가 없고, 생리가 비록 좋아도 지리가 나쁘면 또한 오래 살 곳이 못 된다. 지리와 생리가 모두 좋으나 인심이 나쁘면 반드시 후회할 일이 있게 되고, 가까운 곳에 구경할 만한 산수가 없으면 성정을 화창하게 하지 못 한다'라고 하여 지리, 생리, 인심, 산수를 복거의 요건으로 삼고 있다.

지리를 살피는 조건으로 수구(水口), 야세(野勢), 산형(山形), 토색(土色), 수리(水理), 조산조수(朝山朝水)를 논하고 있다. 이는 땅의 이치를 살펴 택지(擇地)를 하기 위한 방법론이므로 풍수지리적 요건에 해당한다.

생리에서는 인간생활의 기본인 의(衣)·식(食)을 위한 경제활동의 중요성을 논하면서, 그 조건은 토질이 비옥한 곳과 물자교역이 원활한 곳이며 이는 경제적 환경으로 인문지리적 요건에 해당한다.

인심에서는 마을 인심이 착한 곳에 살아야 지혜롭다는 공자의 말씀과 맹모삼천지교(孟母三遷之敎)를 예로 제시하면서 풍속을 강조한 뒤, 당파의 유래와 계보, 당쟁의 폐해와 문제점을 비판하고 있다. 이는 사회적 환경으로 인문지리적 요건에 해당한다.

산수에서는 각 지역의 산수의 특성과 이에 따라 가거지(可居地)로서 적합한 지 여부를 논하고 있으며, 산수는 정신을 즐겁게 하고 감정을 화창하게 하는 것이므로 가까운 곳에 경치가 아름다운 산수가 있어야 한다고 말하고 있다. 이는 자연적 환경에 속하므로 자연지리적 요건에 해당한다.

---

123) 노도양, 앞의 논문, 15면.

「총론」에서는 우리나라의 역사에서 성씨(姓氏)의 발생유래와 계층의 형성을 개괄적으로 살피고, 당쟁의 사회적 폐단과 갈등에 대해 비판하면서 사대부 등 각 구성원의 조화와 화목을 강조하고 있다.[124]

3) 택지(擇地)의 요건

『택리지』는 전술한 바와 같이 「사민총론」, 「팔도총론」, 「복거총론」, 「총론」으로 구성되어 있는데 택지(擇地)의 구체적인 요건에 대해서는 「복거총론」에서 설명하고 있다. 택리(擇里)란 마을의 터를 고른다는 말인데, 『택리지』의 전체 내용으로 보면 가거지(可居地, 살 만한 땅)를 고른다는 말이 보다 적합하며 이것은 곧 복거(卜居)라는 말이다. 복거총론은 가거지의 조건을 제시하고 있으며 『택리지』의 실질적인 내용을 이루고 있는 중심부분이다.

살 만한 땅을 고르기 위해서는 풍수지리적 요건인 지리, 인문지리적 요건인 생리와 인심, 그리고 자연지리적 요건인 산수 등 복거의 네 가지 요건을 종합적으로 살펴야 한다.

삶터를 정하는 기준인 지리와 생리, 인심, 산수 이 네 가지 요건은 시대별 의미와 그 비중의 차이는 있겠지만 인간이 주거생활을 하면서 본능적 자각에 의하여 경험적으로 이루어진 결과라고 본다. 이러한 택지의 요건은 이중환의 독창적인 것이 아니라 오랜 역사 동안 우리 민족이 가지고 있었던 택지의 보편적 기준이었다고 본다. 과거로 올라갈수록 인간의 자연에 대한 의존도는 높았고 주거지는 인간생활의 가장 기본적인 공간이므로 가거지의 선정이 전통지리 사상의 핵심을 이루고 있는 것은 역사적 산물로 당연하다 하겠다. 따라서 삶터에 대한 네 가지 택지 요건인 지리, 생리, 인심, 산수는 전통지리사상의 내용을 이루고 있는 구성요소가 된다.

삶터인 양택(陽宅)은 궁궐, 읍성(邑城), 마을, 가옥, 사찰, 서원 등 그 용도가 다양한데, 시대적 상황이나 용도의 차이에 따라 택지의 네 가지 요건 중에

---

124) 박용수, 「택리지와 청화산인 이중환」, 『택리지』, 평화출판사, 2005, 30면.

서 각각의 중요성과 비중이 달리 적용된다. 이에 대하여는 실증적 연구를 통해 구체적으로 살펴보고자 한다.

18세기에 편찬된 『택리지』는 우리 민족 고유의 지리관인 이 네 가지 요건을 바탕으로 하고 구체적인 내용에 있어서는 당시의 역사적·사회적 상황을 반영하여 서술하였으리라 짐작한다.

① 지리(地理)

'大抵卜居之地地理爲上(대저 삶터를 정하는 데에는 지리가 으뜸이다)'이라고 「복거총론」의 첫머리에 기술하면서 지리의 중요성을 강조하고 있다. 이것은 가거지 선정의 요건 중에서도 지리가 택지의 중심 요건임을 말한다.

「복거총론」의 지리 편 서두에, '先看水口次看野勢次看山形次看土色次看水利次看朝山朝水'라고 기록되어 있다.

즉, '지리를 살피기 위해서 먼저 수구를 보고, 다음으로 야세를 보며, 다음은 산형을 보고, 다음으로 토색을 보며, 다음은 수리를 보고, 다음으로 조산조수를 본다'라는 말이다.

지리는 땅의 이치를 말하는데, 땅의 이치라는 추상적인 대상을 일반적으로 파악하기 위해서는 구체적이고 가시적인 기준의 방법이 필요하다. 구체적이고 가시적인 것은 땅(자연)의 형상이다. 자연은 수많은 가시적인 형상으로 구성되어 있는데 이러한 수많은 구성요소 중에서 이 땅에 살았던 사람들의 경험적 결과로 위와 같은 여섯 가지 요건인, 수구(水口), 야세(野勢), 산형(山形), 토색(土色), 수리(水利), 조산조수(朝山朝水)를 택지 선정의 기준으로 삼았다고 본다. 지리를 살피는 여섯 가지의 조건은 풍수지리의 택지방법과 일치한다.

풍수지리의 택지방법은 양택(陽宅)과 음택(陰宅)에 공히 적용되므로, 비록 『택리지』에서는 양택의 택지조건으로 설명하고 있지만 음택의 택지조건에도 부합된다고 볼 수 있다.

지리(地理)를 살피는 여섯 가지의 조건에 대하여 차례대로 살펴보면 다음과 같다.

ⅰ) 수구(水口)는 닫혀 있어야 하고, 야지(野地)에서는 반드시 거슬러 드는 물이 있어야
한다고 하면서 이중환은 지리를 살피는 조건으로 수구를 중요시 하여 가장 먼저 언급
하고 있다. 수구가 열려 있으면 명당에 담겨 있는 생기가 누설되어 버리므로 설기(洩
氣)를 막기 위해서는 수구가 닫혀 있어야 한다. 이는 생기저장 조건에 해당한다.

ⅱ) 야세(野勢)는 양기(陽氣)를 받기 위한 일조량 조건이며 들이 넓을수록 좋다고 하였다.

ⅲ) 산형(山形)은 명당 혈 자리에 이르는 산줄기인 내룡(來龍)의 형세(形勢)를 논하는 것
으로 풍수지리의 간룡법(看龍法)에 해당한다.
조종(祖宗)이 되는 산의 모양은 누각처럼 치솟은 세(勢)를 가져야 한다고 하면서, 주
산(主山)은 수려하고 단정하며 청명하고 부드러우며 아담한 것이 으뜸이고, 흘러오는
지맥(地脈)이 끊어지지 않으면서 들을 건너 문득 높은 봉우리를 이루고 지맥(支脈)이
감싸고 돌면서 동부(洞府)를 만들어 마치 궁내에 들어온 듯하며 주산의 형세가 온중하
고 풍대하여 겹집(重屋)이나 높은 궁전 같은 것이 다음이며, 사신사(四神砂)가 멀리에
있어 평탄하고 넓으며 산맥이 평지에 뻗어 내렸다가 물을 만나 멈추면서 들을 만든 것
이 그 다음이라고 설명한다.
내룡이 나약하고 변화가 없거나 부서지거나 비뚤어져 생생한 기색이 없는 것은 길한
기운이 적은 곳이기에 가장 꺼린다고 하였다.

ⅳ) 토색(土色)은 식수조건으로 이것은 택리지가 삶터 택지의 기준으로 보았기 때문이며,
음택의 택지 기준으로 해석하면 5색(色)의 비석비토(非石非土)로 설명되어 지며 이것
은 혈증(穴證)조건이 된다.

ⅴ) 산은 반드시 물과 짝하여야 생성의 묘함을 다할 수 있다. 물은 흘러오고 나감이 이치
에 맞아야 생기를 모아 기르게 된다고 하면서 물이 재록(財祿)을 주관하므로 큰 물가
에 부유한 집과 이름 있는 마을이 많으며 산중의 마을이라도 시내와 간수(澗水)가 모
이는 곳이면 대를 이어 살 수 있다고 한다.
산(陰)은 물(陽)을 만나야 생기가 머무르게 되고 음양(陰陽)의 조화를 이루어 만물이
생성하게 된다. 농경 사회에서 물은 생산의 근원이므로 물이 재록(財祿)을 주관한다고
보았고 이러한 이유로 풍수지리의 이론이 된 것으로 보인다. 수리(水利)의 본질은 『금
낭경』에서 말하는 계수즉지의 결혈(結穴)조건에 해당한다.

ⅵ) 조산(朝山)은 원래 풍수지리에서는 사신사(四神砂) 너머에 있는 산을 말하는데 여기에
서는 명당 혈장에 이르는 내룡을 제외한 모든 산을 지칭한 것으로 보인다. 흉한 석봉
(石峯), 비뚤어진 고봉(孤峰), 규봉(窺峰), 괴이한 돌이나 바위, 충사(沖砂)가 보이면
살 만한 곳이 못 되고, 산은 멀면 맑고 수려해야 하고 가까우면 맑고 깨끗해야 한다.

vii) 조수(朝水)는 명당수(明堂水) 너머에 있는 물을 말하는데, 작은 물은 역수(逆水, 거슬러 흘러드는 물)가 좋지만 큰 물은 역수가 좋지 못하다. 흘러오는 물은 산의 방향과 더불어 음양의 이치에 합당하여야 하고 꾸불꾸불 멀리서 길게 흘러와야 좋고 화살처럼 일직선으로 흐르는 것은 좋지 못하다.

지리를 살피는 방법론인 풍수지리의 이론에는 형세론(形勢論), 형국론(形局論), 좌향론(坐向論)이 있다.

형세론은 용(龍)[125], 혈(穴), 사(砂)[126], 수(水)로 구성되어 있다.

풍수지리에서 산은 지기가 흐르는 살아있는 생명체라는 인식의 자연관에 따라 산을 용이라 하고 혈 자리에 이르기까지 내룡의 형상을 살피는 것을 간룡법(看龍法)이라 한다. 간룡법은 광의와 협의의 해석이 있는데, 광의의 간룡법은 주산(主山)에 이르기까지 내룡의 상태를 살피는 것을 말하고, 협의의 간룡법은 주산에서 혈자리까지의 내맥(來脈)을 살피는 것을 말한다. 광의의 간룡은 세(勢)와 형(形)으로 논하고, 협의의 간룡은 태(胎)·식(息)·잉(孕)·육(育)으로 구별하여 분석한다.

혈(穴)의 개념에 대하여 『지리정종(地理正宗)』의 「산룡어류(山龍語類)」편에 '穴者龍之所結(혈이란 용의 기운이 뭉쳐진 곳이다)'이라고 정의하고 있다. 지기가 뭉쳐진 곳인 혈은 와(窩)·겸(鉗)·유(乳)·돌(突)의 사상(四象)으로 분류된다. 혈 자리를 잡는 것을 정혈법(定穴法)이라 하고 정혈의 방법에는 조안(朝案)·명당(明堂)·용호(龍虎)·낙산(樂山)·수세(水勢)·천심십도(天心十道) 정혈법 등 여러 가지가 있다.

사(砂)는 혈 자리를 둘러싸고 있는 사신사(四神砂), 즉 좌청룡(左靑龍), 우백호(右白虎), 전주작(前朱雀), 후현무(後玄武)와 조신사(朝臣砂, 사신사를 제외한 모든 산)를 포함하고 있으며 장풍법(藏風法)에 해당한다.

---

125) 천태만상(千態萬象)의 형상을 하고 있는 산이 흡사 용의 변화무쌍(變化無雙)한 모습과 유사하다고 보아 산을 용이라고 한다.

126) 도선국사가 이인(異人)으로부터 지금의 구례현 경계에서 지리법을 전수받을 때 이인이 모래(砂)를 쌓아 산천(山川)의 순역지세(順逆之勢)를 보여주었다. 그래서 그곳 사람들은 사도촌(砂圖村)이라 하였다는 「白鷄山玉龍寺碑」의 기록과 같이 표현의 도구가 흔치않았던 옛 사람들은 모래나 흙으로써 지리법을 주로 설명하였다는 데에서 유래되었다. 사(砂)는 대체로 혈장(穴場) 주변을 감싸고 있는 모든 산을 총칭하여 말한다.

수(水)는 득수법(得水法)이 핵심을 이루는데 이는 전술한 바와 같이 득수위상(得水爲上)과 계수즉지(界水則止)의 논리가 중심을 이룬다.

형세론의 요건과 「복거총론」 중에서 지리의 조건을 상호 비교하여 보면, 수구와 수리, 조수는 수(水)에 해당하고 산형은 용(龍)에 해당되며 토색은 혈(穴)에 해당하고 조산은 사(砂)에 해당된다.

이와 같이 지리 편의 조건들은 풍수지리의 형세론과 거의 일치한다고 볼 수 있으며 양택과 음택의 택지에 모두 적용될 수 있다.

형국론(形局論)에 대하여서는 앞에서 살펴본 바와 같다.

풍수지리는 승생기(乘生氣)를 위한 혈 자리를 찾는 것이 목적인데 이에 대한 이론이 형세론과 형국론이다. 정혈을 하고 난 후에 택지 대상물의 방향을 정하는 것이 좌향론이다.

형국론과 형세론이 바둑이론의 포석과 정석이라면 좌향론은 끝내기 수순에 속한다. 바둑의 승패는 끝내기 수순에 있는 것이 아니라 포석과 정석에 의해서 대세가 결정되므로 형세론과 형국론을 좌향론보다 더 중요시 여겨야 한다.127)

② 생리(生利)

복거의 두 번째 요건인 생리는 역사의 발전에 따라 그 내용은 상당히 변화하지만 경제적 환경이라는 사실에는 변함이 없다. 즉, 생산 기반과 물류비용이 최소화될 수 있는 장소를 말한다. 생산 기반은 원시시대의 어로 수렵 생활에서부터 1차 산업, 2차 산업, 3차 산업 그리고 오늘날과 같은 다원화된 시대에 따라 다양하게 변화하였으며 이러한 생산 기반을 중심으로 주거지가 형성되었다. 물류 또한 운송로와 운송수단의 획기적인 변화를 거듭하면서 발전하여 왔는데 물류비용의 최소화는 오늘날의 경제논리와도 일치한다.

---

127) 장영훈, 『대학풍강론』 도서출판 담디, 2006, 90면.

③ 인심(人心)

세 번째의 요건인 인심은 사회적 환경이다. 맹모삼천지교(孟母三遷之敎)가
이에 대한 적절한 표현이라 할 수 있다.

④ 산수(人心)

마지막 요건인 산수(山水)는 여가선용과 정서함양을 위한 자연지리적 환경
을 말한다.

복거(卜居)는 전통지리사상의 핵심적 내용을 이루는데, 복거는 가거지의 선
정, 터잡기, 택지와 같은 말이다. 따라서 복거의 요건은 전통지리의 중심인 택
지, 즉 터잡기의 요건이 된다.

제 3 장

선사시대의 사례 연구

1. 석기시대의 유적

1) 공주 석장리 유적의 개요

현재 사적 제334호로 지정된 석장리는 충남 공주시 장기면 장암리의 금강 북안(北岸)에 있는 마을이다. 1963년 지표 조사 시 처음 깬 석기가 채집되어 유적의 존재가 알려졌고, 1964~1992년까지 12차에 걸쳐 연세대학교 및 한국선사문화연구소에 의하여 발굴 조사된 지역으로 남한에서 최초로 발견된 최대의 선사문화(先史文化) 유적지(遺蹟地)이다.

맨 밑층부터 중석기(中石器) 문화층까지 모두 12개의 문화층이 이루어져 있고, 겉흙층에서는 민무늬토기 조각과 갈아 만든 화살촉도 발견되었다. 이러한 사실로 볼 때, 전기 구석기시대 때부터 중석기시대에 이르는 시기에 걸쳐 사람이 살았고, 그 후 청동기시대에 다시 사람이 살게 되었음을 알 수 있다.[1]

석장리 석기유적은 선사시대 전기·중기·후기의 다양한 문화층이 형성되어 있으며, 중기 구석기층에서는 석기를 만들었던 공방터가, 후기 구석기 층의 집자리에서는 사람머리털, 숯이 발견되었다. 숯으로 연대측정을 한 결과, 약 2만 5천 년~3만 년 전의 집터임이 확인되었다. 따라서 본서에서는 석기시대의 삶터인 주거지의 입지에 관하여 고찰하고자 한다.

2) 공주 석장리 유적의 입지지형과 분포상황

석장리 유적은 북쪽의 장군산(354)을 배산으로 하고 남쪽의 금강을 마주보는 언덕 위에 입지하고 있다. 당시 발굴을 주도한 손보기의 지리에 대한 연구를 보면 다음과 같다.

---

1) 한국민족문화대백과사전편찬부, 앞의 책.

집자리는 현재의 해발 7~8m에 해당하고 현재 지층의 흐름이 상류인 동쪽에서 서쪽으로 낮아지는 현상과는 달리 집자리만은 서쪽이 동쪽보다 약 40㎝ 높고 중간은 더 낮아서 서쪽보다 80㎝ 정도 낮은 자리이며, 북쪽 산기슭으로부터 내려오는 경사는 더 급한 편으로 집자리 북쪽과 남쪽과의 사이에는 8m의 거리에서 130㎝ 정도의 높이 차이가 있으며 남쪽으로 오면서 조금 평평하게 되어 있었다. 이러한 상태에서 강 쪽에 가까운 남쪽에 문이 있고 불 땐 자리가 있는 것은 그 당시 강 쪽의 평평한 면을 잘 이용하였음을 짐작케 한다.'[2]

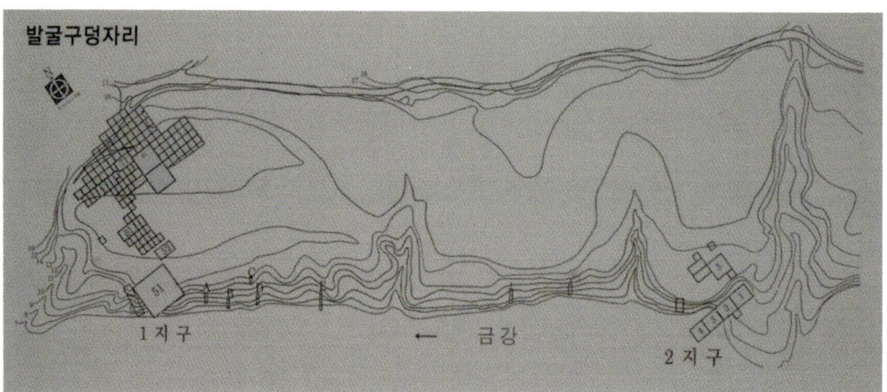

〈그림 9〉 석장리 유적지의 분포상황

〈그림 10〉 석장리 유적지의 입지(위성사진)

---

2) 손보기, 「석장리의 후기구석기시대의 집자리」, 『한국사 연구』 9, 1973, 16면.

3) 공주 석장리 유적의 입지

금북정맥(錦北正脈)을 따라서 흘러온 산줄기는 국사봉(403)에서 분맥(分脈)하여 내려와 천태산(394)을 만들고 다시 뻗어내려 장군산을 이루며 금강에 의해 산줄기의 흐름을 멈춘다. 석장리 유적의 주거지는 북쪽의 장군산을 배산(背山)이자 진산(鎭山)으로 하고 동출서류(東出西流)하는 금강을 남쪽으로 마주하며 완만한 산자락 위에 입지하고 있다. 그리고 주거지를 마주 대하고 있는 안산(案山)이자 조산(朝山)은 주작상무(朱雀翔舞)하며 유정(有情)하다. 조선후기 실학자 이중환은 주거지에 대한 기존의 전통지리사상의 경험을 토대로『택리지(擇里志)』를 집대성한 바 있다. 주거지인 석장리의 유적을『택리지』의「복거총론(卜居總論)」을 기준으로 하여 입지를 고찰해보면 다음과 같다.

먼저 터잡기의 기준인 지리를 살펴보면, 주거지의 진산인 장군산에서 흘러 내려온 맥이 동출서류하는 금강에 의하여 계수즉지(界水則止)의 원리상 멈추어 생기를 머무르게 하고 금강의 물줄기가 유적지를 감싸고 흘러가기에 수구(水口)와 수리(水利)에 적합하다. 야세(野勢)는 일조량을 말함이니 산남수북의 입지를 하고 있으므로 이를 충족하고, 토색(土色)은 식수문제이므로 강을 접하고 있기에 문제가 되지 않고, 주변의 산이 유정하고 충사(沖砂)나 규봉(窺峰)이 보이지 않아 조산의 조건에 합당하며, 조수의 조건은 큰 물줄기인 금강에 임해 있으므로 논할 사안에 해당되지 않는다.

다음으로 생리는 먹을거리의 문제인데 석기 시대는 수렵과 어로에 의한 생활이었으므로 산을 등지고 강을 마주하고 있으므로 수렵과 어로에 적합한 환경이나.

인심(人心)은 논할 근거가 없고, 산수(山水)는 산과 물을 접하고 있고 자연 속의 생활이므로 이를 충족한다고 볼 수 있다.

현재 남한에서 발견된 가장 오래되고 가장 규모가 큰 주거지인 석장리 석기 유적을 통해 당시의 삶터 택지가 조선후기에 집필한『택리지』의 조건에 부합함을 확인하였다. 인간은 본능적으로 시대적 상황에 맞게 자신에게 가장 적합한 삶터를 택지하였는데,『택리지』는 이러한 경험들의 축적이 체계화되고 이론으로 정립된 것임을 짐작할 수 있다. 오히려 시대를 거슬러 올라갈수록 인간의 자연에 대한 의존도는 더욱 컸으므로 자연 속에서 보다 안정되고 편안한 생활을 위한 삶터 택지는 자연스럽고도 본능적인 현상이었다고 볼 수 있다.

2. 청동기시대의 유적

1) 화순과 고창 고인돌 유적의 개요

고인돌은 선사시대 돌무덤의 일종으로 영어로는 돌멘(Dolmen)이라고 한다. 고인돌은 거석(巨石) 기념물의 하나이며 피라미드(Pyramid), 오벨리스크(Obelisk) 등 이집트나 아프리카 대륙의 각종 석조물과 영국의 스톤헨지(Stonehenge), 프랑스 카르나크의 열석(列石) 등이 모두 거석문화의 산물이다. 우리나라 청동기시대의 대표적인 무덤 중의 하나인 고인돌은 세계적인 분포를 보이고 있으며 지역에 따라 시기와 형태가 다르게 나타나고 있다.

동북아시아 지역은 고인돌이 가장 밀집된 곳으로, 특히 우리나라는 그 중심 지역이라고 할 수 있다. 우리나라에는 전국적으로 약 30,000여 기(基)에 가까운 고인돌이 분포하고 있는 것으로 알려져 있는데, 그중에서 세계문화유산으로 등록된 고창·화순·강화 고인돌 유적은 밀집분포도 및 형식의 다양성으로 볼 때, 고인돌의 형성과 발전과정을 규명하는 중요한 유적이며 유럽, 중국, 일본과도 비교할 수 없는 독특한 특색을 지니고 있다.

또한 고인돌은 선사시대 문화상을 파악할 수 있고 나아가 사회구조, 정치체계는 물론 당시인들의 정신세계를 엿볼 수 있다는 점에서 선사시대 연구의 중요한 자료가 되는 보존가치가 높은 유적이다.

본서에서는 세계문화유산에 등록된 세 지역의 유적 중에서 화순과 고창 고인돌 유적의 입지에 대하여 살펴보고자 한다.

전라남도 화순군 도곡면 효산리 모산마을과 춘양면 대신리 지동마을에 입지하고 있는 청동기시대의 고인돌 유적은 1995년 12월 이영문(李榮文)에 의해 처음 발견되어 보고되었다. 1998년 사적 제410호로 지정되었고 2000년 12월 2일에 유네스코가 지정하는 세계문화유산으로 등록되었다.

전라북도 고창군 고창읍 죽림리 및 상갑리 일대의 고인돌은 1965년 국립박물관에 의해서 3기가 발굴 조사된 이래 1990년 전라북도와 원광대학교의 주관으로 3개월에 걸친 현지조사에 의해 442기에 대한 지표조사가 이루어져 각 고인돌에 대한 고유번호가 부여되고 사적 제391호로 지정되었으며, 화순 고인돌 유적과 같이 2000년 12월 2일에 유네스코가 지정하는 세계문화유산으로 등록되었다.

2) 화순과 고창 고인돌 유적의 입지지형과 분포상황

화순 고인돌 유적은 영산강 지류인 지석강 주변에 형성된 넓은 평지를 배경으로 하고 있다. 이 평지의 남서쪽 산기슭을 따라 고인돌이 연이어 분포하고 있는데, 이 고인돌군은 약 5km에 걸쳐 나타난다. 화순 고인돌군은 도곡면 효산리와 춘양면 대신리를 잇는 고개의 북서에서 남동으로 이어진 산줄기의 남서 사면(斜面)과 산구릉을 따라 분포하고 있다. 춘양면 대신리 고인돌은 해발 65m에서 125m 사이에 분포하고 있으며 도곡면 효산리는 45m에서 90m 사이로 평지에서의 상대높이인 비고(比高)는 각각 60m와 45m이다. 효산리와 대신리에는 13개 군(群)에 287기의 고인돌과 309기의 추정 고인돌까지 총 596기가 분포되어 있다.3)

---

3) 이영문 · 김승근, 『화순지석묘군』, 전라남도, 1999, 29면.

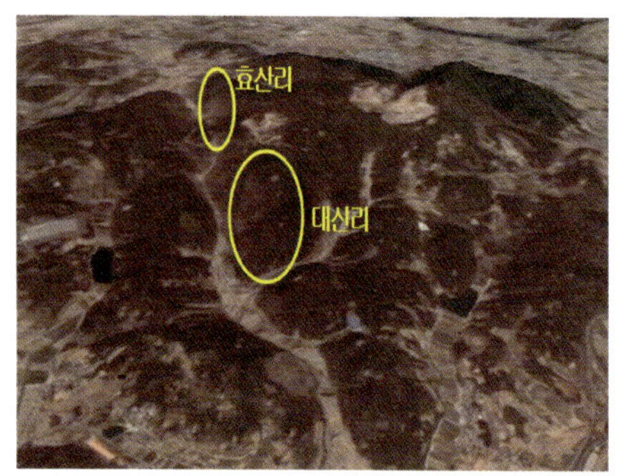

〈그림 11〉 화순 고인돌군의 입지

〈그림 12〉 지맥선상에 택지된 화순 고인돌군

〈그림 13〉 고창 고인돌군 전경

〈그림 14〉 고창 고인돌군의 입지

효산리 고인돌은 보성치에서 효산리 모산마을 앞까지 분포되어 있으며, 대신리 고인돌은 보성치에서 지동마을로 뻗어 있는 산구릉상에 분포하고 있다. 지동마을은 구릉의 끝자락에 위치한다.

고창 고인돌 유적은 동서로 뻗은 150m 내외 높이의 능선 남(南) 사면 기슭에 매산마을을 중심으로 죽림리와 상갑리 일대에 동서로 약 2km 범위에 442기가 분포하고 있으며 우리나라에서 가장 큰 고인돌 군집을 이루고 있는 지역이다. 산기슭에 위치하면서 산의 능선방향으로 열을 이루며 배치되어 있다. 고인돌군은 성틀봉과 중봉의 남쪽 사면부에 입지하고 있으며, 등고선 방향으로 2~3열을 이루며 배치되어 있다. 이러한 배치는 유적의 주변에 위치한 고창천 방향과 같다고 할 수 있다. 고인돌은 해발고도 20~65m 사이에 분포하며, 해발고도 25m 정도에 가장 많은 분포를 보인다.4)

3) 화순과 고창 고인돌 유적의 입지

화순 고인돌유적의 산줄기 체계를 보면, 호남정맥(湖南正脈)을 타고 달려온 산줄기는 화악산에 이르러 분맥(分脈)하여 북쪽으로 이어진 산줄기를 따라 흘러 천태산(479)을 지나 해망산(356)에 이르고, 해망산에서 다시 분맥하여 북동쪽으로 뻗은 지맥을 따라 보성치를 지나 봉우리를 이루니 이것이 효산리 유적의 배산인 만지산(275)이다. 그리고 만지산을 주필산(駐驆山)으로 하여 동남으로 흘러온 맥이 팽매바위산(215)을 지나 조봉산에 이르러 물줄기를 만나 그 흐름을 멈추게 되는데 조봉산과 팽매바위산이 대신리 유적의 배산이 되는 것이다.

앞서 살펴본 바와 같이 화순 고인돌 유적은 산줄기의 남서 사면(斜面)과 산구릉을 따라 분포되어 있다. 즉, 효산리 유적은 만지산을 배산으로 하고 앞으로 흐르는 계곡을 임수로 하여 남서향을 하고 있으며 대신리 유적은 남동쪽으로 뻗어가는 산능선의 지맥선을 따라 입지하고 있다.

그리고 고창 고인돌 유적의 내맥을 살펴보면 호남정맥을 따라 내려온 산줄기가 내장산(764)에 이르러 일지맥을 서쪽으로 분맥하니 이를 따라 달려온 산줄기가 방장산(743)에 이르러 다시 분맥하여 서쪽으로 향하고 이 산줄기는 사실터 고개를 지나면서 분맥하여 서남으로 흘러 내려가는데 죽림리와 상갑리 고인돌유적의 배산인 중봉과 성틀봉(151)을 이루고 고창천에 의하여 그 흐름을 멈춘다. 고창 고인돌유적은 동서로 뻗은 150m 내외 높이의 중봉과 성틀봉으로 이어진 산기슭에 매산마을을 중심으로 죽림리와 상갑리 일대에 동서로 약 2km에 걸쳐 남향을 하면서 분포하고 있다. 고인돌은 죽은 자의 묘로 보는 것이 일반적 견해이므로 전통지리사상적 개념상 음택에 해낭한다고 볼 수 있다. 『택리지』의 「복거총론」에서 지리를 살피는 조건은 양택과 음택에 공히 적용될 수 있으므로 음택에 해당한다고 볼 수 있는 고인돌 군에도 적용할 수 있다.

---

4) (재)호남문화재연구원, 『고창고인돌유적지표조사보고』, 2001, 60면.

화순과 고창 고인돌유적 입지의 공통점은,

첫째, 배산임수라는 점.

둘째, 산줄기가 물을 만나 그 흐름을 멈추는 지점에 입지하고 있다는 점.

셋째, 남향을 하고 있으며 안온한 느낌을 준다는 점이다.

이를 『택리지』의 택지요건과 비교하여 살펴보면 다음과 같다.

첫째, 배산임수는 터잡기의 기본적 요건인 산형과 수리에 해당한다.

둘째, 『청오경』의 '脈遇水止(산줄기의 맥은 물을 만나면 멈춘다)', 『금낭경』의 '界水則止(물에 닿으면 멈춘다)'와 '得水爲上(물을 얻는 것이 먼저다)'의 의미와 마찬가지로, 흐르는 산줄기가 물을 만나면 멈추게 되고 산줄기를 따라서 흘러온 지기도 산줄기가 멈추면 머무르게 되므로 생기가 모이게 된다는 것이다. 『금낭경』에서 '葬者乘生氣'라 하여 풍수지리의 핵심은 승생기(承生氣)에 있으므로 생기가 머물러 모이기 위해서는 물을 얻어야 한다.

셋째, 남향배치는 야세인 일조량과 관련이 있는, 전통적으로 선호하는 좌향이며 여기에 조산에 해당하는 장풍국(藏風局)을 이루고 있으면 안온한 느낌을 받게 된다.

특히 화순 대신리 고인돌 유적의 경우는 산능선을 따라 분포되어 있고 장풍국을 이루고 있는데 이는 전형적인 전통지리사상의 음택 입지와 일치하고 있다. 전통지리사상의 핵심은 생기인데 이 생기는 지맥선을 따라 흐른다고 보기에 음택의 입지를 지맥선 상에 하는 것이다. 그리고 생기가 오랫동안 머무르게 하기 위해서는 주변의 산에 의하여 둘러싸여 있어야 하는데 이를 장풍국(藏風局)이라 한다. 그리고 위성사진을 통해 확인할 수 있듯이 화순 고인돌 유적은 산줄기들이 겹겹이 에워싸고 있는 중심지역에 입지하고 있는데 이를 전통지리사상 중의 하나인 형국론으로 보면, 에워싸고 있는 산줄기를 꽃잎에 비유하여 화심형(花心形)이라 한다.

위에서 고인돌 분포의 입지에 대하여 살펴보았는데 고인돌은 청동기시대의 무덤으로 보는 게 일반적 견해이므로 음택(陰宅)에 해당한다. 청동기 시대의 무덤인 고인돌의 입지가 오늘날의 음택 입지와 상당부분 일치함을 확인할 수 있다.

3. 고조선시대의 기록

1) 개 요

　13세기에 편찬된 일연의 『삼국유사』와 이승휴의 『제왕운기(帝王韻紀)』에서 단군조선(檀君朝鮮)을 한국 최초의 국가로 기록한 이후 조선왕조에서는 이를 정설로 받아들였다. 그러나 단군조선을 실질적으로 입증할 만한 고고학 자료가 없고, 문헌자료 또한 신화를 토대로 한 것이어서 오늘날 이에 의문을 표시하는 학자가 적지 않다. 그래서 단군조선 대신 고조선(古朝鮮)이라는 호칭을 널리 쓰고 있다.5) 하지만 신화나 『천부경(天符經)』, 『한단고기』, 『부도지(符都誌)』, 『삼일신고(三一神誥)』 등의 고기(古記)도 충분한 가치가 있으므로 보다 깊은 연구가 뒤따라야겠지만 단군조선이라 칭함이 타당하다고 본다. 단군신화의 기록 중 전통지리사상의 택지와 관련이 있는 것으로 신시선정(神市選定)과 부도건설(符都建設)에 관한 것이 있다. 본서에서는 고기를 인용한 『삼국유사』의 기록에서 신시선정과 신라시대 박제상이 썼다고 전해지는 『부도지』의 기록에서 부도건설 내용을 중심으로 살펴보고자 한다. 한민족 최초의 국가 성립으로 평가되는 고조선은 비록 그 역사적 현장은 확인할 수 없지만 현전하는 기록만을 통해서라도 전통지리사상을 살펴보는 것은 한민족 정신의 사상적 토대가 되므로 의미가 있다고 본다.

2) 『삼국유사(三國遺事)』의 기록

　『삼국유사』의 단군신화 기록은 전술한 바가 있기에 그것을 참고하여 살펴보면 다음과 같다.

　역사적으로 국가 성립 이후 수도(首都)의 입지와 천도(遷都) 문제는 중대

---

5) 한영우, 『다시 찾는 우리역사』, 경세원, 2003, 75면.

한 국가의 역사(役事)였다. 수도는 국가의 흥망성쇠(興亡盛衰)와 더불어 변천하여 왔다. 수도란 옛날에는 왕이 살고 있는 도시, 왕의 궁궐과 중앙 통치기관이 있었던 곳이다. 새로운 국가가 성립되면 새로운 곳에 도읍하는 것이 통례였고 이는 신(新)왕조에 대한 인식을 심어주고 민심을 일신시키기 위함이었다.

수도를 가리키는 용어로는 서울, 경성(京城)을 비롯해 황성(皇城), 제경(帝京), 경사(京師), 경조(京兆), 도읍(都邑), 왕경(王京), 경도(京都), 황도(皇都), 왕도(王都), 도성(都城), 국도(國都), 수선지지(首善之地) 등이 있다.6)

수도의 입지는 경제적, 군사적 요인과 지리적 요인을 고려하여 당시의 국가적 상황에 따라 정치적으로 결정되었다.

먼저 신시(新市)와 관련된 내용을 보면, 환인이 인간세상을 이롭게 할 만한 곳으로 삼위태백을 선정하였고, 환웅이 태백산 신단수 아래를 택지함으로써 한민족 최초의 도읍입지를 하게 된다.

환인이 삼위태백을 선정한 것은 광범위한 지역 중에서 전체 국면을 고려한 입지선정이었고, 환웅이 신단수 아래를 택지한 것은 선정된 삼위태백 중에서 구체적으로 삶터에 가장 적합한 곳을 택지하였음을 추정할 수 있다. 전통지리사상에서의 택지의 방법은 먼저 거시적(巨視的) 관점에서 전체를 조망할 수 있는 관산점(觀山點)에서 용(산맥)의 흐름을 살피고, 이를 중심으로 이루어진 주위의 국면(局面)을 살펴 용도에 적합한 일정한 지역을 선정하고, 그리고 미시적(微視的) 관점에서 선정된 지역에 접근하여 용의 생사(生死), 강약(强弱) 등과 주변 사(砂, 산)의 관계, 물줄기 등 자연환경을 종합적으로 고려하여 정혈(定穴, 택지)을 하게 되는 것이다. 그러므로 환인이 삼위태백을 보아 이를 선정한 것은 거시적 관점이며, 환웅이 신단수 아래 신시를 택지한 것은 미시적 관점에 의한 것이라 할 수 있다.

이에 대하여 박용숙은 '환인이 삼위태백을 살폈다는 말은 한울을 건설하기 위해서 풍수지리를 보았다는 뜻이며 삼위태백은 삼산 곧 주산, 좌청룡, 우백호, 이른바 乾, 離, 坎을 말한 것이며 그중의 태백산이란 또한 주산 즉 건

(乾)산이다.'[7]라고 해석하여 이를 분석하고 있다.

또한 환웅이 풍(風)백, 우(雨)사, 운(雲)사를 거느리고 인간세상을 다스려 교화하였다는 내용과 『금낭경』의 '夫陰陽之氣 噫而爲風 升而爲雲 降而爲 雨 行乎地中 則爲生氣(무릇 음양의 기는 내뿜으면 바람이 되고, 오르면 구름이 되며, 내리면 비가 되고, 땅속을 흘러다니면 생기가 된다)'라는 내용은 통하는 바가 있다. 즉, 전통지리사상의 핵심인 기는 만물의 생장소멸의 근본이 된다. 환웅이 거느리고 온 風·雨·雲은 전통지리에서 만물의 근본으로 보고 있는 기의 변화된 모습이라 할 수 있고, 이것으로써 환웅이 만물의 생장소멸을 관장하였다고 해석할 수 있다.

3) 『부도지(符都誌)』의 기록

『부도지』는 「징심록(澄心錄)」 15지 가운데 상교 제1지이며, 우리의 상고사를 기술한 사서(史書) 중에 가장 오래전의 역사를 비교적 자세히 기술한 문헌으로, 1953년 박금에 의하여 알려졌으며, 저자는 신라 눌지왕 때 치술령 망부석의 주인공인 관설당 박제상으로 전해지고 있다. 부도(符都)란 하늘의 뜻에 맞는 나라, 또는 그 나라의 서울이라는 뜻이며, 곧 단군의 나라를 말한다.[8]

부도지의 부도건설과 관련된 기록을 보면 다음과 같다.

임검씨가 돌아와 부도를 건설할 땅을 택하였다. 즉 동북의 자방(磁方)이었다. 이는 2와 6이 교감하는 핵심지역이요, 4와 8이 상생하는 결과의 땅이었다. 밝은 산과 맑은 물이 만리에 뻗어 있고, 비다와 육지가 서로 통하여 열 방향으로 갈리어 나가니, 즉 9와 1의 끝과 시작이 다하지 않는 터전이었다. 삼근영초(인삼), 오엽서실(잣), 질식보옥이 금강의 심장부에 뿌리를 내려, 전 지역에 두루 가득하니, 이는 1과 3과 5와 7의 자삭의 정이 모여, 바야흐로 물체를 만드는 길한 땅이었다. 곧 태백산 밝은 땅의 정상에 천부단을 짓고 사방에 보단을 설치하였다(壬儉氏歸而擇符都建設之 卽東北之磁方也 此二六交感懷核之域 四八相生潔果之地 明山麗水 連亘萬里 海陸通涉 派達十方 卽九一終始不 之其也 三根

<hr>

7) 박용숙, 『신화체계로 본 한국미술론』, 일지사, 1975, 13면.

8) 박제상 저, 김은수 역, 『부도지』, 한문화, 2002, 5면.

靈草 五葉瑞實 七色寶玉 托根於金剛之臟 遍滿於全域 此一三五七磁朔之精 會方成
物而順吉者也 乃築天符壇於太白明地之頭 設保壇於四方).[9]

『부도지』의 '桓雄氏生壬儉'이라는 기록에 나타나 있듯이 임검과 단군왕검
은 동일인임을 알 수 있다.

박시익은 부도건설에 대한 기록에 대하여 다음과 같이 설명하고 있다.

> 부도를 건설하는 과정에서 동북의 지방이라는 조건, 2와 6이 교감하는 핵심지역, 4와 8이 상
> 생하는 결과의 땅을 선정하였다는 내용은 그 당시에 이미 길지의 상지술로서 일종의 체계가
> 정립되어 있다는 사실을 나타내며 이것은 지세에 대한 방위이론의 하나로 해석할 수 있다.[10]

'하도(河圖)'는 복희씨(伏羲氏) 때 황허(黃河)에서 나온 용마(龍馬)의 등
에 그려져 있었다는 그림이다. 복희씨는 이 하도에 의하여 시획팔괘(始劃八
卦)를 하였는데, 그것은 자연의 운행원리에 그대로 부합하여 일치하므로 이를
선천팔괘(先天八卦)라 한다. 하도의 수는 중앙의 5와 10을 중심으로 사방 안
팎으로 1과 6(下), 2와 7(上), 3과 8(左), 4와 9(右)로 10수로 구성되어 있다.

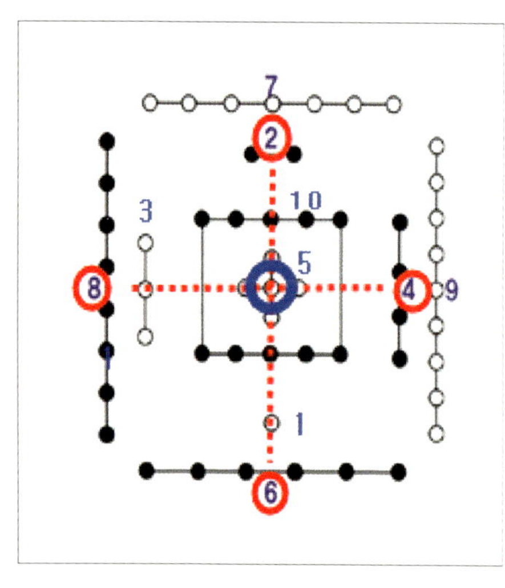

〈그림 15〉 하도(河圖)

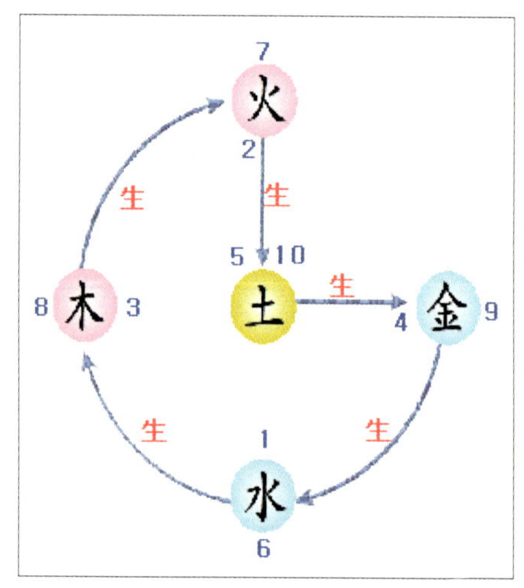

〈그림 16〉 오행상생도

---

9) 김은수 역, 앞의 책, 55면.

10) 박시익, 「풍수지리설 발생배경에 관한 분석연구」 고려대 건축공학 박사학위논문, 1987, 245면.

이에 대해 공자는 '1·3·5·7·9를 천수(天數), 2·4·6·8·10을 지수(地水)라 하고 천수의 합은 25이며 지수의 합은 30이므로 천지의 수 55가 변화를 이루고 귀신의 조화를 행한다'[11]고 하였다. 천수인 1·3·5·7·9는 動적이며 陽에 해당하고 홀수(奇數)이며, 지수인 2·4·6·8·10은 靜적이며 陰에 해당하고 짝수(偶數)이다. 그리고 1·2·3·4·5는 生數이며 6·7·8·9·10은 成數이다.

'낙서(洛書)'는 하우씨(夏禹氏)가 치수(治水)할 당시에 낙수(洛水)에 출현한 신령한 거북이 등의 균열된 문양에서 유래한다. 하도의 1부터 10까지의 천지의 수 55를 선천수(先天數)라고 하는 데 반해, 1에서 9에 이르는 낙서의 총수 45를 후천수(後天數)라 하며 중앙과 팔방으로 수가 배열되므로 구궁수(九宮數)라고도 한다.

선천의 양기운은 만물을 생하고 후천의 음기운은 만물을 극한다. 선천에 해당하는 하도는 좌선(左旋)하면서 오행상생(五行相生)하고 후천에 해당하는 낙서(洛書)는 우회(右回)하면서 오행상극(五行相剋)한다.

'단군은 동북의 자방(磁方)에 부도를 건설'하였는데, 여기서 자방이란 지자기(地磁氣)가 있는 곳, 즉 자기력(磁氣力)이 미치는 공간을 말한다. 고대인은 자기(磁氣)를 지구의 힘으로 생각했으며, 자기가 많은 곳을 가장 신성하게 여겨 신전 등을 건립했다[12]고 한다. 도를 펼치기 위해서 주유천하(周遊天下)하던 공자도 '도가 행해지지 못함을 탄식하며 뗏목을 타고서라도 구이(九夷, 즉 東夷)에 가서 살고 싶다'[13]고 하였다는 내용에서도 동방 지역에 대한 정서를 읽을 수 있다.

'2와 6이 교감하는 핵심지역'이란, 하도(河圖)에서 2는 上이며 하늘에 해당하고 6은 下이며 땅에 해당하므로 天地가 교통(交通)한다는 밀이다. 그리

---

11) 『주역』「계사전」 상, 9장.
　　天一地二天三地四天五地六天七地八天九地十　天數五地數五　五位相得　而各有合　天數二十有五
　　地數三十　凡天地之數五十有五　此所以成變化　而行鬼神也.
12) 김은수 역, 『부도지』, 한문화, 2004.
13) 『論語』「公冶長」, 子罕篇.
　　子欲居九夷　道不行,乘桴浮于海.

고 하늘은 陽이고 땅은 陰이므로 이것은 곧 음양의 조화를 이룬다는 뜻이다.

4는 右이며 西에 해당하고 8은 左이며 東에 해당한다. 만물은 오행상생의 이치에서 비롯되고 하도에서는 오행이 상생한다.

‘4와 8이 상생하는 결과의 땅’이란, 하도에서 오행이 상생하여 만물을 소생시키는 땅이란 말이다.

즉, 하도에서 2와 6, 그리고 4와 8이 교차하는 지점이 핵심지역인 결과의 땅이 된다(<그림 15> 참고).

‘9와 1의 끝과 시작이 다하지 않는 곳이 없다’란, 낙서에서 1은 시작의 수이고 9는 마지막 수이므로 낙서구궁(洛書九宮)의 원리와 후천팔괘(後天八卦)의 이치가 두루 펼쳐진다는 의미이다.

1·3·5·7은 陽이고 양은 생명의 씨앗을 생산하므로, ‘1·3·5·7의 精이 모여 물체를 만드는 吉한 땅’이란, 양인 생명의 씨앗이 陰과 조화를 이루어 만물을 탄생시키는 복된 지역이란 뜻이다.

요약하면, 단군조선의 부도(符都)는 음양이 조화를 이루고 오행이 상생하여 생명의 씨앗이 만물을 탄생시키는 길지(吉地)라는 의미이다.

제 4 장

삼국시대의 사례 연구

1. 백제시대의 유적

1) 개 요

백제는 보통 한성(漢城)·웅진(熊津)·사비(泗沘)시대 등 3시기로 시대구분을 한다. 이는 백제의 도읍과 그 성곽의 위치와 변천에 따른 구분법으로 각각 지금의 서울·공주·부여에 해당한다. 웅진과 사비는 왕성(王城)의 터가 비교적 분명히 남아 있는데 바로 공주의 공산성과 부여의 부소산성이 그것이다. 그러나 앞선 시기 5백여 년 동안 도읍이었던 한성에 대해서는 그 대략적인 위치조차 아직 공인되지 못한 실정이다. 다만 1980년대에 들어와 몽촌토성과 이성산성에 대한 발굴이 진행되면서 많은 연구자들이 서울시 송파구 일대와 하남시 춘궁리 일대를 다시금 주목하면서 한강 하류지역에 대한 관심이 높아지고 있다.

백제의 초기 도읍지가 대략 풍납리토성과 몽촌토성 부근이라는 데에는 대부분의 연구자가 공감하고 있는 셈이다. 그러나 이들 성터가 곧 하남위례성(河南慰禮城)인지 한성(漢城)인지에 대해서는 제각각의 주장을 하고 있다.

본서에서는 백제시대의 궁궐유적지로 추정되는 한성시대의 몽촌토성, 웅진시대의 공산성, 사비시대의 부소산성과 사찰유적으로 부여 정림사지와 익산 미륵사지, 고분유적으로는 한성시대의 석촌동 고분군, 웅진 송산리 고분군, 부여 능산리 고분군 그리고 익산 쌍릉의 입지에 대하여 고찰하고자 한다.

2) 백제의 도읍

① 『삼국사기(三國史記)』의 기록

백제 최초의 도읍지인 하남위례성의 입지에 대하여 『삼국사기』「백제본기」 온조왕대에는 다음과 같이 기록하고 있다.

드디어 한산에 이르러 부아악에 올라가 살 만한 곳을 바라보았다. 비류가 바닷가에 살고자 하니 열 명의 신하가 간하였다. "헤아려 보면 이 하남의 땅은 북쪽으로는 한수가 띠를 둘렀고, 동쪽으로는 높은 산을 의지하며, 남쪽으로는 비옥한 벌판을 바라보고, 서쪽으로는 큰 바다에 막혔으니 이러한 천연적인 지리의 이점을 가진 곳은 얻기 어려운 형세이니 여기에 도읍을 정하는 것이 좋지 않겠습니까." 비류는 듣지 않고 그 백성을 나누어 미추홀로 돌아가 살았다. 온조는 하남의 위례성에 도읍을 세우고 10신하의 도움을 받아서 나라를 세웠다 하여 나라 이름을 십제라고 하였다. 이때가 전한 성제 홍가 3년이었다(서기전 18)(遂至漢山 登負兒嶽 望可居之地 沸流欲居於海濱 十臣諫曰 "惟此河南之地 北帶漢水 東據高岳 南望沃澤 西阻大海 其天險地利 難得之勢 作都於斯 不亦宜乎" 沸流不聽 分其民 歸彌鄒忽以居之 溫祚都河南慰禮城 以十臣爲輔翼 國號十濟 是前漢成帝鴻嘉三年也).

조선 후기의 지리학자들은 『삼국사기』의 도읍지에 대한 입지조건들을 다음과 같이 풀이하고 있다.

즉 '북으로 한수를 둘렀다'고 한 것은 지금의 서울 강동구 하일동·암사동을 두르고 있는 두미강(斗尾江, 度迷津)을 가리키는 것이며, '동으로 고악에 거했다'고 한 것은 지금의 창우리(현 하남시)에 위치하는 검단산을 가리킨다고 했다. 즉 검단산은 광주 고읍의 진산이었으며 숭산이라고도 한다 하였다. 한편 '남으로 비옥한 땅을 바라본다'고 한 것은 서울 강남구 탄천(숯내)을 끼고 펼쳐진 평야를(서광주 평야라고도 함), 혹은 둔골제를 가리키는 것이며, '서쪽으로 대해가 가로막았다'는 것은 경기도 고양군의 행주목을 가리킨다고 풀이하고 있다.[1]

한편 장영훈은 이에 대하여 터읽기 시각으로 다음과 같이 설명한다.

'오늘날 하남위례성으로 추정되는 3개의 후보지를 땅 읽기로 조명하면, 몽촌토성이라는 답이 나온다. 우리 민족의 터잡이 지침이기도 했던 배산임수 중 배산이 되는 남한산 정출맥을 받는 곳은 오직 몽촌토성 한 군데뿐이기 때문이다. 백제 고분이 남한산 정출맥에 정확히 걸려 있다는 것은, 삼국시대의 조상신 숭배 사상에서 왕궁과 왕릉이 이웃사촌처럼 자리하고 있는 신라 경주지역에서 보더라도 백제 고분을 가까이 두고 있는 몽촌토성을 하남위례성과 잇댈 수도 있다.'[2]

---

1) 『서울육백년사』 권1, 1977, 88면.
2) 장영훈, 『서울풍수』 도서출판 담디, 2004, 322면.

비류와 온조 일행이 부아악에 올라 살 만한 땅을 보았다는 것은 거시적 택지의 방법에 해당하고 전체 국면을 조망할 수 있는 지점에 올라 도읍지로서 적합한 지역을 살폈음을 의미한다. 부아악은 한양의 진산인 북한산에 해당한다. 북한산은 한강일대를 조망할 수 있는 가장 높은 산이다. 신라의 석탈해가 토함산에 올라 월성을 택지하였다는 기록과 유사하다. 전통지리에서 거주지 선정을 하는 방법은 먼저 전체를 조망할 수 있는 지점에서 전체 국면, 즉 지형, 세(勢)와 형(形), 용의 생사(生死), 명당의 규모, 주변 사(砂)의 형상, 물줄기 등을 파악하고 인간 생존의 기본인 먹을거리 해결에 필요한 환경 등을 종합적으로 판단하여 용도에 적합한 지역을 선정하게 되는데 이러한 전통지리의 택지방법과 어느 정도 부합하고 있음을 확인할 수 있다.

475년 웅진으로 천도할 때까지 약 500년 동안 백제는 한강 유역에 터전을 잡고 그들의 독특한 문화권을 형성하였다.

조선이 건국되어 한양에 터잡기 이전까지는 한강 이남의 남한산 아래인 광주(廣州)가 한강일대의 중심지였다. 신라 신문왕은 9주 중 하나인 한산주를 여기에 설치하였으며, 고려 초에는 여기에 목(牧)이 설치되어 지방행정의 중심역할을 하였다.

하남위례성의 정확한 입지는 아직 밝혀지지 않았다.『삼국사기』「백제본기」에는 하남위례성과 한성을 동일시하고 있다. 김기섭은 몽촌토성을 하남위례성으로 볼 뿐 아니라 풍납리 토성과 연결시켜 동일한 성으로 파악하고 있다. 또한 하남시에도 이성산성이 발견되어 유력한 위례성 후보지로 꼽히고 있다.

본서에서는 백제 최초의 궁궐지로 추정되는 몽촌토성과 475년 천도지인 웅진의 공산성, 그리고 538년에 천도하여 660년 나당 연합군에 의해 멸망할 때까지의 마지막 도읍지인 사비의 부소산성의 입지에 관하여 개괄적으로 살펴보고자 한다.

② 몽촌토성(夢村土城)의 입지

몽촌토성은 서울시 송파구 방이동(올림픽 공원 내)에 소재하고 있으며 사적

〈그림 17〉 남한산에서 연결된 지맥선

〈그림 18〉 몽촌토성: 둥지형의 장풍국면

제297호로 지정되어 있다. 1983년부터 총 6차례 발굴조사된 백제의 한성시대 토성으로 추정되고 있는 곳이다.

지금은 개발로 인해 주변 환경과 지형이 많이 달라졌지만, 원래 몽촌토성이 있는 곳은 남한산과 연결된 저산성 구릉이 형성되었던 곳이다. 따라서 몽촌토성은 원래 산성에 가까운 형태를 지니고 있었다. 몽촌토성은 한강의 남쪽 넓은 들판의 군데군데 있는 낮은 구릉지대의 하나인데 평지에서 가장 높은 위치의 상대적 높이가 30m에 못 미친다.3)

산줄기 체계를 보면, 한남정맥(漢南正脈)을 타고 온 산줄기가 석성산에서 분맥하여 일지맥을 북쪽으로 보내고, 이 지맥은 영장산(414), 검단산(535)을 지나 남한산의 주봉인 청량산(480)에 이르러 일지맥이 북서쪽으로 흘러가는데, 이 지맥선은 방이동 백제고분을 지나 몽촌토성에 이르러 성내천을 만나서 그 흐름을 멈추게 된다. 성내천은 서류하여 한강과 합류하게 된다. 즉 몽촌토성은 남한산의 주봉인 청량산에서 흘러내려온 지맥이, 북쪽의 성내천이 북동에서 흘러온 한강과 합류하여 서남으로 흘러가는 물줄기를 만나 그 흐름을

---

3) 성주탁, 「한강유역 백제 초기 성지연구」 『백제연구』, 1983, 109면.

멈추어 지기가 뭉쳐져 있는 지점에 입지하고 있는 것이다.

몽촌토성은 북서쪽으로 성내천과 한강을 만나 지맥이 멈추고, 물줄기가 환포하여 흘러가므로 수구와 수리 및 조수에 적합하고 『택리지』의 산형에서 논하고 있는 지맥(地脈)이 끊어지지 않고 들판을 지나 산봉우리(비록 낮기는 하지만)를 이루고 지맥(支脈)이 동부를 만든 곳과 유사하다고 할 수 있어 산형에도 합치된다. 그리고 넓은 들판과 넓은 강을 형성하고 있으므로 야세와 생리의 조건을 충족한다.

온조가 택지했던 하남위례성은 옛 서울 지역의 역사와 문화의 중심지였고 현재 강남 향토애의 바탕이며 정신의 원류이다.

③ 공산성(公山城)의 입지

백제의 웅진(공주)천도는 고구려 장수왕의 침공으로 한성이 함락(475)되고, 개로왕이 피살되는 위기상황에서 이루어진 것이었다. 따라서 계획된 천도라기보다는 임시적, 방어적 성격이 강하다고 볼 수 있다. 그래서 지리적, 생리적 성격보다는 산수의 지형적인 조건을 고려한 입지라고 볼 수 있다. 이러한 성격은 조선시대 인조가 「이괄의 난」을 피하여 일시적으로 머물렀다는 기록에서도 그 맥락을 찾을 수 있다.

〈그림 19〉 공주의 공산성 전경

공산성은 백제 때에 웅진성으로 불렸다가 고려시대 이후 공산성으로 불리게 되었다.

475년(문주왕 1) 한성에서 웅진으로 천도하였다가, 538년(성왕 16)에 사비(부여)로 천도할 때까지 5대 64년간의 도읍지인 웅진을 수호하기 위한 산성이었다. 해발 110m인 공산의 정상에서 서쪽의 봉우리까지 에워싼 포곡식(包谷式) 산성으로 충청남도 공주시 산성동에 위치하며 사적 제12호로 지정되어 있다.

산줄기 체계를 보면, 금남정맥(錦南正脈)의 계룡산(845)을 지나 안골산(322)에서 북쪽으로 분맥한 지맥은 철마산을 지나 공산에 이르러 금강을 만나면서 그 진행을 멈춘다. 공산성의 북쪽으로 금강이 띠를 두르면서 서남으로 흘러간다. 공산의 정상에 있는 쌍수정의 남쪽 바로 아래에 궁궐지로 추정되는 곳이 있다.

형국론적 시각으로 고찰해보면, 몽촌토성은 둥그런 둥지(그림 18)에 비유되고, 공산성은 날아가는 봉황(그림 19)에 해당한다. 날아가는 방향을 위성사진으로 확인해보면, 정확히 북쪽에 있는 한성시대의 몽촌토성을 향하고 있는데, 마치 왕궁(추정지)을 봉황의 등에 업고 옛 도읍지인 한성의 몽촌토성이라는 둥지를 향해 날아가는 듯한 형상이다. 잃어버린 영토를 수복하겠다는 강렬한 염원을 담은 입지인 듯하다. 공산성의 북쪽 중심부로 금강에 접해 있는 북문인 공북루(拱北樓)는 원래 이 자리에 있던 망북루(望北樓)를 1603년(선조 36)에 중수한 것인데, 望北이라는 누각의 이름에서도 옛 수도가 위치하고 있는 북쪽의 한성에 대한 회복의지를 확인할 수 있다.

④ 부소산성(扶蘇山城)의 입지

성왕 16년(538)에 백제는 넓은 농경지가 있으면서 수로교통이 편리한 백마강 유역의 사비(부여)로 천도하게 된다. 부소산성은 660년 나당연합군에 의해 망할 때까지 6대 122년간의 도읍지 사비를 방어하기 위한 것으로 부소산의 산정을 중심으로 한 테뫼식 산성과 다시 그 주위에 포곡식 산성을 축조한 복합식 산성이다. 충청남도 부여군 부여읍 쌍북리 부소산에 있으며 사적 제5호로 지정되어 있다.

『삼국사기』「백제본기」에는 사비성, 소부리성으로 기록되어 있으나 산성이 위치한 산의 이름을 따서 부소산성으로 불리고 있다.

산줄기 체계를 보면, 금남정맥의 정출맥(正出脈)은 계룡산을 넘어 됨봉(160)으로 이어지고 정림사의 주산인 금성산(121)을 지나 부소산에 이르러 백마강에 의하여 그 흐름을 멈춘다. 부소산은 금남정맥의 정출맥이 물을 만나면서 멈추는 마지막 지점이며, 부여의 진산4)으로 해발 106m이며 남쪽은 산세가 완만하며 넓은 평지가 펼쳐져 있고, 북쪽으로는 급경사를 이루며 백마강과 접하고 있다. 궁궐지로 추정되는 곳은 부소산의 남쪽자락에 위치한 현 부여문화재연구소 앞이며 현재 발굴 조사 중에 있다.

『택리지』의 택지 요건과 비교하여 살펴보면 다음과 같다.
부소산은 금성산에서 내려온 지맥이 끊어지지 않으면서 들판을 지나 이루어진 봉우리이므로 산형에 부합하고, 궁궐 추정지 앞은 넓은 들판을 이루고 남향을 하고 있으므로 야세와 생리에 적합하며, 금강이 북서로 띠를 두르고 있기에 수구와 수리, 조수에 부합된다고 할 수 있다.

군사 방어적 성격이 강한 공산성 중심의 도읍은 경제적 기반이 취약하였으므

〈그림 20〉 위성사진으로 본 부여와 부소산성

---

4) 鎭護之山의 줄임말, 마을의 뒤에 위치하면서 그 지역을 보호하는 산.

로 안주할 수 있는 도읍지로서의 한계성이 있었기에 새로운 도읍지가 필요하였고, 이에 넓은 들판과 강을 끼고 있는 사비가 적격지로 선정되었을 것이다.

부소산성은 하늘을 날던 기러기가 모래사장에 내려앉는 듯한 형상을 하고 있는 평사낙안형(平沙落雁形)의 오른쪽 날개에 해당하고 왕궁(추정지)은 오른쪽 날개의 품 안에 입지하고 있다<그림 20>. 예로부터 기러기는 가을에 날아오고 봄에 돌아가는 겨울철새로서 가을을 알리는 새인 동시에 소식을 전해주는 길조로 인식되었다. 가을은 결실의 계절이기에 풍요롭고 평화롭다. 백제의 사비도읍은 풍요롭고 평화로운 안정된 생활을 위한 천도(遷都)임과 동시에 주변국과의 계속되는 전쟁의 전장(戰場)으로부터 희망의 메시지를 입에 물고 날아오는 기러기를 고대하는 터잡이라 할 수 있다.

몽촌토성과 공산성, 부소산성의 입지를 비교 고찰해보면 다음과 같은 공통점이 있다.

첫째, 지맥이 들판을 지나 봉우리를 만들고 물줄기를 만나 그 흐름을 멈추는 곳.

둘째, 북쪽으로 강이 띠를 두르고 있다는 점.

셋째, 북쪽의 강을 접한 산의 남쪽에 넓은 평지가 있다는 점.

넷째, 공산성과 부소산성의 경우 궁궐지로 추정되는 곳은 배산의 남향을 하고 있다는 점.5)

이를 『택리지』의 전통지리적 시각으로 보면, 첫째는 산형에 부합되고, 둘째는 강물이 환포를 하고 있기에 계수즉지의 원리에 의하여 지기가 뭉쳐진 곳이라는 뜻이므로 수리 및 조수에 적합하고, 셋째의 넓은 들판과 강은 생리에 부합되고, 넷째는 산남(山南)의 양명(陽明)한 곳을 말하며 들이 넓을수록 터가 더욱 좋다고 하는 야세와 부합한다.

---

5) 몽촌토성의 경우는 궁궐추정지의 배치에 대한 연구가 없어 논할 수 없으나 공산성, 부소산성과 마찬가지로 남향을 하였으리라 짐작된다. 백제시대의 유적지를 살펴보면 거의 대개가 남향을 하고 있음을 발견할 수 있다.

3) 백제의 사찰(寺刹)

〈그림 21〉 정림사지 전경

〈그림 22〉 오층석탑과 주산인 금성산

① 개요

백제의 사찰로 현재 알려져 있는 것으로, 그 터무늬를 가늠할 수 있는 중요한 유적지는 정림사지(定林寺址)와 미륵사지(彌勒寺址)가 있다. 정림사지는 충남 부여군 부여읍 동남리(부여읍의 중앙)에 있는 사비시대의 대표적 사찰 유적지로 사적 제301호이다. 현재 정림사(定林寺)란 이름으로 불리고 있는 이 사지(寺址)는 창건 당시의 명칭은 사료에서 찾을 수 없으며, 정림사라는 이름은 발굴조사시에 강당터에서 '大平八年戊辰定林寺大藏當草(대평팔년 무진정림사대장당초)'라는 글자가 새겨진 고려시대의 기와조각이 출토되어 그 이후부터 정림사라 부르고 있다. 대평팔년(大平八年)은 요(遼)의 연호(年號)이며 고려 현종19년(1028년)에 해당된다. 가람 배치 형식은 전형적인 일탑식(一塔式) 배치로 남에서 북으로 중문, 오층석탑, 금당, 강당의 순으로 일직선 상에 세워졌으며 주위를 회랑(廻廊)으로 구획한 전형적인 백제시대의 가람 배치 형식이다.

전북 익산시 금마면 기양리에 소재하고 있는 사적 제150호의 미륵사지는 용화산(龍華山)[6]의 남쪽 산자락에 위치하고 있다. 정부는 중서부고도문화권

---

6) 『삼국유사』와 『신증동국여지승람』, 『대동여지도』에는 용화산이라 하였고, 『산경표』에는 미륵산이라고 표기되어 있는 것을 보면 용화산과 미륵산은 동일한 산이라는 것을 알 수 있다. 또한 미륵불의 설법공간이 용화수 아래이기 때문에 불교적 상징 또한 같은 맥락이다. 아마도 미륵산이라는 명칭은 미륵사가 입지한

〈그림 23〉 미륵사지의 전경

개발사업의 일환으로 이 미륵사지의 발굴조사를 통하여 사찰의 정확한 규모와 아울러 가람배치의 성격과 구조를 밝혀내고, 발굴 결과 얻어진 자료를 통하여 유적을 정비, 보존할 목적으로 1980년부터 본격적인 발굴조사를 실시하게 되었다.

확인된 가람배치를 보면 삼원병렬식(三院竝列式)의 가람으로 동원(東院)과 서원(西院), 중원(中院)으로 구획되어 있는데 각 원에서는 입구로부터 중문, 탑, 금당 순으로 하나씩 배치하여 일탑(一塔) 일금당식(一金堂式) 가람을 동서축 선상에 나란히 배치하고 강당은 중원 북쪽에 하나만 두고 있다. 또 중원에는 목탑을 두고 동원과 서원에는 석탑을 두어 3탑 3금당식의 가람배치를 하고 있다.

『삼국유사』의 「기이편」 무왕조에는 미륵사 창건과 관련하여 다음과 같은 내용이 있다.

산이라 하여 후에 붙여진 이름이라 생각되기에 본서에서는 용화산이라 명칭하겠다. 그런데 현대의 지도를 보면 미륵산(430) 동쪽에 용화산(342)이 있어 이를 구분하고 있다.

무왕이 왕비와 함께 사자사에 가던 중 용화산 아래 큰 못가에 이르렀을 때 못 가운데에서 미륵삼존이 나타나 무왕은 수레를 멈추고 경배했다. 왕비가 그곳에 절을 세워주기를 원하여 왕은 이를 허락하였다. 그리고 지명법사의 신력으로 산을 헐고 못을 메워서 절을 세우는데 미륵삼존의 상을 만들고 전각과 탑, 낭무를 세 곳에 세우고 절 이름을 미륵사라 하였으며 선화공주의 아버지인 신라 진평왕은 여러 명의 기술자를 보내 그 공사를 도왔다고 한다.[7]

『한국민족문화대백과사전』에 의하면, 미륵신앙(彌勒信仰)이란 미래의 부처인 미륵의 재림을 믿는 신앙이며 미륵(Maitreya)은 석가모니 부처의 뒤를 이어 부처가 된다는 미래의 부처를 말한다. 미륵은 석가모니불이 입멸(入滅)하여 56억7000만 년이 지난 뒤, 인간의 수명이 차차 늘어 8만 세가 될 때 이 사바세계에 다시 태어나 화림원(華林園)의 용화수(龍華樹) 아래에서 성불한 다음 세 차례에 걸쳐 모든 중생을 제도하게 되는데, 이를 용화삼회설법(龍華三會說法)이라고 한다. 비록 우리는 말세에 살고 있으나 미래에 이 세상에 재림할 미륵불을 믿고 부지런히 수행하여 미륵불의 하강 시에 그 용화삼회설법에 참가, 구제를 받아야 한다는 것이 바로 미륵신앙의 근본이다.

② 정림사지(定林寺址)의 입지

정림사지의 입지에 대하여 살펴보면 다음과 같다.

금남정맥의 정출맥을 따라 계룡산을 넘어 안골산(322)에서 서남진하여 됨봉(160)으로 이어지고 계속 서남쪽으로 흘러 정림사의 주산인 금성산(121)을 이룬다. 금성산에서 북진하는 지맥은 부소산에 이르고, 금성산에서 서쪽으로 이어진 지맥선을 따라 정림사지는 평지에 남향으로 위치하고 있다. 주산인 금성산은 계룡산의 정기가 서쪽으로 흘러와 뭉쳐진 산이라 하여 금산(金山)이라고 하였다는 말에서도 확인할 수 있듯이 지역민들의 이 산에 대한 성서가 각별함을 알 수 있다. 정림사는 이러한 산의 지맥을 받아 건립하였기에 그 상징적 의미가 크다고 할 수 있다.

---

7) 『삼국유사』 권2, 「기이편」, 무왕조.
　王與夫人欲幸師子寺 至龍華山下大池邊 彌勒三尊出現池中 留駕致敬 夫人謂王曰 須創大伽藍於此地 固所願也 王許之 詣知命所 問塡池事 以神力一夜頹山 塡池爲平地 乃法 像彌勒三會殿塔廊廡各三所創之 額曰彌勒寺 国史王興寺眞平王遣百工助之.

앞서 부여 전체의 형국을 기러기에 비유하여 평사낙안형이라 하였는데 이 것은 자연지형 그대로의 형국을 말한다. 그런데 정림사의 오층석탑은 기러기 의 입에 해당하는 곳에 세워져 있다. 나르는 기러기의 입에 갈대를 물린 형국 으로 이를 비안함노형(飛雁含蘆形)이라 한다. 기러기가 갈대를 문 이유는 날 아오르거나 내리면서 혹여 사람들이 쳐놓은 그물에 목이 걸리지 않도록 미리 대비하기 위한 방법으로 알려져 있어 그만큼 지혜의 상징으로 받아들여지고 있다. 사비시대는 삼국시대 후반기로 국가 간 대립과 전쟁, 합종(合縱)과 연 횡(連橫) 등 국제적 정세가 긴박하게 전개되던 시기였다. 이러한 시대적 상황 하에서 부처님의 지혜를 빌려 이를 극복하고자 정림사를 창건하였다고 짐작 할 수 있다.

③ 미륵사지(彌勒寺址)의 입지

금남정맥의 산줄기는 왕사봉(718)에 이르러 분맥(分脈)하여 서쪽으로 일지 맥(一地脈)을 보내고 이 지맥을 따라 계속 달려 용화산(430)을 이루니 이것 이 미륵사지의 주산이 된다. 미륵이 용화수(龍華樹) 아래에서 성불한 다음 용 화삼회설법(龍華三會說法)하여 중생을 제도하게 된다는 미륵불 사상이 용화 산 아래에 미륵사를 터잡이하게 하였다고 볼 수 있다.

이것은 인도 영축산(靈鷲山)의 영산회상(靈山會上) 이야기와 영축산 통도 사와의 관련성과도 유사하다. 미륵사지는 <그림 24>에서도 확인할 수 있듯이 사신사에 의하여 잘 둘러싸여져 있는 장풍국의 명당이다.

주산인 용화산을 자세히 살펴보면, 목이 긴 날짐승이 뭔가를 태우고 있는 형국이다. 목이 긴 날짐승은 학이며, 학을 타는 것은 신선(神仙)뿐이므로 이 러한 형국을 선인승학형(仙人乘鶴形)이라 한다. 부산동아대학교의 형국에서 도 이를 발견할 수 있다.[8] 학을 탄 선인은 미륵불을 의미하고 이 미륵불이 미륵사에 하강하여 중생을 제도한다는 상징성을 갖는다.

---

8) 장영훈, 『생활풍수강론』 기문당, 2000, 231면.

〈그림 24〉 미륵사지의 입지 전경

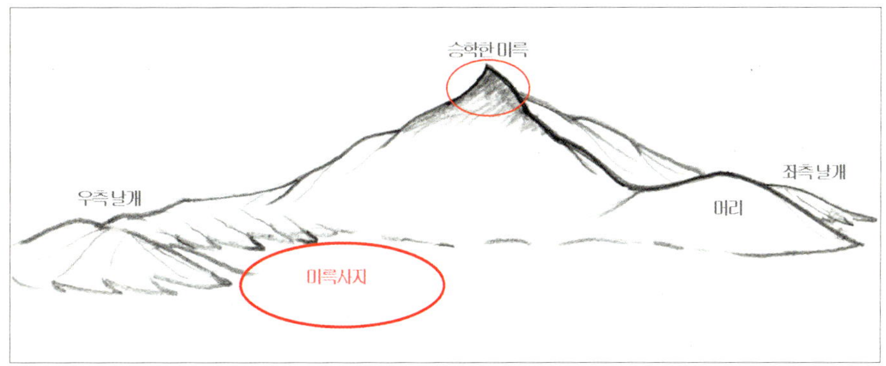

〈그림 25〉 미륵사지의 형국도

4) 백제의 고분(古墳)

① 개요

백제의 고분은 한성시대의 석촌동 고분, 웅진시대의 송산리 고분, 사비시대의 능산리 고분으로 구분된다. 이들 고분은 각각 한성의 몽촌토성, 웅진의 공산성, 사비의 부소산성과 가까운 거리에 분포하고 있다. 이러한 입지는 고구려 국내성과 통구고분군, 신라 반월성과 5릉의 분포와 동일한 양상을 보이고 있는 것이다.

익산 쌍릉의 경우에는 위와 다른 특이한 입지를 하고 있다. 이들 고분의 입지에 대하여 시기에 따라 순차적으로 살펴보고자 한다.

② 한성(漢城)시대고분의입지

석촌동 고분군은 서울시 송파구 석촌동에 위치한 백제 초기의 적석총으로 몽촌토성의 인근 서남쪽에 위치하고 있으며 사적 제243호로 지정되어 있다.

1969년에 문화공보부 문화재연구소의 조사단에 의해 제1·2호분이 발굴 조사되었다. 그리고 1974년에 서울대학교 발굴조사단에 의해 제3·4호분이 조사되었다.

제1·2호분은 평지에 축조되었으며 주민들의 경작지로 이용되어 파괴, 교란되어 내부구조와 유물은 정확히 알 수 없다.

송파구 석촌동 61번지에 위치하는 제3호분은 원래 기원 전후부터 나타나는 고구려무덤 형식인 기단식 적석총(基壇式積石塚)이다. 이 무덤은 약간 높은 지형을 평탄하게 정지작업을 하고 난 후 밑테두리에는 매우 크고 긴 돌을 두르고 자연석으로 층단을 이루면서 3단으로 쌓아올렸다.

규모는 옛 고구려지역이었던 만주 통구(通溝)에 있는 장군총에 버금가게 커, 동서 길이 49.6m, 남북 길이 43.7m, 높이 4m이다. 따라서 이 무덤은 고구려 사람들이 남쪽으로 내려와 한강유역에 백제를 세웠을 당시 절대 권력자의

〈그림 26〉 석촌동의 내원외방분

〈그림 27〉 석촌동의 기단식적석분

무덤으로 보인다.9)

　제1호분(그림26)을 보면 내원외방(內圓外方)형식을 하고 있다. 전통적인 연못조성형식인 방지원도(方池圓島)와 같은 맥락이다. 동양사상에서는 하늘은 둥글고 땅은 네모지다고 하여 천원지방(天圓地方)이라 하였다. 땅이 하늘을 담고 있는 형상으로 이는 천기(天氣)와 지기(地氣)의 교통과 음양의 조화를 의미한다.

　집은 하늘을 담고 있는 그릇이기에 우주(宇宙)를 집우(宇) 집주(宙)라 한다.

　천원(天圓) 모양의 건물은 천기(天氣)를 담는 그릇이 되기에 둥근 양식의 건물에는 정신의 기운이 담겨져 있으며, 게다가 높은 천장일수록 성스러운 예배공간을 만든다. 그래서 법당, 교회당, 성당, 이슬람사원 등의 종교건물 천장은 높고 둥근 양식을 하고 있다. 천기 공간에서는 잠을 청하여도 정신이 깨어 있어 잠을 이룰 수 없는 반면, 지방(地方)의 공간은 지기(地氣)를 담는 육체의 공간이기에 사각형 방과 낮은 천장일수록 숙면을 취할 수 있다. 집의 구조는 지기를 담는 그릇모양인 지방형(地方形)이 좋다.10)

　석촌동 고분군으로 이어지는 내룡은 남한산의 주봉인 청량산까지는 몽촌토성과 같이하고 있으며, 청량산에서 북으로 치우쳐 흘러간 지맥은 몽촌토성으로 이어지고 청량산에서 서쪽으로 치우쳐 내려온 지맥이 석촌동 고분군으로 연결되어 있다.

　석촌동 고분군의 남쪽에서 서북으로 흐르는 탄천은 한강과 합류하여 서쪽으로 흘러간다.

---

9) 한국민족문화대백과사전편찬부, 앞의 책.

10) 장영훈, 『서울풍수』, 도서출판 담디, 2004, 314~6면.

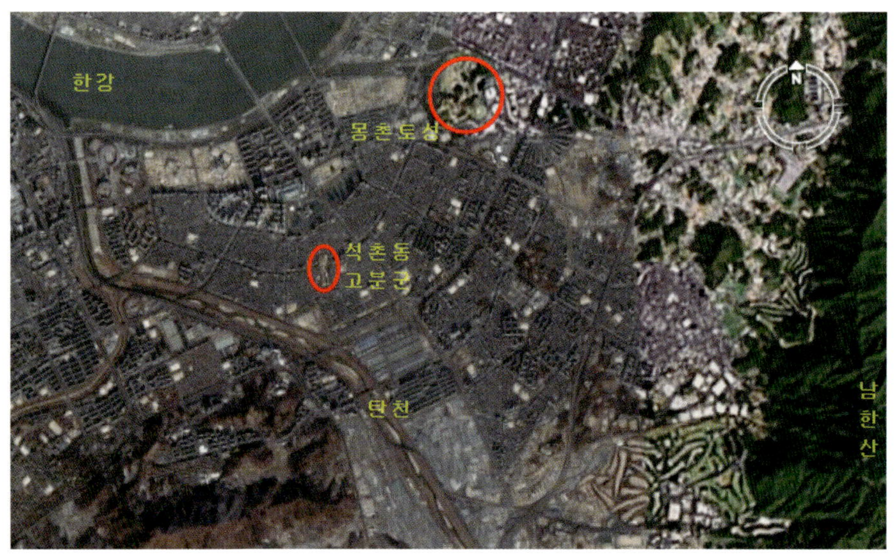

<그림 28> 석촌동 고분군의 입지

　백제시대 대개의 건조물이 남향을 하고 있는 것으로 미루어 보아 평지에 입지하고 있는 석촌동 고분도 남향을 하고 있다고 생각되며 남향을 하고 있는 고분에 대하여 탄천이 역수(逆水)를 이루고 흘러가 조수(朝水)인 한강과 합류한다. 들판에서는 반드시 거슬러 드는 물이 있어야 수구에 합당한데 탄천은 이를 충족하고 있으며, 탄천과 성내천, 그리고 한강과 짝하고 있으므로 수리와 조수의 요건에도 적합하다. 성내천과 한강이 합류하여 이루는 합수머리에 석촌동고분이 입지하므로 남한산에서 흘러온 지기가 머무르고 생기가 충만하게 된다. 평지의 남향을 하고 있기에 야세에 부합한다. 흉한 석봉이나 독봉, 규봉, 충사가 없으므로 조산 조건을 충족한다.

③ 웅진(熊津)시대 고분의 입지

　웅진시대의 송산리 고분군은 무령왕릉을 포함하여 모두 7기가 전해지는데, 송산(130)의 남쪽 경사면에 위치하고 있으며, 계곡을 사이에 두고 서쪽에는 무령왕릉과 5·6호분이 있고 동북쪽에는 1~4호분이 있다. 1~6호분은 일제

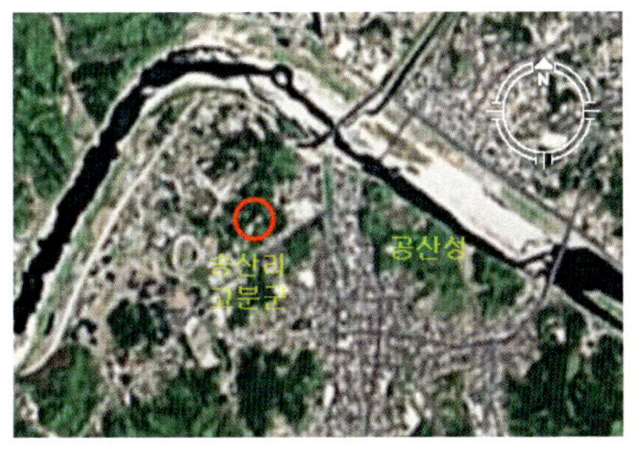
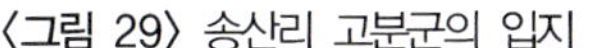

〈그림 29〉 송산리 고분군의 입지　　　　〈그림 30〉 무녕왕릉과 송산리 고분군

시대에 조사되어 고분의 구조와 형식이 밝혀졌고, 무령왕릉은 1971년 5·6호분의 보수공사 때 발견되었다. 6호분에는 벽면에 「사신도」가 그려져 있으며, 특히 남벽에는 주작과 더불어 일월도(日月圖)가 그려져 있다. 충남 공주시 금성동에 위치한 송산리 고분군은 사적 제13호로 지정되어 있으며 웅진시대에 조성된 왕과 왕족의 무덤으로 추정되고 있다.

송산리 고분군은 금강을 따라 공주시를 북에서부터 감싸고 있는 구릉이 남쪽으로 돌아 나가는 지점에 위치한다. 송산을 주산으로 하여 뻗어 내려온 구릉 중턱의 남쪽 경사면에 자리 잡고 있으며, 서쪽으로 금강이 감싸며 흐르고 동쪽으로는 공산성이 보이고 남쪽으로 멀리 계룡산이 솟아 있다. 금남정맥의 계룡산을 지나 안골산(321)에서 북쪽으로 분맥한 지맥은 철마산을 지나 송산에 이르러 금강을 만나면서 그 진행을 멈추고 남쪽으로 돌아앉은 자리에 송산리 고분군이 입지하고 있는 것이다.

무령왕릉을 비롯한 몇 기는 능선을 따라 지맥선상에 입지하고 있다. 백제 초기의 한성시대에는 평지에 입지하고 있었는데, 웅진시대에는 산지에 입지하고 있는 것으로 보아 지맥선을 중요시하였던 것으로 보인다.

수구는 관쇄되어 있고 계룡산에서 이어지는 내룡의 맥세(脈勢)도 양호하며 조산(祖山)인 계룡산은 누각과 같이 치솟아 있기에 산형과 부합하고 남향을 하며 앞이 트여 있어 야세에 적합하다. 꾸불구불하게 길고 멀게 흘러드는 물이 있기에 조수가 양호하고, 금강을 만나 그 흐름을 멈추니 수리에 적합하며, 주변의 산들은 부드럽고 유정하니 조산에 부합된다.

용이 몸을 돌려 조산(祖山)을 돌아보고 결혈(結穴)된 것을 회룡고조(回龍顧祖)라 하는데 멀리 조산(祖山)인 계룡산을 돌아보며 입지한 송산리 고분이 이에 해당한다.

④ 사비(泗沘)시대 고분의 입지

충남 부여군 부여읍 능산리의 능산리산(121) 남쪽 경사면에 자리 잡고 있는 능산리 고분군은 백제 사비시대 여섯 명의 왕 중 30대 무왕과 31대 의자왕을 제외한 나머지 왕들과 왕족의 무덤으로 추정하고 있다.

고분은 앞뒤 2줄로 3기씩 있고, 뒤쪽 제일 높은 곳에 1기가 더 있어 모두 7기로 이루어져 있으며, 1호분에는 「사신도」 벽화가 그려져 있다. 일제시대에 1~6호 무덤까지 조사되어 내부구조가 자세히 밝혀졌고, 7호 무덤은 1971년 보수공사 때 발견되었으며 사적 제14호로 지정되어 있다.

능산리 고분군은 금남정맥의 계룡산을 지나 안골산에서 서쪽으로 뻗은 정출맥을 따라 흘러 청마산성을 넘어 낮은 봉우리로 이루어진 능산리산의 남쪽으로 이어진 완만한 구릉 위에 동출서류(東出西流)하는 내수(內水)인 염창천과 외수(外水)인 금강을 마주보며 입지하고 있다. 이 고분군은 능산리산을 주산으로 하고 월명산을 좌청룡으로, 정림사의 주산인 금성산(121)을 우백호로 하고, 조석산(183)과 필서봉(118)을 주작으로 하는 뛰어난 사신사 구조의 장풍국을 이루고 있다.

〈그림 31〉 능산리 고분군의 입지

〈그림 32〉 능산리 고분군

사비시대의 능산리 고분군은 산지의 능선상에 위치하며 7기 중에서 중앙의 3기는 지맥선상에 입지하고 있다.

완비된 장풍국을 이루고 있어 수구는 막혀 있고, 안골산의 정출맥을 타고 있으므로 내룡의 기세는 양호하며 염창천을 임수(臨水)로 하고 있어 수리에 부합되고 사신사는 유정하고 단정하여 조산도 양호하다. 남향을 하면서 전면 이 트여 있으므로 야세에도 부합하고 있다.

전북 익산시 석왕동에 있는 사적 제87호의 익산 쌍릉은 남북으로 2기의 무 덤이 있는데 북쪽의 것을 대왕묘, 남쪽의 것을 소왕묘라고 부르기도 한다. 마 한의 무강왕(武康王)과 그 왕비의 능이라고도 하지만, 백제 무왕(武王, 60 0~641)과 선화비(善花妃)의 능이라고 전해져 내려온다.11) 「서동요」로 잘 알려져 있는 선화공주는 신라진평왕의 셋째 딸이며, 진평왕의 첫째 딸이 신라 제27대 선덕여왕이다.

쌍릉의 입지를 살펴보면, 금남정맥의 왕사봉(718)에서 분맥된 일지맥이 서 진하다 용화산(430)에 이르고 용화산에서 남쪽으로 일지맥이 흘러와 이루어진 오금산(129)의 남쪽 구릉의 말단부에 나란히 자리하고 있다. 쌍릉은 동일한 구릉의 지맥선상에 자리하고 있으며, 특히 대왕묘의 경우 <그림 33>에서도 확인할 수 있듯이 조산(祖山)인 용화산이 유정하게 바라보이는 곳에 입지하 고 있다. 용화산은 미륵사의 주산이며, 『삼국유사』에 의하면 백제무왕은 미

〈그림 33〉 쌍릉의 대왕묘와 용화산

〈그림 34〉 쌍릉 소왕묘 지맥선의 태식현상

---

11)『신증동국여지승람』권33, 익산 고적조, 585면.

륵사의 창건설화와 관련이 깊은 인물이다. 무왕은 사비시대의 왕이므로 마땅히 인근의 능산리 고분군에 자리함이 상식적 입지라 할 수 있다. 그런데 용화산과 미륵사에 대한 인연이 깊은 무왕은 미륵사 인근의 용화산이 유정하게 바라다 보이는 지역을 고집하여 이곳에 입지하게 된 것으로 보인다. 무왕릉에서 선화비릉으로 내려가는 능선에서는 태(胎)·식(息) 현상이 뚜렷하고 구릉위에 지맥선상의 터잡이는 그녀의 손위 자매인 신라 선덕여왕릉과 유사하다. 석물은 최근에 임의로 조성하여 좌향의 기준으로 삼을 수 없는데, 백제시대의 공통적인 좌향인 남향을 하였으리라 짐작된다.

2. 신라시대의 유적

1) 개 요

신라는 기원전 57년 박혁거세가 건국한 이후 56대 경순왕이 935년 왕건에게 항복할 때까지 천여 년의 역사를 가진 국가로 세계에서 그 유례를 찾아볼 수 없을 정도이다. 삼국시대의 국가 중에서 신라의 문화유적이 가장 많이 현존하고 있다. 본서에서는 천년도읍 서라벌(경주)을 중심으로 하여 궁궐지인 월성, 칠처가람에서 구산선문에 이르는 사찰의 변화과정에 따른 입지, 그리고 역사의 진행과정에 따른 왕릉의 입지를 고찰함으로써 신라시대의 터잡이에 대하여 고찰하고자 한다.

2) 신라의 도읍(都邑) 월성(月城)의 입지

경북 경주시 인왕동에 있는 신라시대의 도성(都城)인 월성은 총면적이 193,845㎡이며 성내부의 면적은 112,500㎡ 정도에 이른다. 월성(月城)의

〈그림 35〉 월성의 입지와 주변 산천

길이는 동서 890m, 남북 260m 정도로 동서로 긴 반달모양이며 성벽의 바깥 둘레는 2,340m 정도이다. 이 성은 모양이 반달 같다 하여 반월성(半月城)·신월성(新月城)이라고도 하며, 왕이 계신 곳이라 하여 재성(在城)이라고도 하는데, 성안이 넓고 자연경관이 좋아 궁성으로서의 좋은 입지조건을 갖추고 있다.

월성은 1963년에 사적 제16호로 지정되었으며, 2000년에 세계문화유산으로 등록된 경주역사유적지구의 5개 구역 중의 하나인 월성지구에 해당된다. 월성 북편으로는 북천과 서천으로 둘러싸인 넓은 대지가 펼쳐져 있어 신라의 도시유적이 조성되어 있다. 대표적인 유적으로는 북서편으로 대릉원 및 기타 대형 고분군이 있고 북동편으로는 임해전지와 전랑지, 황룡사지가 위치하고 있으며, 서남쪽에는 오릉이 있고 남쪽으로는 남천이 흘러 자연적인 해자(垓字)의 구실을 하며 남천을 건너면 작은 평야를 지나 바로 불교문화유산의 보고인 남산이 있다.12)

『삼국유사』 탈해왕조에는 '탈해가 토함산에 올라 성안에 살 만한 곳을 살펴보았는데 한 봉우리가 초승달과 같은 기운이 있음을 보았다'13)는 내용이

---

12) 『월성지표조사보고서』, 국립경주문화재연구소, 2004, 17면.

있다. 그리고 『삼국사기』 탈해 이사금조에는 '이에 오로지 학문에만 힘써 지리(地理)까지도 겸하여 알았다. 양산 아래 호공(瓠公)의 집을 바라보고는 길지(吉地)라고 여겨 속임수를 써서 그곳을 빼앗아 살았는데, 그 땅은 후에 월성(月城)이 되었다'[14]는 기록이 있다.

이상의 두 기록을 종합하면, 지리를 터득한 탈해가 토함산에 올라 살 만한 곳을 찾아보니 바로 월성인 호공의 집이 길지(吉地)였고 이를 속임수로 빼앗았다는 것이다. 여기서 지리학적으로 주목할 만한 점은 '탈해가 지리를 알았다', '길지(吉地)'라고 『삼국사기』에 명시적으로 기록하고 있다는 것인데, 이것은 신라 초기에 이미 택지(擇地)를 위한 지리에 대한 관념이 형성되어 있었음을 확인시켜주는 역사적 기록이라는 점이다.

토함산은 경주 일원에서 가장 높은 산이기에 인근 지역의 지형을 가장 잘 살필 수 있는 산이므로 탈해가 여기에 올라 살 만한 곳을 살폈다 함은 서라벌 전 지역을 관망하면서 거주지로 적합한 곳을 선정하기 위한 것이다. 三日月은 초삼일의 초승달을 의미한다. 초승달이나 반달은 성장과 발전을 뜻하지만 滿月인 보름달은 차면 기우므로 쇠퇴하게 됨을 의미한다.

『삼국유사』 보장왕조에는 '당 태종이 서달 등 도사 8명을 보냈다. …… 도사들이 국내의 이름난 산천들을 돌아다니면서 산천의 기운을 진압했다. 옛 평양성의 지세는 신월성(新月城)이었는데 도사들이 주문을 외며 남하의 용에게 명령하여 만월성(滿月城)이 되도록 증축하여 용언성이라 하였다'[15]는 기록이 있다.

『삼국사기』 「백제본기」 의자왕 20년(660년, 백제가 멸망한 해)에 다음과 같은 내용이 있다. "야생의 사슴과 같은 모양의 개 한 마리가 …… 왕궁을 향하여 짖더니 잠깐 사이에 간 곳을 알 수 없었다. …… 귀신 하나가 궁궐

---

13) 『삼국유사』 권1 「기이편」, 탈해왕조.
　　望城中可居之地 見一峯如三日月勢.

14) 『삼국사기』 「신라본기」 탈해이사금조.
　　於是 專精學問 兼知地理 望楊山下瓠公宅 以爲吉地 設詭計 以取而居之 其地後爲月城.

15) 『삼국유사』 권3 「흥법편」, 보장왕조.
　　太宗遣 叙達等道士八人 …… 道士等行鎭國内有名山川. 古平壤城勢新月城也. 道士等呪勅南河龍. 加築爲滿月城. 因名龍堰城. 作讖曰. 龍堰堵.

안으로 들어와 '백제가 망한다. 백제가 망한다'고 크게 외치고는 곧 땅으로 들어갔다. 왕이 괴이히 여겨 사람을 시켜 땅을 파보게 했더니 석 자가량의 깊이에서 한 마리의 거북이 있었다. 그 등에 글이 씌어 있었는데 '백제는 둥근 보름달과 같고 신라는 초승달과 같다'라고 하였다. 왕이 이를 물으니 무당이 말하길 '둥근 보름달과 같다는 것은 가득 찼다는 것입니다. 가득 차면 기울 것입니다. 초승달과 같다는 것은 아직 차지 않은 것입니다. 차지 않으면 점점 가득 차게 될 것입니다.' 왕이 노하여 그를 죽였다"[16]라는 기록에서도 이와 같은 정서를 확인할 수 있다.

그래서 전통지리적 관점에서는 반월형의 땅을 길지로 인식하였다.

월성을 지리적으로 살펴보면, 월성을 중심에 두고 북으로는 소금강산(178)과 약산(270)이, 동으로는 명활산(205)과 힌등산(268) 그리고 가까이에 낭산(101)이, 남쪽에는 남산(466)과 금오산(495)이, 서쪽으로는 선도산(381)과 옥녀봉(215)이 둘러싸고 있다. 또한 남으로 남천이 월성을 에워싸면서 서쪽으로 흘러 서천과 합류하고, 북으로는 북천이 북서류하여 서천과 합류하면서 형산강을 이루어 북으로 흘러간다. 즉 월성은 삼면이 강으로 이루어져 있는 것이다. 이는 산수의 방어적 지형에 해당한다. 국가의 도읍지로서 방어적 기능이 무엇보다 중요시되었기 때문이다.

산줄기 체계를 보면, 낙동정맥의 백운산(892)에서 동쪽으로 나누어진 맥을 따라 치술령(603)에 이르고 치술령에서 북진하는 맥은 토함산(745)을 이룬다. 토함산에서 서쪽의 분맥을 타고 명활산을 지나 월성의 주산인 낭산에 이른다. 낭산의 지맥이 흘러내려와 이루어진 것이 야트막한 야산의 월성이다. 월성은 토함산에서 흘러온 지맥이 마지막으로 이룬 봉우리이며, 삼면이 물줄기에 의해 지맥의 흐름이 멈추어 시기가 오롯이 뭉쳐진 지역이라 할 수 있다.

토함산을 조산(祖山)으로 하여 낭산에서 연결된 지맥이 들판을 지나 동부

---

16) 『삼국사기』 「백제본기」, 의자왕 20년.
　　有一犬 狀如野鹿 自西至泗河岸 向王宮吠之 俄而不知所去 王都犬集於路上 或吠或哭 移時卽散 有一鬼入宮中 大呼 "百濟亡 百濟亡" 卽入地 王怪之 使人掘地 深三尺許有一龜 其背有文曰 "百濟同月輪 新羅如月新" 王 問之 巫者曰 "同月輪者滿也 滿則虧 如月新者未滿也 未滿則漸盈" 王 怒殺之.

를 이룬 것이 월성이기에 산형에 부합하고, 남천이 환포하면서 흘러 형산강과 합류하니 수리에 적합하며, 큰 물줄기인 형산강은 멀리에서부터 굽이굽이 흘러내려가므로 조수에 부합되고, 넓은 들판을 이루고 있으니 생리에도 적합하며 사방이 트여 있으니 야세에도 부합한다.

　주변의 산들은 부드럽고 유정한 형산(形山)을 이루고 있어 조산의 요건도 충족하고 있다.

3) 신라의 사찰(寺刹)

　석가 열반 후 약 500년간 사리탑 중심의 무불상(無佛像) 시대가 지속되었다. 알렉산더대왕의 동방정복으로 그리스문화와 오리엔트문화가 결합하여 헬레니즘문화가 탄생하였고 헬레니즘문화의 영향으로 인도의 간다라(Gandhara) 지방에서는 간다라미술이 탄생하였다. 그리스신들을 섬세하게 조각한 헬레니즘문화의 영향으로 인도 서북부의 간다라 지방과 인도 북부의 마투라(Mathura) 지방에서 불상이 만들어지기 시작했다.[17] 불상의 발생으로 불상이 예배의 대상이 되자 불상을 모시고 예배할 공간이 필요하였으며, 이러한 필요성에 따라 지어진 것이 바로 금당(金堂)이다. 금당은 법당(法堂), 대웅전(大雄殿), 대웅보전(大雄寶殿), 대적광전(大寂光殿), 대광명전(大光明殿) 등으로 불려지고 있다. 이와 같이 탑이 먼저 세워졌고 승려들의 요사체와 함께 불상을 모셔놓은 금당, 그리고 예배공간이 갖추어지자 이것을 사찰(寺刹)이라 하였다.

　신라에서는 5세기 초 아도에 의해 불교가 전래되었으나 민간차원의 비밀포교에 그쳤고, 그 후 양나라 사신 원표에 의하여 왕실에 전해졌지만 전통사상과의 마찰로 인하여 지연되다 527년 법흥왕 때 이차돈의 순교로 공인되었다.[18]

　신라사찰의 역사적 진행과정을 보면, 아도에 의해 불교가 전래된 이후 칠처가람이 세워지게 되었고, 7세기 중엽 선덕여왕 때 자장에 의해 5대 적멸보궁

---

17) 진홍섭, 『불상』, 대원사, 2006, 39면.
　　인도 쿠샨왕조의 가니슈카왕 때인 서기 2세기 초 정도로 추정하고 있다.
18) 한영우, 『다시찾는 우리역사』, 경세원, 2003, 131면.

이 창건되었다. 후기 신라사회를 통합하는 데 기여했던 의상의 화엄사상을 전
파하기 위하여 전국에 화엄십찰(華嚴十刹)이 세워졌으며, 신라말기에는 화엄
종인 교종에 대항하여 선종 구산문(禪宗 九山門)이 형성되었고 이에 따른 선
종사찰이 창건되었다. 불립문자(不立文字), 견성오도(見性悟道)를 표방한 선
종은 소외되거나 문자를 알지 못하는 6두품 이하의 호족층과 일반 서민층에
서 큰 호응을 얻었으며 특히 백제와 고구려 지역에서 성행했다.

나당전쟁을 기준으로 신라의 사찰을 전·후기로 구분하여 살펴보면, 전기
사찰로는 사천왕사를 제외한 칠처가람과 적멸보궁 사찰이 대표적이며, 후기
사찰로는 화엄 사찰과 말기의 선종 사찰이 대표적이라 할 수 있다. 전기에는
고구려 사찰양식의 영향을 받아 주로 탑 중심의 일탑 삼금당 양식을 하였다.
후기의 화엄 사찰의 경우 금당 중심의 쌍탑 일금당 양식을 하였으며 선종 사찰
의 경우에는 개산(開山) 조사(祖師)의 부도탑을 중시하는 경향을 보이고 있다.

터읽기로 보면 중심된 건조물이 혈 자리를 차지하고 있음을 확인할 수 있다.

① 칠처가람(七處伽藍)의 입지

『삼국유사』에는 고구려 아도화상(阿道和尙)의 어머니 고도령(高道寧)이
그의 아들 아도를 신라에 보내면서 말하길 "이곳 고구려는 불법을 알지 못하
나, 그 나라(신라)의 경도(京都) 안에는 절터 일곱 처가 있으니, 이는 모두 전
불시(前佛時)의 절터니라"[19] 하였다. 여기서 일곱 처는 흥륜사(527), 영흥사
(527), 황룡사(553), 분황사(634), 영묘사(635), 사천왕사(679), 담엄사를 말한
다. 칠처가람으로 현존하는 것은 분황사뿐인데 호란과 왜란으로 소실되어 그
원형은 알 수 없고 황룡사와 사천왕사는 터무늬를 발굴조사 중에 있다. 황룡
사 9층목탑과 분황사는 선덕여왕 때에 세워진 것으로 탑 중심의 1탑 3금당
양식으로 조사되었고, 사천왕사는 나당전쟁 직후인 679년 문무왕 때의 사찰
로 금당 중심의 쌍탑 일금당 양식으로 파악되고 있다.

---

19) 『삼국유사』 권3, 「흥법」, 阿道基羅조.
　　母謂曰,此國于今不知佛法·爾後三阡餘月, 鷄林有聖王出·大興佛敎.其京都內有七處伽藍之墟.

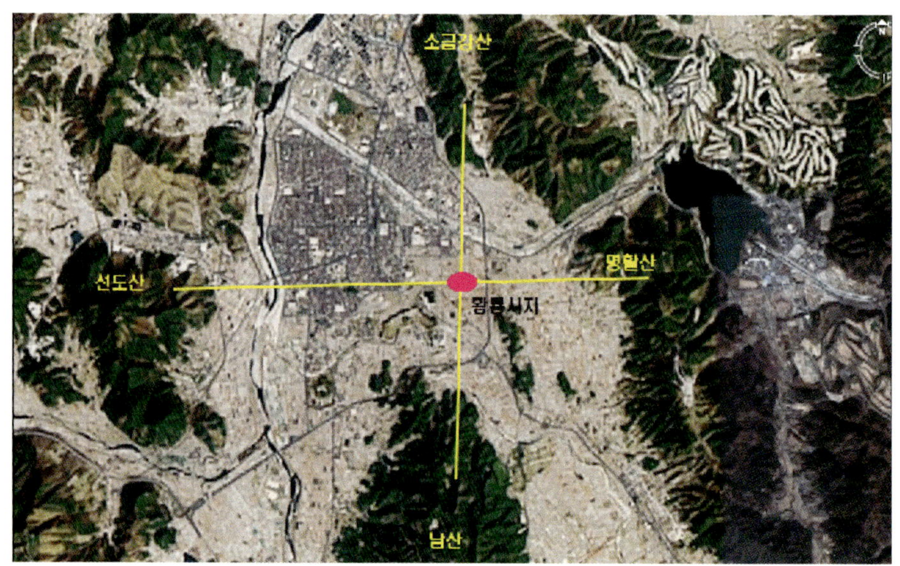

〈그림 36〉 황룡사의 입지

　황룡사의 위치는 경주분지에서 볼 때, 남으로 남산, 북으로 소금강산, 동으로 명활산, 서로는 선도산으로 에워싸인 동서남북의 주요 산들과 연결시켜주는 교차점이며 왕경의 중심부에 입지하고 있다. 불교가 이차돈의 순교로 귀족들의 강한 반발을 잠재우고 국교로 자리매김된 후, 신라 최대의 황룡사 9층목탑이 건립됨으로써 모든 신라인의 구심적 역할을 했음은 짐작가능하다.[20] 칠처가람설은 사천왕사가 세워진 후에 이전의 창건설화를 바탕으로 해서 7사찰을 하나로 묶는 방식에 의해서 형성된 것이라 할 수 있다. 사상적 근거는 불교 인연설에 의한 불국토설[21]로 왕실의 후원을 받아 건립되었다. 황룡사와 분황사 및 사천왕사의 창건설화에서도 확인할 수 있듯이 칠처가람은 호국불교로서의 기능을 하였으며 왕권강화와 통치기반 확립을 위한 것으로 보인다.

　칠처가람은 서라벌의 불국토설에 바탕을 두고 있으므로 서라벌 내부에 세워졌고 왕권과 관련한 정치적 성격이 강하였기에 왕래가 자유로운 평지에 입

---

20) 조유전, 「신라왕경과 황룡사」, 『황룡사복원국제학술대회』, 218면.

21) 신동하, 「신라불국토사상과 황룡사」, 『황룡사의 종합적 고찰』, 동국대 신라문화연구소, 경주시신라문화선양회, 2001, 64면.

지하게 되었던 것으로 생각된다.

② 적멸보궁(寂滅寶宮)의 입지

『삼국유사』의 기록에 의하면 자장율사가 당나라의 오대산에서 수행하던 중 문수보살로부터 석가모니의 정골(頂骨) 및 사리(舍利)와 가사(袈裟)를 전수받고 귀국하여 이를 나누어 봉안하여 모셨다고 한다. 양산 통도사(646)에는 가사와 사리를 모시고 금강계단(金剛戒壇)을 세웠으며 설악산 봉정암(644), 오대산 상원사(643), 사자산 법흥사(643)에 각기 사리를 모시고 적멸보궁을 지었다 한다. 태백산 정암사의 수마노탑에 봉안된 사리는 임진왜란 때 사명대사가 통도사의 것을 나누어 봉안한 것이다. 이를 5대 적멸보궁이라 한다.

적멸보궁이란 불사리(佛舍利)를 모심으로써 부처님이 항상 이곳에서 적멸의 낙을 누리고 있는 곳임을 상징하며 무불상(無佛像)의 법당 밖 뒤편에 사리탑을 봉안하여 놓은 곳이다.22) 무불상을 한 이유는 불사리(佛舍利)가 곧 법신불(法身佛)로서의 석가모니 진신(眞身)이 상주하고 있음을 의미하기 때문이다. 법흥왕 때 불교가 공인된 이후 왕즉불(王卽佛) 사상의 대두는 왕권강화와 통치기반 확립에 기여를 하게 되고 삼국의 전쟁과 갈등 속에서 호국불교로서의 기능을 담당하는 정치이념적 성격을 갖게 된다. 적멸보궁은 칠처가람의 평지 입지와는 달리 불교 자체의 인연에 따라 산지에 지맥선을 따라 장풍국의 입지를 하고 있다.

643년에 입당 귀국한 자장은 강원도 오대산에 월정사를 창건한다. 월정사의 창건은 자장이 입당 수행할 때 문수보살을 친견한 곳인 오대산과의 연결성을 갖는다.

월정사 창건을 즈음하여 비로봉 중턱에 조성된 적멸보궁은 전통지리적 터잡이로서의 의미가 강하다. 강원도 대부분의 산들이 기암괴석인 석산인 것과는 달리 오대산은 형산(形山)인 토산으로 이루어져 있어 형세론적 관점에서 보아도 형산에 결혈(結穴)되므로 주산의 조건을 충족한다.

---

22) 한국민족문화대백과사전편찬부, 앞의 책.

〈그림 37〉 설악산 봉정암 적멸보궁　　　　　〈그림 38〉 오대산 적멸보궁

〈그림 39〉 사자산 법흥사 적멸보궁　　　　　〈그림 40〉 정암사 적멸보궁

　　적멸보궁 터는 형국론적으로 용이 하늘로 날아오른다는 비룡승천형(飛龍乘
天形)이라고 전해져 내려오고 있다. 이때 적멸보궁은 용머리의 이마 지점이
되고 그 바로 아래가 좌우의 눈에 해당하는 용머리의 형상이 연상된다. 이럴 경
우, 오대산 적멸보궁은 용머리 이마에 택지된 용수지장(龍首之藏)에 해당한다.
『금낭경』의 「형세편」의 '鼻顙吉昌(코와 이마에 입지하면 길하고 번창하
다)'이라는 내용에서도 확인할 수 있듯이 이마의 입지는 정확한 정혈(定穴)이
라 할 수 있다. 또한 금계(金鷄)가 알을 품고 있다는 금계포란형(金鷄抱卵
形)으로도 전해온다. 적멸보궁을 둥글게 둘러싸고 있는 산줄기를 둥지로 보고
그 속에 들어 있는 적멸보궁이 입지한 둥근 봉우리를 알로 보면 금계포란형
이 된다.

<그림 41> 장풍국의 통도사　　　　　　　　<그림 42> 통도사 금강계단

　금계(金鷄)는 천상(天上)의 닭을 의미하는데 금계가 울어 새벽을 알린 후에야 지상의 닭이 우는 까닭에 우두머리를 의미한다. 그리고 닭 볏은 관직을 의미하고, 한 번에 많은 알을 부화하므로 다산(多産)을 의미하기도 한다. 이와 같은 상징적 의미로 인하여 이러한 자리는 최고의 명당으로 꼽힌다. 이와 같은 형국론은 인걸지령(人傑地靈)과 통한다. 즉, 문수보살의 상주처로 알려져 온 오대산의 지령을 받은 인걸이 자장이고 문수보살과의 인연으로 여러 사찰과 적멸보궁을 창건케 된 것이다.

　영축산 통도사(靈鷲山 通度寺)는 경남 양산시 하북면 지산리 영축산 자락에 자리 잡고 있으며 해인사, 송광사와 함께 한국의 삼보사찰(三寶寺刹) 중의 하나로 부처님의 진신사리(眞身舍利)와 가사를 봉안한 불보(佛寶)사찰이다. 영축산은 석가모니가 법화경을 설한 곳으로 신선과 독수리들이 많이 살고 있었다고 붙여진 명칭인데, 통도사의 주산은 그 산의 형상이 신령스러운 독수리를 닮았다 하여 영축산이라 하였다. 통도사의 유래는 산의 모양이 불법을 직접 설하신 인도 영축산과 통한다 해서 통도사라 이름했다 하고, 또한 승려가 되려는 사람은 모두 부처님의 진신사리(眞身舍利)를 모신 금강계단(金剛戒壇)에서 계(戒)를 받아야 한다는 의미에서 통도사라 했다고도 한다.

　낙동정맥(洛東正脈) 정출맥상의 영축산(1081)에서 흘러내려온 지맥이 물을 만나 멈추는 지점에 입지한 통도사는 장풍국의 남향배치를 하고 있다.

　장풍국을 이루고 있으며 수구는 닫혀 있고, 남향배치를 하고 있으니 야세에

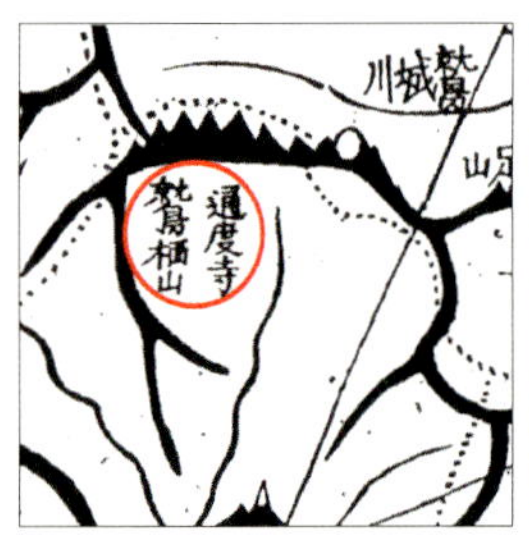

〈그림 43〉 대동여지도

〈그림 44〉 날개를 활짝 펼친 독수리형의 영축산

부합되고, 산줄기가 물줄기를 만나 멈추니 음양이 배합되어 수리에 적합하며, 흉사(凶砂)나 충사, 규봉 등이 보이지 않으니 조산의 조건에도 부합한다. 영축산의 정출맥을 이어받고 있어 그 기세가 강하므로 정신적인 공간, 즉 사찰의 입지로 적합하다.

통도사 나들목에서 영축산을 바라다보면 날개를 활짝 펼친 독수리 모양을 발견할 수 있다. 통도사는 이 독수리 형상의 우측 날개 속에 자리 잡고 있다. 영축(靈鷲)은 신령스러운 독수리를 뜻한다. 「대동여지도」와 「산경표」에는 취서산(鷲栖山)으로 표기되어 있다. 독수리가 깃든 산, 즉 독수리 둥지라는 말이다. 통도사는 바로 이 독수리 둥지라는 장풍국에 입지한 명당인 것이다. 통

〈그림 45〉 통도사 전경도에 해당하는 용의 귀(오른쪽 위)와 여의주(오른쪽 아래)

도사 맞은편의 안양암에서 주변의 산줄기를 살펴보면, 통도사 앞을 흐르는 물줄기를 경계로 하여 남북으로 산줄기가 감싸안고 있는 것이 용의 형상 같다. 산줄기를 전통지리에서는 용에 비유하기도 하지만 형국을 논할 적에는 형과 세를 살펴 이에 적합한 형국을 정하게 된다.

성보박물관에 보관하고 있는 통도사 전경도를 보면, 통도사 형국도라 할 수 있을 정도로 이를 상징적으로 잘 표현하고 있다. 북과 남은 음과 양에 비유되기에 북룡은 암컷, 남룡은 수컷에 해당된다. 그리고 직류하는 물줄기의 수구막이는 여의주에 해당한다. 암수의 용이 여의주를 희롱한다 하여 쌍룡농주형(雙龍弄珠形)이라 한다. 동진의 곽박이 쓴 『금낭경』에는 '宛而中蓄曰龍之腹 …… 必世後福(구릉의 중간에는 지기가 축적되는데 용의 배라 한다 …… 여기에 터를 잡으면 반드시 후세에 복을 누릴 것이다)'라는 내용이 있는데 통도사는 북룡인 암룡의 배 속에 입지하고 있기에 쌍룡이 희롱하다 잉태한 것이 통도사인 셈이다.

통도사는 상로전, 중로전, 하로전의 3원으로 구성되어 있는데 불사리와 가사를 봉안한 상로전의 금강계단이 중심이 된다. 금강계단은 영축산에서 내려온 중심지맥이 이루어 놓은 혈 자리에 입지하고 있다.

③ 화엄사찰(華嚴寺刹)의 입지

고구려를 멸한(668) 이후에는 삼국으로 나뉘어졌던 백성의 갈등을 해소하고 아우를 수 있는 새로운 정치질서가 필요하였고 이때에 의상(義湘)이 주장한 '모든 우주만물이 대립적인 존재가 아니라 서로 조화하고 포용하는 관계를 가졌다(一卽多 多卽一)'라는 이념의 화엄사상은 통일정책을 정당화하고 민심을 수습할 수 있는 논리를 제공함으로써 후기신라의 종교사상으로 자리 잡게 된다. 이렇게 하여 화엄십찰이 세워지게 되었던 것이다. 법흥왕 때 불교가 공인된 이후의 왕즉불(王卽佛) 사상은 고구려가 망한(668) 이후 의상의 화엄사상에 의하여 더욱 심화되어 왕즉불 이념을 구현하는 화엄사찰양식을 낳게 된다.

나당연합으로 백제(660)와 고구려(668)를 멸한 이후, 당(唐)은 대동강 이남

지역에 대한 신라의 지배권 인정의 약속을 어기고 웅진도독부, 안동도호부, 계림도독부를 설치하는 등 한반도 전체를 지배할 야심을 보였다. 이에 신라는 분노하였고 신라와 당은 한반도의 지배권을 둔 싸움이 시작되었으니 이를 나당전쟁(670~676)이라 한다. 신라는 매초성싸움(675)과 기벌포싸움(676)에서 당군에 승리함으로써 대동강과 원산만을 잇는 선 이남을 차지하게 되었다.[23]

강원도 양양의 오봉산(五峯山) 낙산사는 이러한 사상적, 시대적 배경 하에서 671년에 의상이 최초로 창건한 화엄사찰이다. 자장의 오대산 문수보살, 영축산 영산회상지령과 의상의 보타락가산 관세음보살 지령관계는 유사점이 많다. 화엄경에 의하면 관세음보살의 상주처는 인도 남부에 있는 보타락가산(補陀洛伽山)이라 하는데 관음도량인 낙산사의 명칭은 바로 이 보타락가산에서 유래되었다고 한다. 이후 의상은 계속해서 봉정사(의상의 제자 능인이라는 설이 있지만 의상의 법통을 이은 화엄사찰이기에 입지분석에 있어서 동일시 해도 무방하고 봄), 부석사를 비롯하여 상당수의 사찰 창건을 계속해 나갔으며, '화엄십찰(華嚴十刹)'을 중심으로 그의 화엄교학을 전파했다.

백두대간의 설악산에서 동쪽으로 분맥된 산줄기는 관모산(880)을 지나 질고개를 넘어 오봉산에 이른다. 낙산사는 52.3m, 62.3m, 67.5m, 78.2m, 63.7m의 낮은 다섯 개의 봉우리들로 싸여져 있다. 그래서 五峯山 낙산사라고 한다.

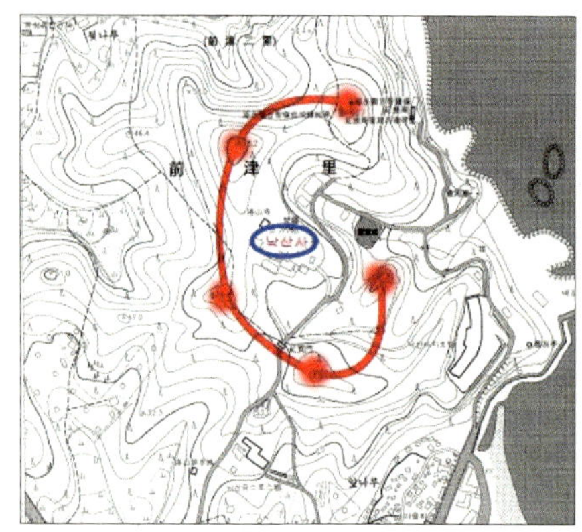

〈그림 46〉 낙산사의 입지(5000:1지형도)

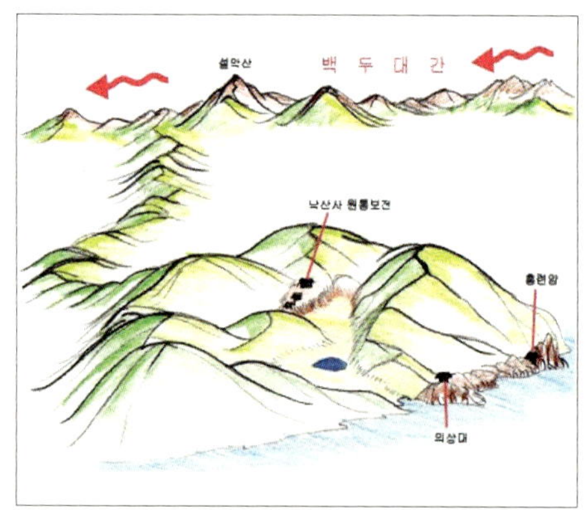

〈그림 47〉 봉소형의 낙산사

---

23) 한영우, 앞의 책, 120,1면.

이러한 봉우리 중 가장 높은 봉우리(78.2m)의 지맥을 직접 받고 있는 구릉 위의 수두형(垂頭形)에 낙산사 원통보전이 자리 잡았다. 『금낭경』에 현무수두(玄武垂頭)란 말이 있다.

현무는 주산을 말하는데 즉, 주산은 머리를 드리우고 있어야 한다는 뜻이다. 또한 『금낭경』 사고전서본 주(註)에는 수두에 대하여, '수두란 주산의 봉우리로부터 점점 아래로 내려오는 것을 말한다(垂頭言自主峰漸漸而下)'라고 보다 상세히 설명하고 있다. 즉 수두란 주산으로부터 내려온 지맥선인 산능선의 모습을 말한다. 따라서 수두형에 입지한다는 것은 지맥선을 따라 흘러다니는 지기를 인식하고 있었음을 의미한다.

그리고 규장각본 주(註)에는 '머리를 드리운 산은 머무르는 것이니 멈출 곳을 정한다는 것을 말한다(垂頭山之住也 言定止之意)'라는 표현이 있는데, 산이 흐르다 멈춘 곳에 지기가 뭉쳐지므로 이곳이 혈처(穴處)가 됨을 말한다.

다섯 개의 봉우리가 둘러싸고 있는 모습이 마치 둥지처럼 보인다. 이러한 형국을 둥지형(巢形)이라 한다. 둥지는 새의 집을 말하는데 새도 여러 종류가 있다. 새의 종류에 따라 둥지의 이름이 달라진다.

『삼국유사』 권4 의상전교조에는 "의상이 입당하여 종남산 지장사에서 지엄을 만났다. 지엄이 전날 밤 꿈꾸길 해동에서 큰 나무가 나서 중국을 덮고 그 위에 봉소(鳳巢)가 있는 것이었다. 올라가보니 마니보주(摩尼寶珠)가 있어서 광명이 멀리 비치고 있었다. 꿈에서 깨어나 놀랍고도 이상스러워 집을 청소하고 기다렸는데 의상이 왔다. 특별한 예로 맞아서 조용히 이르기를, '나의 어젯밤 꿈은 그대가 나에게 올 징조였구나'라고 하면서, 입실을 허락했다"라는 내용이 있다. 여기서 봉황의 둥지가 있는 큰 나무는 오동나무임에 틀림없다. 전설 속의 새인 봉황은 세 가지의 속성이 있다고 전해지는데, 오동나무에 깃들고 예천(醴泉) 물을 마시며 대나무 열매만을 먹는다는 것이다. 따라서 이를 낙산사의 입지와 비유하면, 오봉산이라는 오동나무에 깃든 둥지 속에 마니보주라는 의상과 낙산사가 있는 것과 같다.

『삼국유사』의 낙산사 창건연기 설화와 『신증동국여지승람』에 인용되어 있는 13세기 전반에 활동한 석익장(釋益莊)의 「낙산사기(洛山寺記)」 사이에는 약간의 차이가 있지만, 관음보살이 일러준 두 그루의 대나무가 솟아난 곳에 낙산사를 창건했다는 내용만은 일치한다. 여기서 대나무는 앞서 살펴본 바와 같이 봉황의 생존조건인 먹을거리에 해당한다.

이상을 요약하면 오봉산이라는 오동나무에 깃든 둥지 속에 먹을거리인 대나무가 솟아난 지점에 마니보주라는 봉황인 의상이 창건한 낙산사가 자리 잡고 있는 것이다. 결국 낙산사의 창건설화는 봉황과 밀접한 관계가 있기에 五峯山이 아니라 梧鳳山으로 표기되어야 한다고 본다.

낙산사는 수두형의 산줄기 구릉 위에 입지하기에 일주문, 중문, 탑과 법당은 지형상 세로축의 일자배치를 하고 있다. 이러한 수두형 입지와 세로축 배치는 이후 화엄사찰의 공통적인 배치양식이 된다.

낙산사 창건 다음해(672)에 천등산 봉정사(鳳停寺)가 창건된다

'봉황이 머무는 절'이라는 의미를 가진 봉정사의 전경을 관산하면 봉황이 날개를 접으면서 둥지 속으로 하강하는 모습의 전형적인 비봉귀소형(飛鳳歸巢形)을 이루고 있다. '鳳停寺'란 명칭은 이와 같은 형국에 의하여 유래되었다고 볼 수 있다. 이러한 비봉귀소형국은 곡성의 동리산 태안사에서도 발견된다. 차이점이 있다면 봉정사는 균형을 갖춘 안정감이 있는 반면, 태안사는 약간 기우뚱하는 세(勢)의 불안감이 있다.

비봉귀소형은 하강의 기세이므로 혈처(穴處)는 아랫녘에 위치하게 된다. 봉정사 앞의 전주작 역시 봉황의 형을 갖추고 날갯짓하여 오는데 해인사의 전

〈그림 48〉 비봉귀소형의 봉정사

〈그림 49〉 봉정사 만세루의 누하진입

주작과 유사하다. 봉정사는 우백호의 기세가 대단히 뛰어나므로 용호정혈법(龍虎定穴法)상 백호쪽에 혈 자리가 이루어지게 되는데 극락전이 이에 해당한다. 극락전으로 내려가는 맥세(脈勢) 또한 뚜렷하다. 봉정사 만세루(萬歲樓)는 최초의 누하진입(樓下進入)의 사찰양식으로 고개를 숙여야 만세루를 지날 수 있고, 계단을 올라가면 가장 높은 곳에 법당이 위치하고 있어 법당의 위엄과 권위를 갖게 하고 있다. 이것은 심화된 왕즉불(王卽佛) 사상의 표현이며 이후 화엄사찰의 양식으로 자리 잡게 된다.

봉정사 창건 4년 후 의상은 봉황산에 부석사를 창건하기에 이른다. 676년 나당전쟁에서 승리한 직후 만들어진 부석사는 낙산사의 수두형 입지와 봉정사의 누하진입 양식을 종합한 사찰로서 더욱 강화된 왕즉불 이념이 구현되어가는 화엄사찰 양식의 전형이 된다. 즉, 부석사는 봉황산에서 흘러내려온 산능선 위에 입지하기에 지형상 세로축 배치를 하게 되고, 법당으로 들어가려면 이렇게 세로축으로 배치된 건축물중 범종각과 안양루를 지나야 한다. 바로 이 범종각과 안양루가 누하진입의 양식을 하고 있는데 법당으로의 진입을 함에 있어 자연스럽게 경건심을 유발시킴과 동시에 당시의 절대군주왕권이 반영된 왕즉불 사상의 표현으로 볼 수 있다.

부석사 역시 형국을 갖추고 있는데 이는 부석사 주산 명칭에서도 읽을 수 있다. 봉황산(鳳凰山)이라는 주산의 명칭에서 봉황과의 관련성을 짐작케 한다.

〈그림 50〉 부석사의 누하진입 구조

〈그림 51〉 부석사의 수두형 세로축 배치

이 같은 봉황은 의상 십대사찰 중의 하나인 금정산 범어사에서도 발견된다. 금정산이 나래를 활짝 펼친 대봉(大鳳) 형국의 터에다가 범어사를 택지시켰다고 예로부터 범어사에는 전해져 내려온다.

이상에서 살펴본 바와 같이 의상의 화엄사찰은 대개 봉황과 밀접한 관련이 있음을 확인하게 된다. 봉황의 기원은 삼족오(三足烏)에서 찾을 수 있다. 삼족오는 세 발 달린 까마귀를 가리키는 말인데 고구려의 국조(國鳥)이기도 했다. 삼족오는 우리의 옛 조상인 동이족(東夷族)이 숭배하던 신성한 새로서 태양을 상징하며 태양은 양이고 양의 수는 3이므로 다리가 세 개라고 상상했던 것이다. 황허문명의 중국인들이 물의 신인 용을 숭배한 것과는 달리 동이족은 하늘의 자손이라는 믿음 아래 하늘과 땅의 매개체인 삼족오를 신성시하였던 것이다.24) 나당연합으로 고구려와 백제를 멸한 신라는 완전한 자주권을 갖지 못하였다. 한반도 전역에 대한 당의 야심이 노골화되자 한반도에서의 패권을 두고 전쟁을 피할 수 없게 되었고 이에 승리함으로써 신라는 자주적인 국가로 자리매김되는데, 바로 이런 과정에서 세워진 봉황과 관련된 의상의 화엄사찰은 호국 불교적 성격을 가진 강한 주체성의 상징이기도 했다.

불국사(佛國寺)는 이중적 공간배치를 하고 있다. 하나는 토함산(745)의 옥녀봉(672)에서 서쪽으로 길게 뻗어 내린 산능선 위에 관음전과 비로전으로 이어지는 동서배치와 다른 하나는 관음전과 비로전으로 이어지는 능선 남쪽에 축대를 쌓고 복토한 곳에 청운교, 백운교, 자하문, 다보탑과 석가탑, 대웅전, 무설전의 세로축으로 이어지는 남북배치가 그것이다.

---

24) 박영수, 『유물 속의 동물 상징 이야기』, 내일아침, 2005, 34,5면

〈그림 52〉 불국사 전경

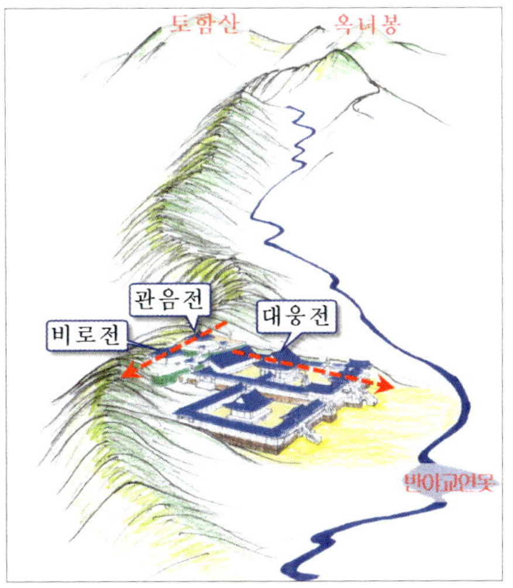

〈그림 53〉 불국사 조감도

　『불국사고금창기(佛國寺古今創記)』에는 528년(신라 법흥왕 15) 법흥왕의 어머니 영제부인과 기윤부인의 발원으로 불국사를 창건하였으며 574년 진흥왕의 어머니인 지소부인이 절을 크게 중건하면서 비로자나불과 아미타불을 주조해 봉안했고, 670년(문무왕 10)에는 무설전을 새로 지어 화엄경을 강설(講說)하였으며, 그 후 751년(경덕왕 10)에 김대성에 의하여 크게 개수되면서 탑과 석교 등도 만들었다고 하였다. 그리고 『불국사사적(佛國寺事蹟)』에는 이보다 앞선 눌지왕 때 아도화상이 창건하였고 경덕왕 때 재상 김대성에 의하여 크게 중창되었다고 한다. 이상의 기록으로 보면, 작은 규모로 터잡이되었던 불국사가 751년 경덕왕 때 재상 김대성에 의하여 대중창되었던 것임을 짐작할 수 있다.

　『삼국유사』 권5 대성효 2세부모조(大城孝二世父母條)에는 경덕왕 10년 김대성이 전세(前世)의 부모를 위하여 석불사(石佛寺)[25]를, 현세의 부모를 위하여 불국사를 창건하였다고 하였으며, 김대성이 이 공사를 착공하여 완공을 하지 못하고 사망하자 국가에 의하여 완성을 보았으니 30여 년의 세월이

---

25) 원래 석불사는 독립된 사찰이었으나 임진왜란 직후인 1600년경에 경영난으로 불국사의 말사가 되어 석굴암(石窟庵)이라 칭하고 있다.

걸렸다고 한다.

남천우는 불국사의 창건과 관련하여 다음과 같은 의견을 제시하고 있다. 삼국통일 이후 강화된 왕권은 제35대 경덕왕 때에 절정기에 이르지만 경덕왕은 후사가 없어 왕권을 승계할 왕자 생산을 기원하기 위하여 불국사를 대중창하였다는 것이다.[26] 그런데 이것은 단지 추정일 뿐 이를 입증하거나 논증하는 근거는 제시하지 않고 있다. 남천우가 추정하고 있는 경덕왕의 득남 기원설에 동의하며 이에 대한 이유를 전통지리적 시각에서 이를 입증하고자 한다.

낙동정맥의 백운산(892)에서 동쪽으로 분맥된 산줄기는 치술령(603)에 이르고 다시 치술령에서 분맥된 산술기는 동북으로 달리다 힘찬 봉우리를 이루니 토함산(745)이다.

불국사와 석불사는 이 토함산 주봉과 이어진 남쪽 능선에 있는 옥녀봉(695)[27]에서 동서로 뻗어 내려오는 산줄기와 각각 잇대어 있다. 우리 땅의 명산 대찰들을 관산하면 특별한 경우를 제외하고는 명산 정상과 서로 연결되어 있지 않다. 법보사찰 해인사와 승보사찰 송광사도 명산 주봉이 아닌 다른 봉우리와 연결되어 있음을 확인할 수 있다. 속리산 법주사, 오대산 월정사, 태백산 부석사 또한 정상 봉우리인 천황봉, 비로봉, 장군봉 산줄기와 직접 연결되어 있지 않다. 이것이 한국인의 터잡이 정서이다.

만약 불국사가 토함산 정상 주봉의 기세를 받는다면 이는 만월(滿月)에 속하므로 불국사는 만월을 정점으로 점점 이지러지는 그런 기운을 받게 된다. 그러나 토함산 8부 능선에 해당하는 옥녀봉의 기운은 성장과 발전의 여지를 두게 되므로 불국사가 앞으로 기세를 더 타게 된다는 맥락과 같다. 이와 같은 이유에서 옥녀봉 산줄기를 따라 입지시켰던 것이다.[28] 이와 같은 정서는 반월성 터잡이 정서와도 일치되는 것으로 우리 민족의 고유한 지리정서인 것이다.

---

26) 남천우, 『유물의 재발견』 학고재, 1997, 34~37면.
27) 산봉우리가 젊고 아름다운 여자의 머리와 같은 형상을 옥녀봉이라 함.
28) 장영훈, 앞의 책, 90,1면.

〈그림 54〉 토함산 옥녀봉의 동서 산줄기에 입지하고 있는 석불사와 불국사

〈그림 55〉 머리카락과 같이 쭉쭉 뻗어 있는 산줄기의 옥녀세발형국

    석불사 석불의 입지점은 선덕여왕 지기삼사(知幾三事) 현장 중의 하나인 여근곡(女根谷) 형국과 유사하다. 석실 내부의 둥근 공간을 자궁으로 놓고 보면

〈그림 56〉 경주 건천의 여근곡   〈그림 57〉 석불석실 내부 모형도

자궁 중앙에 배치된 둥근 좌대모양은 난자의 평면도와 같고 좌대 안에 좌정한 불상은 난자와 결합하여 잉태된 태아와 같다. 난자라는 음은 정자라는 양이 있어야 음양조화에 의하여 잉태하게 되는데 석불의 정면 방향이 동남 30도로 동짓날 일출지점을 바라보고 있다.

동짓날은 일 년 중 가장 짧은 날이며 해가 가장 남쪽에서 뜨는 날이다. 우리 민족은 오랫동안 동지를 새해 첫날로 생각했으며, 불가(佛家)에서도 동짓날을 새해 첫날로 보았다. 동지는 낮인 양의 기운이 점점 길어지는 시발점인데 석불은 동지일출 지점인 바로 이 양의 기운이 확대되는 지점을 바라보며 양기를 받아들이고 있는 것이다. 동지일출의 양기를 석불사 음기(석실)가 받아서 잉태(좌대에 있는 불상)하고 있다. 잉태에서 출산에 이르는 과정은 동출서몰(東出西沒)이라는 태양의 진행 과정과도 같은데 동출서몰에 따라 옥녀봉 동쪽 산줄기인 석불사에서 잉태된 태아는 서쪽 산줄기에서 출산하게 되는데, 바로 불국사가 여기에 해당한다. 불국사는 왕자가 출생하게 될 공간인 산방(産房)이 되는 셈이다.

경덕왕의 득남기원에 의하여 751년 불국사는 중창되었고 756년에는 후사를 이을 왕자가 출생하였는데 신라 제36대 왕인 혜공왕이다.

후계자가 될 아들의 출생에 대한 경덕왕의 소망이 얼마나 대단하였던가는 『삼국유사』의 기록에서도 확인할 수 있다.[29]

토함산을 살펴보면, 여러 개의 산줄기가 아랫녘으로 뻗어 내려 있는 모습을

---

29) 『삼국유사』 권2, 「기이편」, 경덕왕 충담사 표훈대덕조

〈그림 58〉 복토로 인한 석단의 미학　　　　〈그림 59〉 범영루 물항아리 실루엣

발견하게 된다. 이와 같은 형상을 종합적으로 판단하면 옥녀가 머리를 감는 형국인 옥녀세발형(玉女洗髮形)임을 발견하게 된다. 경남 창녕군 부곡의 배산인 덕암산에서도 이와 같은 형국을 발견할 수 있는데 부곡(釜谷)이라는 가마솥에 담긴 온천물(부곡온천)은 머리를 감으려는 옥녀인 덕암산 앞에 놓인 세숫대야이다. 이때 산줄기들은 머리카락에 해당되는데 옥녀가 머리를 감고 나면 머리카락은 윤기를 발하게 된다. 이러한 윤기가 생기에 해당한다.[30]

불국사의 관음전과 비로전은 토함산의 옥녀봉에서 뻗어 내려온 산줄기인 옥녀의 머리카락에 터잡이 된 것이다. 산줄기가 훼손되면 머리카락이 잘리는 것과 같이 생기가 손상되므로 조금도 훼손되어서는 안 된다. 산지에 일정한 공간을 확보하기 위해서는 산을 깎아 내거나 복토를 하는 두 가지 방법이 있는데, 옥녀세발형의 생기를 손상하지 않기 위해서는 관음전 남쪽 아랫녘의 낮은 부지를 복토할 수밖에 없었고 복토로 인한 높이 차이를 축대인 석단으로 조성하여 석단의 미학을 창출한 것이다. 그리고 설치되어 있는 각종 조형물들이 이와 같은 형국임을 입증하고 있다. 즉, 옥녀세발에 필요한 세숫대야인 축대 아랫마당의 연못(현재는 없음)과 범영루의 실루엣 물항아리 형상이 그것이다.

대웅전 앞의 다보탑과 석가탑은 다른 사찰의 쌍탑 구조와는 확연히 다른 차이점이 있다. 쌍탑은 그 모양이 유사하기 마련인데 다보탑과 석가탑의 경우 완전히 다른 모습을 하고 있기 때문이다. 과거불인 다보여래가 현세불인 석가여래의 설법을 증명하는 모습을 연출한 것으로 볼 수 있는데 그 배치에 있어

---

30) 장영훈, 앞의 책, 115, 6면.

대웅전의 좌측인 동쪽에는 다보탑, 우측인 서쪽에는 석가탑이 자리 잡고 있는 이유는 다음과 같이 해석할 수 있다.

『금낭경』의 사고전서본에는 청룡완연(靑龍蜿蜒), 백호순부(白虎順頫)라 하였다. 즉, 좌청룡은 꿈틀거려야 하고(動的), 우백호는 온순하게 머리를 숙이고(靜的) 있어야 한다는 말이다. 따라서 대웅전의 좌청룡에 해당하는 동쪽에 동적인 다보탑을, 우백호에 해당하는 서쪽에 정적인 석가탑을 배치하였던 것이다.

④ 선종사찰(禪宗寺刹)의 입지

철학적, 학문적 성격이 강한 이론중심의 화엄종인 교종에 대립하여 선종은 인간의 마음을 참구하여 본래 지니고 있는 성품이 부처의 성품임을 깨달을 때 부처가 된다는 '직지인심(直指人心)', '견성성불(見性成佛)'을 주장한다. 교종의 왕즉불(王卽佛)사상에 대응한 심즉불(心卽佛)사상의 선종은 인간평등을 강조함으로써 당시의 소외세력인 6두품 이하의 호족층과 문자를 알지 못하는 서민들에게 호응을 받게 된다. 이렇게 하여 선종 9산문이 성립되었다.

대한불교조계종의 조계종헌 제1장 제1조에는 '本宗은 新羅 **道義國師가 創樹한 迦智山門에서 起源**하여 高麗 普照國師의 重闡을 거쳐 太古 普愚 國師의 諸宗包攝으로서 曹溪宗이라 공칭하여……'라 하고 그리고 제2조에는 '本宗은 釋迦世尊의 自覺覺他 覺行圓滿한 根本敎理를 奉體하며 **直指人心 見性成佛** 傳法度生함을 宗旨로 한다'고 명시하고 있다. 즉, 조계종은 선종의 직지인심, 견성성불을 종지로 하고 선종 9산문 중 가지산문의 도의국사를 그 근원으로 하고 있음을 밝히고 있다. 도의는 선덕왕 5년(784)에 입당하여 중국 선종 6조의 법통인 마조도일(馬祖道一)의 제자 서당지장(西堂智藏)의 법을 이어받은 후 헌덕왕 13년(821)에 귀국하여 처음으로 선리(禪理, 南頓禪)를 전하게 되지만, 당시의 불교계는 화엄종과 같은 교학불교를 숭상하고 선(禪)을 마어(魔語)라고 하여 배척하였기에 도의는 설악산 진전사(陳田寺)에 은거하면서 염거에게 법을 전하고 염거의 제자인 체징이 그 법을 이어받아 가지산 보림사를 중심으로 가지산문을 개창하게 된다. 따라서 도의를 종조로 한 가지산문이 선종산문의 효시가 되는 것이다.

선종 9산문을 살펴보면, 도의를 개산조로 하여 그의 법손인 체징에 의하여 성립된(860) 전남 장흥 보림사의 가지산문, 826년 입당 귀국한 홍척이 9산문 중 가장 먼저 개산(828)한 전북 남원 실상사의 실상산문, 842년 혜철이 개산한 전남 곡성 태안사의 동리산문, 범일이 851년 개산한 강원도 강릉 굴산사의 사굴산문, 현욱이 경남 창원에 창건한 봉림사 중심의 봉림산문, 충남 보령에 무염이 개산한 성주산문, 도윤이 전남 화순 쌍봉사에 개산하였으나 번성치 못하였고 제자인 절중(징효)에 의하여 강원도 영월 흥녕사(법흥사)에서 개산된 사자산문, 지증에 의하여 879년 경북 문경 봉암사에 개산된 희양산문, 고려개국 후 932년 태조 왕건이 창건한 광조사에서 이엄이 개산한 수미산문을 말한다.

이 중에서 가지산문의 중심사찰인 보림사는 전남 장흥군 유치면 봉덕리에 위치하고 있다. 선종 9산문의 효시인 가지산문은 설악산 진전사에서 선정(禪定)을 닦은 도의를 개산조로 하며 도의의 법을 이어받아 설악산 억성사에서 선지(禪旨)를 베푼 염거를 2조로 하고 가지산의 가지산사에서 산문을 연 염거의 제자인 체징을 3조로 한다. 헌강왕 6년(880) 체징이 열반에 든 3년 후 헌강왕은 시호를 보조선사라 하고 탑호를 창성탑이라 하며 사호(寺號)를 보림사라고 지어 내려 주었는데, 이는 중국의 6조 혜능이 주석한 쌍봉산 조계 보림사가 선종의 총본산이기에 신라 선종의 총본산임을 인정하여 이름 붙여진 것이다. 이곳에 절을 창건한 자는 화엄종의 대가 원표라고 한다. 그는 당나라를 거쳐 인도까지 가서 불교의 성지를 두루 순례한 후 신라로 돌아와 경덕왕 18년(759)에 가지산사를 지었다고 전한다. 원표에 의해 화엄종 사찰로 출발한 가지산사는 체징 때에 와서 선종 사찰로 바뀌게 되었음을 알 수 있다. 이러한 연유로 인하여 보림사는 이원적 구조를 하고 있다.

〈그림 60〉 보림사 대웅보전

〈그림 61〉 보림사 대적광전

〈그림 62〉 일주문과 사천왕문의 곡선배치

〈그림 63〉 보조선사 부도 창성탑

보림사는 호남정맥을 타고 달려온 정출맥상의 가지산(510)을 주산으로 하여 북으로는 화학산(614), 서로는 국사봉(613), 동으로는 봉미산(506), 남으로는 용두산(551)으로 둘러싸여 있으며 영암군 금정면 세류리 궁성산(484)에서 발원한 탐진강의 중상류에 접하고 있는 산간 협곡의 평지에 자리 잡고 있다.

지금의 대웅보전은 가지산사를 창건한 원표가 화엄사찰 법당을 세웠던 자리로 짐작된다. 화엄사찰의 법당자리인 대웅보전은 사신사를 고루 갖춘 장풍국을 하고 있으며 임수한 탐진강이 환포한 곳에 계수즉지의 입지를 하고 있다. 좌향은 간좌곤향(艮坐坤向)이다. 헌안왕의 청에 의하여 가지산사로 이석(移錫)한 체징은 지금의 대적광전 자리에 선종사찰 법당을 세우고 현재 국보 제117호로 지정되어 있는 철조 비로자나불을 봉안하였던 것으로 짐작되는데 불상의 왼쪽 팔뚝 위에는 헌안왕 3년(858년)에 왕명으로 주조되었다고 새겨

져 있다. 선종사찰 법당자리인 대적광전은 용호가 역세(逆勢)하여 사신사의
전형배치와는 거리가 있지만 내맥은 출중하여 형세론적 입지임을 알 수 있다.
또한 남동류하는 명당수인 탐진강이 건좌손향(乾坐巽向)을 하고 있는 대적광
전을 무정하게 직류하고 있다.

최완수는 『명찰순례』에서 '대적광전 앞에는 삼층석탑이 서 있다. …… 보
통 괘불대는 전각 앞에 가장 가까이 설치되고 그 다음에 석등이 있고 그 다
음에 탑이 벌려 서는 것인데 석등은 쌍탑 사이에 있고 괘불대는 다시 그 밖
으로 밀려나 있다니 상식 밖의 일이다. 탑과 전각과의 거리가 불상의 크기로
보나 전각의 옛 주초로 보나 너무 가까운 것도 이상하고, 아무래도 원위치가
교란된 것이 아닌가 하는 의심이 든다'고 한다.

신라에서의 탑의 전개과정을 약술하면, 초기에는 고구려의 영향으로 황룡
사, 분황사의 경우처럼 일탑 삼금당 양식을 하였고, 이후 자장의 무불상 적멸
보궁기를 지나 후기신라에 접어들면서 화엄사찰기의 쌍탑 일금당 양식을 이
루고 신라말기의 선종사찰기에 와서는 조사(祖師)의 부도인 사리탑을 중시하
게 된다. 여기서 탑과 금당과의 관계를 터읽기 시각 즉, 지리적 관점에서 혈
자리의 입지를 중심 건조물로 보아 살펴보면, 적멸보궁은 사리탑의 원형이기
에 사리탑으로 분류하면 적멸보궁기까지는 탑 중심 사찰양식이고, 화엄사찰의
쌍탑은 왕즉불 사상의 권위를 표상하고 있는 금당을 보좌하여 좌우에서 호위
하는 청룡과 백호의 역할을 한다고 볼 수 있어 금당중심의 사찰양식이라 할
수 있다. 이는 불국사에서 확인한 바와 같다. 선종사찰의 경우에는 전술한 탑
중심과 법당 중심이 결합된 양식이라 할 수 있는데, 조사(祖師)의 부도는 석
가의 진신사리를 봉안한 적멸보궁을 대체하였고 심즉불의 화신인 부처를 봉
안한 법당의 입지와 마찬가지로 중요시하였다. 이는 승보사찰인 조계산 송광
사에서도 확인할 수 있다.

보림사의 쌍탑과 석등, 괘불대의 배치는 최완수가 지적하고 있듯이 사찰의
전형적인 배치와는 상당한 거리가 있다. 앞서 설명한 바와 같이 선종사찰은
법당 앞의 쌍탑 배치를 소홀히 하는데 이는 왕즉불의 권위를 가지고 있는 화
엄사찰에 대한 심즉불의 표현양식인 것이다. 그런데 보림사에 있어서는 쌍탑이

선종사찰 법당자리인 대적광전 앞에 괘불대, 석등과 더불어 사찰의 전형배치와
는 다르게 조성되어 있는 것을 전통지리적 관점에서 이를 해석하고자 한다.

생각컨대 원래 쌍탑과 석등, 괘불대는 원표에 의하여 창건된 화엄사찰 법당
자리인 대웅보전 앞에 전형적인 배치를 하고 있었을 것이다. 이후 체징이 보
림사를 중창할 때 현재의 대적광전 자리에 선종사찰 법당을 세우고 왕즉불
권위를 위한 화엄사찰의 유산인 쌍탑을 대적광전 앞으로 옮겨 조성하였는데,
이는 앞서 기술한 바와 같이 건좌손향을 하고 있는 대적광전의 명당수(明堂
水)인 탐진강이 무정(無情)하게 동남으로 직류하고 있기에 직류하고 있는 명
당수의 수구막이로서 쌍탑을 배치하여 비보(裨補)의 역할을 하게 하였다고
본다. 또한 일주문에서 사천왕문으로의 곡선배치도 설기(泄氣) 방지를 위한
배치로 볼 수 있다.

직류하는 물줄기는 기를 흩어지게 한다. 왜냐하면 바람은 물줄기를 따라 불
기에 직류하는 물줄기는 바람의 흐름을 강하게 하기 때문이다. 『청오경』에서
는 '氣, 乘風散(기는 바람을 타면 흩어진다)'이라 하였다.

그리고 대적광전의 좌향인 손향의 황천살(黃泉殺)방위는 병(丙)과 을방(乙
方)인데 쌍탑은 정확하게 각각 병과 을방에 입지하여 황천살막이로써 대적광
전을 비보하고 있다.

하버드대학 연경도서관에 소장되어 있는 15세기에 작성된 『보림사 사적기
(寶林寺 事蹟記)』에는 가지산의 지세를 다음과 같이 설명하고 있다. '산과
골짜기가 깊숙하고 물은 돌아 흐르며 지세는 넓고 평탄하여 당료(堂寮)가 구
비되고 법려(法侶)들이 무리를 이루니 그 모습이 상서롭고 빛을 놓아서 불림
(佛林)의 별세계이며 금모래인 보배로운 땅이라 절을 보림으로 했다.'

보림사를 토대로 가지산문을 일으켜 세운 체징의 부도인 창성탑은 보림사
경내에 내맥이 뚜렷하고 사신사를 구비한 곳에 입지하고 있다.

4) 신라의 왕릉(王陵)

① 개요

박혁거세가 신라를 건국한 이후 경순왕에 이르기까지 922년 동안 56명의 왕이 있었다. 그중 박씨 10명, 석씨 8명, 김씨가 38명이며 1961년 무열왕릉을 시작으로 하여 1975년 경순왕릉을 마지막으로 모두 31지역 37왕릉이 사적(史蹟)으로 지정되어 최소 2,870평(희강왕릉)에서 최대 6만 2100평(배리삼릉)의 경내가 보호구역으로 설정되었다.

이 중에서 신라 마지막 왕인 경기도 연천에 있는 56대 경순왕릉을 제외하고 모두 경주지역에 있다. 현재 경주지역에 사적으로 지정되어 있는 신라 왕릉은 36기이다. 그런데 사적으로 지정된 36왕릉 중에서도 『삼국사기』, 『삼국유사』 등 기록상의 위치와 추정왕릉과는 상당한 차이가 있으며, 해당 왕릉으로 입증할 만한 자료가 발견되지 않아 연구자들 간에도 진위(眞僞) 여부에 대한 이견이 많다. 36왕릉 중에서 비석이나 사료 등을 통하여 해당 왕릉으로 확실시되는 왕릉은 27대 선덕여왕릉, 29대 무열왕릉, 38대 원성왕릉, 42대 흥덕왕릉 정도이다.

본 연구의 대상은 이견이 없는 이들 4왕릉으로 한정하고자 하며, 이를 통하여 신라 왕릉의 입지를 고찰하고자 한다.

② 신라 왕릉의 입지

신라 제27대 선덕여왕은 성은 김씨, 이름은 덕만(德曼)이다. 제26대 진평왕의 장녀로 어머니는 마야부인(摩耶夫人)이며, 진평왕이 아들 없이 승하하자 추대로 신라 최초의 여왕이 되었다.[31] 선덕여왕은 632년에 왕위를 계승하여 647년 사망 시까지 15년간 왕위에 있으면서 연호를 인평(仁平)으로 고치고,

---

31) 『삼국사기』「신라본기」善德王條.
　　善德王立 諱德曼 眞平王長女也 母金氏摩耶夫人 德曼性寬仁明敏 王薨 無子 國人立德曼 上號聖祖皇姑.

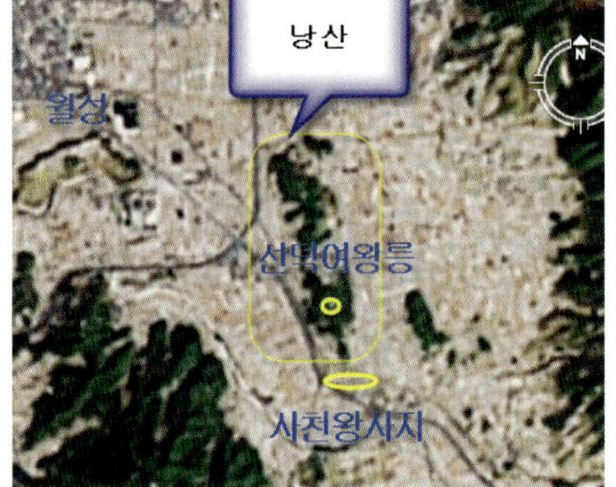

〈그림 64〉 선덕여왕릉   〈그림 65〉 선덕여왕릉 입지

분황사를 창건하였으며32), 첨성대를 세웠고 자장의 건의로 황룡사 9층목탑33)
을 건립하였다.

경북 경주시 보문동에 입지하고 있는 선덕여왕릉은 사적 제182호로 지정되
어 있으며, 지정면적은 사적 제163호로 지정된 경주 낭산(狼山)에 포함되어
있다. 『삼국사기』34), 『삼국유사』의 기록35)과 일치하는 낭산의 현재 위치를
선덕여왕릉으로 보는 데 이견이 없다.

낭산은 높이가 108m이고 남북으로 길게 누에고치처럼 누워 남쪽과 북쪽에
봉우리를 이루었고, 허리는 잘록하여 야산처럼 낮고 부드러운 능선을 이루고
있다. 『삼국사기』의 '구름이 낭산(狼山)에서 일어났는데, 바라보니 누각과 같
았고 향기가 가득 퍼져 오랫동안 없어지지 않았다. 왕이 말하기를 이는 틀림
없이 신선이 하늘에서 내려와 노는 것이니 응당 이곳은 복 받은 땅이라고 하
였다. 이후부터 사람들이 나무 베는 일을 금하였다'36)는 기록에서 당시 신라

---

32) 『삼국사기』「신라본기」 善德王 3년.
   春正月 改元仁平 芬皇寺成.

33) 『삼국사기』「신라본기」 善德王 14년.
   創造皇龍寺塔 從慈藏之請也.

34) 『삼국사기』「신라본기」 善德王 16년.
   王薨 諡曰善德 葬于狼山.

35) 『삼국유사』 권 1, 「기이편」, 善德王 知幾三事條의 세 번째.
   朕死於某年某月日 葬我於忉利天中 群臣罔知其處 奏云何所 王曰 浪山南也 至其月日王果崩 群
   臣葬於浪山之陽 後十餘年文虎大王創四天王寺於王墳之下 佛經云 四天王天之上有忉利天 乃知
   大王之靈聖也.

인의 낭산에 대한 정서를 엿볼 수 있다.

　왕릉은 둥글게 흙을 쌓은 원형 봉토분으로 봉분하단에 자연석을 사용해 2～3단의 둘레돌이 쌓여져 있다.

　산줄기 체계를 보면, 낙동정맥의 백운산(892)에서 동쪽으로 나누어진 맥을 따라 흘러와 이루어진 토함산(745)에서 서쪽의 분맥을 타고 대덕산(260)을 지나 남쪽으로 내려와 성만재(215)에 이르고, 성만재에서 다시 북서진하여 형제봉과 힌등산(269)을 지나 명활산(205)을 이룬다. 선덕여왕릉이 위치하고 있는 낭산(101)은 명활산의 지맥이 남서진하면서 들판을 지나 이루어진 야산으로 서라벌(경주)의 진산37)이다.

　선덕여왕릉은 월성동에서 흘러내려오는 하천에 의하여 산줄기의 흐름이 멈추어진 낭산의 남쪽 봉우리의 바로 아래에 산능선을 타고 입지하고 있다.

　『금낭경』의 「형세편」을 보면 '勢止形昻 前澗後岡 龍首之藏(내룡의 세가 멈추고 형상이 높이 솟아 오르며, 앞으로는 물이 흐르고 뒤로는 기댈 수 있는 언덕이 있어야 용수의 혈을 감출 수 있다)'는 표현이 있는데, 선덕여왕릉의 입지가 바로 여기에 해당한다고 할 수 있다. 즉, 명활산에서 들판을 지나 솟구쳐 이루어진 봉우리가 낭산이며 낭산은 월성동에서 흐르는 소하천에 의하여 맥세가 멈추었다. 그리고 선덕여왕릉은 이러한 낭산을 배산으로 하여 입지하였으니 위의 내용과 일치하는 용수지장(龍首之藏)을 이루고 있는 것이다.

　『택리지』의 택지의 요건 중에서 음택(陰宅)에도 공히 적용될 수 있는 지리와 비교하여 살펴보면 다음과 같다.

　조종(祖宗)이 되는 토함산은 누각처럼 치솟은 세를 가지고 있으며 명활산에서 벌판을 지나면서 끊어지지 않은 지맥이 솟아올라 봉우리를 이룬 것이 선덕여왕릉의 주산인 낭산이므로 이는 산형에 적합하고, 월성동에서 흘러오는 소하천에 의해 산줄기의 진행이 멈추고 있으므로 수리에 부합하며, 내수(內水)인 월성동의 소하천은 낭산을 환포하면서 서남쪽에서 외수(外水)인 남천과

---

36) 『삼국사기』「신라본기」, 실성이사금 12년.
　　十二年 秋八月 雲起狼山 望之如樓閣 香氣郁然 久而不歇 王謂 是必仙靈降遊 應是福地 從此後 禁人斬伐樹木.
37) 『신증동국여지승람』「경주부」, 산천조.

〈그림 66〉 태종무열왕릉 입지전경

합류하게 되는데, 이 남천은 동남방에서 낭산을 외수로서 환포하여 흘러와서 북서방으로 흘러가 형산강에 합류하고 있기에 이는 수구와 조수에 적합하다. 남향으로 전면에 넓은 벌판이 펼쳐져 있으니 야세에도 부합하고, 주변의 산에는 흉사(凶砂)나 충사(沖砂), 규봉(窺峰), 석봉(石峯) 등이 보이지 않으니 조산의 조건도 충족하고 있다.

신라 제29대 태종무열왕(재위 654~661)의 성은 김이고 이름은 춘추이다. 제25대 진지왕의 손자이며 이찬(伊飡) 용춘(龍春, 또는 龍樹)의 아들이고 어머니는 진평왕의 딸 천명부인(天明夫人)이며 왕비인 문명부인(文明夫人)은 김유신(각찬 서현의 아들)의 동생이다.[38]

김유신의 적극적인 도움을 받아 진골출신으로는 최초로 왕위에 올랐으며 당과 연합하여 백제를 정복(660)하였고 삼국통일의 토대를 닦은 인물로 평가 받고 있다.

사적 제20호로 지정되어 있는 왕릉의 앞쪽에 위치한 국보 제25호의 태종무

---

38) 『삼국사기』「신라본기」 태종무열왕조.
　　太宗武烈王立 諱春秋 眞智王子伊龍春一云龍樹之子也 唐書以爲眞德之弟 誤也 母天明夫人 眞平王女 妃文明夫人 舒玄角女也.

열왕릉비는 비석의 몸체가 없고 받침돌만 남아있다. 거북모양 받침돌의 이수(螭首) 부분에 새겨진 '太宗武烈大王之碑'가 발견되어 태종무열왕의 능임이 확인되었다. 『삼국사기』에는 '시호를 무열(武烈)이라 하고, 영경사의 북쪽에 장사 지냈으며 묘호(廟號)를 태종(太宗)이라 하였다'[39]고 기록하고 있다.

낙동정맥의 어림산(510)을 지나 마치재를 거치면서 남쪽으로 분맥된 산줄기는 구미산(549)과 용림산(518)을 이룬다. 용림산을 지나면서 일지맥이 남동쪽으로 내려와 선도산(381)을 만들고 남천과 합류한 형산강이 다시 대천과 합류하는 합수머리에 계수즉지하여 그 흐름을 멈추고 있다. 이것이 태종무열왕릉이 입지하고 있는 선도산의 산줄기 체계이다.

왕릉은 선도산에서 뻗어 내려온 중심 내맥을 따라 입지한 네 개의 고분 아래에 위치하고 있다. 우백호가 왕릉의 전면에까지 감싸고 좌청룡은 완연한 장풍국을 이루고 있다. 형국론적으로 살펴보면 날개를 활짝 펼친 새의 주둥이 부분에 입지하고 있는데, 나는 새는 비봉(飛鳳), 비학(飛鶴), 비오(飛烏), 비계(飛鷄) 등이 있지만 이 중에서 새의 주둥이, 즉 부리에 혈이 입지하는 것을 비오탁시형(飛烏啄屍形)이라 한다. 검은색의 까마귀는 태양 속의 흑점에 비유되어 신성한 불사조(不死鳥)로 태양을 상징하기도 하고, 우리 민족은 하늘의 자손이라는 믿음 아래 하늘과 땅을 연결하여 주는 태양의 사신으로 생각되기도 하였다. 태양의 사신인 까마귀가 지상으로 내려와서 부리로 점지한 곳에서 천신의 사명을 받은 군왕이 태어난다는 인걸지령 정서가 담겨 있는 것이 비오탁시형이다.

좌향을 살펴보면 다른 왕릉과는 달리 술좌진향(戌座辰向)을 하고 있는데 이것은 지맥선을 중요하게 여긴 것으로 보인다.

태종무열왕릉은 합수머리에 입지하고 있으므로 수리에 적합하고 장풍국을 이루고 있으니 수구에 적합하며 풍대하고 온중한 선도산은 산형에 부합한다. 그리고 주변의 산에는 흉사, 충사, 규봉이 보이지 않으니 조산에도 부합하고 형산강이 외수를 이루고 있으니 조수에도 부합하며 동남향을 하고 앞으로 들판이 넓게 펼쳐 있으니 야세의 조건도 충족한다. 따라서 『택리지』의 택지의

---

39) 『삼국사기』 「신라본기」 태종무열왕 8년.
　　王薨 諡曰武烈 葬永敬寺北 上號太宗.

요건에 적합하다고 볼 수 있다.

신라 제38대 원성왕(재위 785～798)은 이름이 경신(敬信)이고 내물왕(奈勿王)의 12세손이다. 어머니는 박씨 계오부인(繼烏夫人)이고, 왕비 김씨는 각간 신술(神述)의 딸이다.[40]

〈그림 67〉 원성왕릉의 입지와 숭복사지

〈그림 68〉 봉분 앞의 여기(餘氣) 현상

〈그림 69〉 원성왕릉 전경

---

40) 『삼국사기』「신라본기」 원성왕조.
　　元聖王立 諱敬信 奈勿王十二世孫 母朴氏繼烏夫人 妃金氏 神述角干之女.

『삼국사기』에는 '겨울 12월 29일에 왕이 죽어 시호(諡號)를 원성(元聖)이라 하였고, 유언에 따라 널을 들어 봉덕사 남쪽에서 불태웠다'[41]고 기록되어 있으며, 『삼국유사』의 기록에도 '능은 곡사(鵠寺)에 있으니 지금의 숭복사(崇福寺)로서, 최치원이 글을 지은 비석도 있다',[42] '왕의 능은 토함산 서쪽 곡사에 있는데 최치원이 지은 비(碑)가 있다[43]'라고 전한다. 이 두 기록을 통하여 원성왕 사후 화장하여 곡사에 안장(安葬)하였음을 알 수 있다.

그리고 여기서의 비(碑)란 최치원이 찬술한 사산비명(四山碑銘) 중의 하나인 「초월산대숭복사비(初月山大崇福寺碑)」를 말한다. 그런데 숭복사비의 비석은 파괴되어 남아 있지 않아 이 절터의 연원을 몰랐기에 지명을 따서 말방리사지(末方里寺址)라고 불렀던 적이 있다. 이후 말방리사지에서 12개여의 비석편이 발견되었는데, 비석편의 해독 결과 최치원이 지은 「초월산대숭복사비명(初月山大崇福寺碑銘)」[44]과 일치되어 숭복사지로 확인되었다.

경주지역의 지지(地誌)인 『동경잡기』 능묘조에 의하면, '괘릉은 부의 동쪽 35리에 있는데, 어느 왕의 능인지 알 수 없으나, 전해오는 말에 따르면, 수중에 장사하여 돌 위에 널을 걸어 흙을 덮은 까닭에 걸 괘(掛)자 괘릉이라 이름 하였다'라고 한다.

괘릉이 수장되었다고 전하는 바에 의하여 문무왕릉으로 오인되기도 하였지만 숭복사는 5리 떨어져 개창되었다는 숭복사비명의 기록과 실제 숭복사지와 괘릉 간의 거리가 약 2km(5리)로 일치되어 원성왕릉임을 확정할 수 있다.

필사본인 「초월산대숭복사비명」[45]에 나타나 있는 지리와 관련된 부분을 살펴보면 다음과 같다.

---

41) 『삼국사기』 「신라본기」 원성왕 14년.
  冬十二月二十九日 王薨 諡曰元聖 以遺命 舉柩燒於奉德寺南.
42) 『삼국유사』 권1 「왕력편」.
  陵在鵠寺今崇福寺有也或遠所立碑.
43) 『삼국유사』 권2 「기이편」 원성대왕조.
  王之陵在吐含岳西洞鵠寺(崇福寺) 有崔致遠撰碑.
44) 전북 순창군 구암면 구암사에 전해져 내려오던 필사본이며 탁본은 전하지 않음.
45) 『譯註 韓國古代金石文』Ⅲ, 가락국사적개발연구원, 1992.

‘청오자(靑烏子)와 같이 땅을 잘 고를 수만 있다면 어찌 절이 헐리는 것을 슬퍼하겠는가
(但得靑烏善視豈令白馬悲嘶且驗).’

청오자는 중국 한(漢)대의 사람으로 지리와 음양의 술법에 정통하였고 상지
서(相地書)의 고전인 『청오경』의 저자로 알려져 있다. 따라서 신라말기에는
중국의 상지서인 『청오경』이 신라에 전해져 있었음을 추측할 수 있다.

‘이 땅은 위세가 취두산(鷲頭山)보다 낮고 지덕(地德)이 용이(龍耳)보다 높으니 절을 짓느
니보다는 마땅히 왕릉을 마련해야 할 것입니다. 정원(貞元) 무인년(798년) 겨울에 元聖大王
께서 장례에 대해 유교(遺敎)하시면서 인산(因山)을 명하였는데 땅을 가리기가 더욱 어려워
이에 절을 지목하여 유택(幽宅)을 모시고자 하였습니다(玆地也威卑鷲頭德峻龍耳與晝金
界宜闥玉田洎貞元戊寅年冬遺敎窀穸之事因山是命擇地尤難乃指淨居將安秘殿時獻).’

취두산이란 석가가 설법하던 영취산(靈鷲山)을 말하고, 일찍이 산서에서는
산을 용에 비유하여 왔는데, 용이(龍耳)란 비유된 용의 귀에 해당되는 혈 자
리를 말한다.
『금낭경』의 「형세편」에는 ‘耳致侯王’, ‘耳在彎而曲’이라 표현되어 있는데
이를 풀이하면 ‘귀는 활처럼 굽어 있어 깊숙이 감싸므로 이러한 혈 자리는 왕
이나 제후의 지위에 오르게 된다’는 뜻이다.
그리고 주목할 점은 왕의 유택을 위하여 절을 옮기고 절 자리에 왕릉을 조
성하였다는 점인데 이것으로 미루어 짐작컨대 8세기 후반경(원성왕은 798년
사망)에도 왕릉을 조성할 경우 지리적인 조건을 대단히 중요시하였던 것으로
보인다.

‘무덤이란 아래로는 지맥(地脈)을 가리고 위로는 천심(天心)을 헤아려 반드시 묘지에 사상
(四象)을 포괄함으로써 천만대 후손에 미칠 경사를 보전하는 것이니 이는 자연의 이치이다
(靈隧也者頫砠坤脈仰挨乾心必在苞四象于九原千萬代保其餘慶則也).’

‘지맥을 가린다’함은 용의 생(生)·왕(旺)·사(死)·절(絶)을 살펴 생룡(生
龍)을 취하여 혈 자리를 구하는 것이며, 사상(四象)이란 혈을 이루고 있는 네

가지의 모습, 즉 와(窩)·겸(鉗)·유(乳)·돌(突)을 말한다. 택지를 할 때 생룡을 선별한 후 혈 자리를 찾게 되는데, 진혈(眞穴)은 사상 중의 하나에 속하게 된다. 그리고 천문과 지리가 조화된 혈 자리를 얻으면 후손에게 길한 감응이 미치게 된다는 것이다.

> '왕릉으로 하여금 나라의 웅려(雄麗)한 곳에 자리 잡도록 하고 절로 하여금 경치의 아름다움을 차지하게 하면 우리 왕실의 복이 산처럼 높이 솟을 것이요, 저 후문(侯門)의 덕이 바다같이 순탄하게 흐를 것이다(使幽庭據海域之雄淨刹擅雲泉之嫩則我王室之福山高峙彼侯門之德海安流).'

왕릉의 선정에 있어 지리적 조건의 중요성을 강조한 표현으로 볼 수 있다.

> '그곳을 보니 땅은 하구(瑕丘)와 다르나 경계는 양곡(暘谷)에 맞닿아 있습니다. 기수(祇樹)의 남은 향기가 아직 사라지지 않고 곡림(穀林)의 아름다운 기운이 더욱 무르녹아, 비단 같은 봉우리는 사방 멀리에서 조알(朝謁)하는 것 같고 누인 명주 같은 개펄은 한 가닥으로 눈앞에 바라보이니, 실로 교산(喬山)이 빼어남을 지니며 필맥(畢陌)이 기이함을 나타냈다고 할 것인 바, 왕손들이 계림에서 더욱 무성하게 하고 또 신라에서 더욱 깊이 뿌리내리도록 할 것입니다(觀其地壤異瑕丘境連暘谷祇樹之餘香未泯穀林之佳氣增濃繡峯則四遠相朝練浦則一條在望實謂喬山孕秀畢陌標奇而使金枝益茂於鷄林玉派增深於鰈水者矣).'

하구는 노(魯)나라의 지명으로 위(衛)의 대부(大夫) 공숙문자(公叔文子)가 이곳에 올라 '죽은 뒤 여기에 묻히고 싶다'고 『예기(禮記)』에 전한다. 양곡은 서경(書經)에 의하면 동방의 해 돋는 곳을 말하고, 기수는 기타태자(祇陀太子)가 제공한 목재로 완성한 불교사상 두 번째의 사찰인 기원정사(祇園精舍)를 가리킨다. 곡림은 요임금을 안장한 곳46)이며 필맥은 주(周)나라 문왕(文王)을 안장한 곳이다. 금지와 옥파는 제왕의 자손을 말하고 접수(鰈水)는 우리나라의 별칭으로 동해에서 가자미가 많이 잡혀 그렇다고도 하고, 그 지형이 가자미처럼 생겨서 그렇다고도 한다.47)

---

46) 『여씨춘추』「맹동기안사」편.
47) 『이아(爾雅)』석지(釋地).

양곡은 왕릉의 지리적인 위치를 나타내고, 기수의 남은 향기가 사라지지 않는다함은 왕릉이 조성되기 이전에 곡사란 사찰이 있었기에 아직 곡사의 흔적이 배어 있음을 표현한 것으로 보인다. 요임금과 주나라 문왕의 능에 비유하여 그 지리적 빼어남을 표현하고 있다. 그리고 뛰어난 지리적 입지로 인하여 그 감응이 왕실과 나라에 미칠 것임을 표현하고 있다.

원성왕릉은 통일신라시대의 가장 완비된 능묘제도를 보여주고 있는데, 입구에서부터 화표석(華表石), 무인상(武人像), 문인상, 사자상을 세우고 봉분의 하단에는 둘레돌(護石)이 있다. 호석의 면석(面石) 사이에 있는 탱석(撑石)에 십이지신상(十二支神像)이 양각되어 있으며, 호석에서 약 1m의 거리를 두고 석난간(石欄干)이 설치되어 있다. 이와 같은 통일신라시대 이후에 완비된 신라의 능묘제는 고려와 조선시대로 이어졌다.

12지 신상은 무덤을 지키는 호위신으로 중국에서는 무덤 안에 넣었지만, 우리나라에서는 무덤 둘레의 호석에다 새기는 것이 일반적이며 신라인의 독창적인 방법이다.

특히 무인상은 얼굴의 형상이 동양인이라기보다는 서역인의 모습을 하고 있어 당시 신라인들의 국제적인 교역관계를 짐작케 한다.

낙동정맥의 백운산에서 동쪽으로 분맥된 산줄기는 치술령에 이르고, 여기서 북쪽으로 뻗은 두 개의 산줄기 중 동편의 산줄기를 타고 북진하면 토함산에 이르게 된다. 원성왕릉은 토함산에 이르기 직전 원고개에서 남쪽으로 흘러온 낮은 산줄기가 괘릉리를 흐르는 소하천에 의하여 진행을 멈추는 지점에 남향을 하고 있다.

흥덕왕릉은 경주시 안강읍 육통리 산42번지에 위치하며 사적 제30호로 지정된 흥덕왕의 능이다. 신라 제42대 흥덕왕(興德王, 재위 826~836)은 이름이 수종이었는데 후에 경휘로 고쳤고 헌덕왕의 친동생이며 왕비는 장화부인(정목왕후로 추봉)48)이다. 전남 완도에 청해진(淸海鎭)이라는 해군기지 및 무역기지를 설치하여 장보고(張保皐)를 청해진 대사로 삼아 해상권을 장악하였다.

『삼국사기』에는 '왕이 죽자 시호를 흥덕이라 하고, 조정에서 왕의 유언에 따라 장화왕비의 능에 합장하였다'[49]고 하고, 『삼국유사』「왕력편」의 '능은 안강 북쪽 비화양에 있는데 왕비 창화부인과 합장하였다(陵在安康北比火壤 與妃昌花合葬)'라는 기록에서 장화부인과 창화부인은 동일인이며 흥덕왕은 안강 북쪽에 왕비와 합장되었음을 알 수 있다.

흥덕왕릉 전면 좌측의 소나무숲 사이에 있는 비석은 이미 깨어져서 지금은 귀부(龜趺)만 남아 있는데, 1957년 4월에 역사학자 민영규와 경주 고적보존회 최남주가 현지를 답사하여 9개의 비편을 발견하고 그중 비(碑)의 제액(題額)으로 추정되는 예서체의 흥덕(興德)이라고 쓰여진 비편을 발견함으로써 이 왕릉이 이전부터 전해져오는 대로 흥덕왕릉[50]임이 확실시되었다.

흥덕왕릉의 형식은 앞서 살펴본 원성왕릉과 비교적 유사한데 차이점이 있다면 석사자상이 봉분을 중심으로 사방에 위치하고 있는 반면에 원성왕릉의 경우에는 봉분의 전면(前面)에 두 쌍이 나란히 위치하고 있다는 점이다.

운주산(806)을 지나 달려온 낙동정맥은 봉좌산(600)에 이르러 동남으로 한 줄기를 내보낸다. 이 산줄기는 어래산(570)을 이루고 기계천과 칠평천, 옥산천을 만나 그 진행을 멈추게 된다. 흥덕왕릉은 어래산에서 동남쪽으로 뻗어 내린 구릉의 말단 완만한 경사면에 남향으로 자리 잡아 있고, 경주시 안강읍 육통리 마을에 바로 접해 있는 뒷산에 입지되어 있다.

---

48) 『삼국사기』「신라본기」, 흥덕왕조

興德王立 諱秀宗 後改爲景徽 憲德王同母弟也 妃章和夫人卒 追封爲定穆王后.

49) 『삼국사기』「신라본기」, 흥덕왕 11년.

冬十二月 王薨 諡曰興德 朝廷以遺言 合葬章和王妃之陵.

50) 한국금석문영상정보시스템(http://gsm.nricp.go.kr).

〈그림 70〉 흥덕왕릉 입지

　흥덕왕릉은 동으로는 기계천, 남으로는 칠평천이 환포하고 있으며 주산에서 흘러 내려온 산줄기는 생동감 있는 태·식 현상이 뚜렷하고 봉분은 봉긋하게 이루어진 잉(孕)에서 이어지는 지맥선에 맞추었고 강(岡) 위에 입지하였음을 확인할 수 있다. 그리고 <그림 70>을 살펴보면 어래산의 좌우 산줄기기가 대칭을 이루는 중앙에 입지하고 있음을 확인할 수 있다. 다른 왕릉과는 달리 경주에서 멀리 떨어져 산지에 입지하고 있다는 것은 왕릉의 입지에 대하여 지리를 살폈다는 또 다른 증거라고 할 수 있다.

　『택리지』의 택지 요건인 지리와 비교하여 살펴보면 다음과 같다.

　주산인 어래산은 수려하고 단정한 형산을 이루고 있으므로 산형에 적합하고 하천을 만나 지맥이 멈추었으니 수리에 부합한다. 남향을 하고 전면이 넓게 펼쳐져 있으므로 야세에 부합하고 주변의 산들은 충사나 흉사, 규봉 등이 없으니 조산의 조건도 충족하며 외수인 칠평천과 기계천은 굽이굽이 흐르면서 환포하여 형산강과 합류하여 동해로 흘러가니 조수에 부합한다.

제 5 장

조선시대의 사례 연구

1. 조선의 도읍(都邑)

1) 조선 초기의 천도(遷都) 논의

이성계는 고려의 마지막 왕인 공양왕으로부터 선양(禪讓)의 형식으로 개경의 수창궁에서 1392년 7월 17일 즉위[1]하였으며, 한양으로 천도한 날은 1394년 10월 25일이다.[2] 한양으로 천도하기까지 2년 3개월여간의 기간 동안 많은 천도논의가 있었고 천도지로 논의되어졌던 곳으로는 태조가 지시한 한양,[3] 권중화가 건의한 계룡산,[4] 하륜이 천거한 무악,[5] 서운관에서 추천한 불일사와 선고개,[6] 양원식에 의하여 제기된 적성 광실원 동쪽 계족산,[7] 그리고 고려조의 신경(新京)터,[8] 민중리가 건의한 도라산[9] 등이 있다.

태조가 즉위한 지 한 달도 지나지 않은 '1392년 8월 13일 한양으로 천도할 것을 도평의사사에 명하였고[10] 이틀 뒤인 15일 삼사 우복야(三司右僕射) 이염을 한양부에 보내어 궁실(남경)을 수즙(修葺)하도록'[11] 한 기록에서 선초 최

---

1) 『태조실록』 권1, 태조원년 7월 병신(국사편찬위원회에서 제공한 『조선왕조실록』의 원문과 국역을 인용함, 이하에서도 같음).

2) 『태조실록』 권6, 태조3년 10월 신묘.

3) 『태조실록』 권1, 태조원년 8월 임술.
　　教都評議使司移都漢陽.

4) 『태조실록』 권3, 태조2년 정월 무신.

5) 『태조실록』 권5, 태조3년 2월 무자.

6) 『태조실록』 권6, 태조3년 7월 기해.
　　書雲觀員進啓可都之地曰 “佛日寺爲首　鐥岾次之.”

7) 『태조실록』 권6, 태조3년 8월 경진.
　　前典書楊元植進曰 “臣之所藏密書　前者承命已進　積城廣實院東有山　問其居人　名曰雞足　相其地密書所說　似相近也.”

8) 『태조실록』 권6, 태조3년 8월 갑신.
　　次于臨津縣北　觀前朝新京之地.

9) 『태조실록』 권6, 태조3년 8월 을유.
　　以閔中理所言　相都羅山.

10) 『태조실록』 권1, 태조원년 8월 임술.
　　教都評議使司移都漢陽.

11) 『태조실록』 권1, 태조원년 8월 갑자.
　　遣三司右僕射李恬于漢陽府　修葺宮室.

초의 천도 후보지는 일반적으로 알려져 있는 계룡산 신도가 아니라 한양이라는 사실을 알 수 있다. 역성혁명으로 인한 신왕조의 국호를 정12)하기도 전에 천도를 서둘렀던 이유에 대하여서는 그동안 많은 논의가 있었다.13)

계룡산은 신도로 결정되어 실제로 10개월여간 공사가 진행되어졌으나 하륜이 제기한 지리법상의 이유로 신도 건설이 철회되었다. 계룡산 신도 건설 철회 이후에 천거된 무악(毋岳)은 그 적합성 여부에 대한 활발한 논의가 전개되었고 최종적으로 1394년 8월 24일 군신 간의 합의에 의하여 한양으로 도읍이 결정된 지 2개월 만에 신도가 건설 중임에도 불구하고 신속하게 천도하였던 것이다.

상기와 같이 선초에 거론된 많은 천도 후보지 중에서 논의의 중심이 되었던 계룡산과 무악, 그리고 도읍지인 한양에 대하여 고찰하고자 한다.

계룡산은 신도 건설 철회의 주된 이유가 지리법에 근거하고 있기에 적용된 지리법에 대한 검토와 지리법 적용의 타당성 여부를 무악 및 한양과 비교하여 구체적으로 고찰하고자 한다.

도읍지인 한양은 실록상의 기록을 중심으로 살펴보고 경복궁의 입지에 대하여 지리적 관점에서 분석하고자 한다.

2) 계룡산 신도(新都) 건설과 철회

계룡산 신도 건설 결정과 건설의 진행과정 및 철회의 원인에 대하여 『조선

---

12) 『태조실록』 권2, 태조 원년 11월 갑진.
　　『태조실록』 권2, 태조 2년 2월 경인.
　　1392년 11월 27일 계품사 조임이 중국 남경으로부터 에부의 자문을 가지고 와서야 신왕조의 국호를 의논하게 되었고 다음해 2월 15일 비로소 조선이란 국호를 정하였다.
13) 김용국, 「서울천도의 동기와 전말」, 『향토서울』1, 서울특별시편찬위원회, 1957.
　　원영환, 「한양천도와 수도건설고 — 태종대를 중심으로」, 『향토서울』45, 서울특별시편찬위원회, 1988.
　　이병도, 「이조초기의 건도문제」, 『고려시대의 연구』, 아세아문화사, 1980.
　　이원명, 「한양천도 배경에 관한 연구」, 『향토서울』42, 1984.
　　이태진, 「한양천도와 풍수설의 패퇴」, 『한국사시민강좌』14, 1994.
　　임덕순, 『600년 수도 서울』, 지식산업사, 1994.
　　최창조, 「왕조실록에 나타난 서울 정도 논의」, 『풍수 그 삶의 지리, 생명의 지리』, 푸른나무, 1993.
　　한영우, 「한양정도의 민족사적 의의」, 『향토서울』45, 1988.

〈그림 71〉 계룡산 신도 건설지 전경(옛 사진)

왕조실록』에 근거하여 살펴보고 철회의 원인에 대하여 그 타당성 여부를 무악 및 한양과 비교하여 분석해 보고자 한다.

> 1392년 11월 27일 정당문학 권중화를 보내어 양광도, 경상도, 전라도에서 안태(安胎)할 땅을 잡게 하였다.[14] 다음 해인 태조 2년(1393) 1월 2일 태실 증고사 권중화가 돌아와서 태실지인 진동현의 산수 형세도와 더불어 양광도 계룡산의 도읍 지도를 바쳤다.[15]

이렇게 하여 계룡산이 처음으로 도읍지로서 역사 속에 등장하게 된다.

이에 대하여 최창조는 조선개국에 공이 없는 권중화가 태조의 초미의 관심에 떠오를 수 있는 기회를 잡은 것이 바로 왕실의 안태지지를 살펴보게 된 사건이었고 그는 기회를 놓치지 않고 계룡산 도읍 지도를 바치게 된 것이라고 추정하면서 계룡산은 남쪽 일대가 저평한 곡창지대로 일찍이 백제와 신라의 싸움터였고 백제의 패망지였으며 후삼국시대에도 쟁패지지였기에 이미 널리 알려져 있었다고 추측한다. 또한 계룡산 신도는 지세 상 그 일대의 전략적 요충지이기 때문에 권중화가 도읍의 적지로 천거하기에 망설임이 별로 없었을 것이며 그곳의 지모(地貌)나 지세, 지리적 배경 등이 개경에 매우 유사하다고 평가하여 이 점도 천거의 중요한 요인으로 작용했으리라 추정한다.[16] 이병도는 권중화가 태실의 지를 구심할 적에 양광도 공주 계룡산에 이르러 그

---

14) 『태조실록』 권2, 태조 원년 11월 갑진.
　　遣政堂文學權仲和于楊廣 慶尙 全羅道 相安胎之地.
15) 『태조실록』 권3, 태조 2년 정월 무신.
　　胎室證考使權仲和還 上言 "全羅道珍同縣,相得吉地" 乃獻山水形勢圖 兼獻楊廣道雞龍山都邑地圖.
16) 최창조, 「왕조실록에 나타난 서울 정도 논의」,『풍수 그 삶의 지리 생명의 지리』, 푸른나무, 1993, 343면.

지리적 형세의 비범함을 보고 태실의 지로서보다 도읍의 터로 보다 적합하다고 생각하여 그곳의 형세도를 바쳤다고 본다.[17]

계룡산 신도건설의 결정과정과 건설의 진행과정 그리고 철회의 원인을 통하여 판단컨대, 계룡산 신도지는 한양천도를 확고히 하기 위한 태조의 책략에 의하여 진행되어졌던 것으로 보이며, 이에 대한 추론의 근거는 이하의 전개과정에서 살펴보기로 한다.

태실(胎室)이란 왕실에서 자손을 출산하면 그 태를 봉안하는 곳으로 예로부터 태는 태아의 생명력을 부여한 것이라고 인정, 태아가 출산된 뒤에도 함부로 버리지 않고 소중하게 보관하였다. 보관하는 방법도 신분의 귀천이나 계급의 고하에 따라 다르다. 특히 왕실인 경우에는 국운과 직접 관련이 있다고 더욱 소중하게 다루었다. 관할 구역의 관원은 춘추로 태실을 순행해 이상 유무를 확인한 뒤 보고하도록 되어 있다. 태실을 고의로 훼손했거나 벌목·채석·개간 등을 했을 경우에는 국법에 의해 엄벌하도록 정하였다.[20]

이와 같은 태실의 중요성으로 인하여 봉안할 장소를 전국적으로 살펴 엄격히 선정하였고 권중화가 태실지의 산수 형세도를 바친 것으로 보아 그 선정 기준은 지리적 요건임을 알 수 있다.

---

17) 이병도, 앞의 책, 366면.

18) 『고려사』 권133, 우왕 4년 11월.

19) 『태종실록』 권16, 태종 8년 11월 정묘.

20) 한국민족문화대백과사전편찬부, 앞의 책.

21) 『태조실록』 권3, 태조 2년 정월 계축.

아직 해동되지도 않은 추위가 여전한 시기임에도 서둘러 친찰을 명한 것으로 보아 천도에 대한 태조의 강한 의지의 단면을 짐작할 수 있다.

이렇게 하여 태조는 예정일보다 하루 늦은 1월 19일 개경을 떠나 도중에 회암사에 들러 왕사(王師)인 자초(自超, 무학)와 같이 2월 8일 개경을 출발한지 20일 만에 계룡산 밑에 도착하였다.22)

> 다음날인 2월 9일 태조 일행은 여러 신하들을 거느리고 새 도읍의 산수의 형세를 관찰하고서, 삼사 우복야 성석린, 상의문하부사 김주, 정당 문학 이염에게 명하여 조운의 편리하고 편리하지 않은 것과 노정의 험난하고 평탄한 것을 살피게 하고, 또 의안백 이화와 남은에게 명하여 성곽을 축조할 지세를 살피게 하였다.23)

태조는 가장 먼저 계룡산의 산수 형세를 관찰하였고, 그 다음으로 조운, 도로와 같은 교통적 조건을 살피게 하였는데, 이것은 이중환이 저술한 『택리지』의 「복거총론」에서 논하고 있는 지리적 요건과 생리적 요건에 해당한다.

> 다음날인 2월 10일 삼사 좌복야 영서운관사 권중화가 새 도읍의 종묘·사직·궁전·조시를 만들 지세의 그림을 바치니, 서운관과 풍수학인 이양달과 배상충 등에게 명하여 지면(地面)의 형세를 살펴보게 하고, 판내시부사 김사행에게 명하여 먹줄[繩]로써 땅을 측량하게 하였다.24)

권중화는 일찍이 계룡산 도읍 지도를 바친 바 있기에 하루 만에 왕조의 주요 건조물의 입지에 대한 설계도면을 바칠 수 있었다고 본다. 1818년(순조 18) 천문학자인 성주덕이 편찬한 『서운관지』에 의하면, 서운관은 천문, 지리, 역법과 기상관측을 관장하던 왕립 기구였다. 여말의 천도(遷都) 논의 시에도

遣三司左僕射權仲和 安胎室于完山府珍同縣 陞其縣爲珍 敎 "將以今月十八日 幸雞龍山 其令臺省各一員 義興親 軍侍從."

22) 『태조실록』 권3, 태조 2년 2월 계미.

23) 『태조실록』 권3, 태조 2년 2월 갑신.
上率群臣 相新都山水形勢 命三司右僕射成石璘 商議門下府事金湊 政堂文學李恬 審漕運便否 程途險易 又命義安伯和及南誾 審城郭形勢.

24) 『태조실록』 권3, 태조 2년 2월 을유.
三司左僕射領書雲觀事權仲和進新都宗廟社稷宮殿朝市形勢之圖 命書雲觀及風水學人李陽達 裴尙忠等 審視面勢 判內侍府事金師幸以繩量地.

서운관은 상지(相地)의 중심적 역할을 담당하였고 이후의 천도 논의에도 적극적으로 참여하였다. 이날은 도읍 입지에 대한 지리적 분석에 치중된 것으로 짐작된다.

다음날 태조는 한눈에 도읍지를 관망할 수 있는 지점에 올라 국면 전체의 지세, 즉 지리적 조건을 살피면서 자초에게 의견을 구하니 모호한 대답[25]을 듣게 된다. 태조의 계룡산 도착 후 전체적인 행적을 종합하여 보면 계룡산 친찰의 대부분 시간을 지리적 분석에 할애한 것으로 보인다.

2월 13일 태조가 계룡산에서 길을 떠나면서 김주와 동지중추 박영충, 전 밀직 최칠석을 그 곳에 남겨 두고 새 도읍의 건설을 감독하게 하였다.[26]

이와 같이 왕조실록의 기록에 의하면 계룡산 신도 결정과정에 있어서 유일하게 자초에게만 의견을 구하였고 신료들과의 도읍지로서 적부(適否) 여부에 대한 토론은 전혀 나타나 있지 않다. 이 점으로 미루어 보아 계룡산 신도 결정은 전술한 바와 같이 태조 즉위 직후 한양천도 결정과 마찬가지로 중신들과의 논의 없이 그들의 협력을 구하지 않은 상태에서 결정된 태조의 독단적인 것임을 알 수 있다. 이는 천도에 비협조적인 중신들에게 자신의 한양천도 의지를 보다 분명히 하기 위한 전략적 판단으로도 생각된다.

계룡산 신도 건설을 시작한 지 약 10개월 후인 12월 11일 대장군 심효생을 보내어 계룡산에 가서 새 도읍의 역사를 그만두게 하였다.

경기 좌·우도 도 관찰사 하륜이 상언(上言)하길,
"도읍은 마땅히 나라의 중앙에 있어야 될 것이온데, 계룡산은 지대가 남쪽에 치우쳐서 동면·서면·북면과는 서로 멀리 떨어져 있습니다. 또 신(臣)이 일찍이 신의 아버지를 장사하면서 풍수 관계의 여러 서적을 대강 열람했사온데, 지금 듣건대 계룡산의 땅은, 산은 건방(乾方)

---

25) 『태조실록』 권3, 태조 2년 2월 병술.
　　駕登新都中心高阜 周覽形勢 問王師自超 以不能知對.
26) 『태조실록』 권3, 태조 2년 2월 무자.
　　上發雞龍山 留金湊及同知中樞朴永忠 前密直崔七夕 監營新都.

에서 오고 물은 손방(巽方)으로 흘러간다 하오니, 이것은 송나라 호순신(胡舜臣)이 이른
바, ‘물이 장생(長生)을 파(破)하여 쇠패(衰敗)가 곧 닥치는 땅’이므로, 도읍을 건설하는
데는 적당하지 못합니다.”
임금이 명하여 글을 바치게 하고 판문하부사 권중화, 판삼사사 정도전, 판중추원사 남재 등
으로 하여금 하륜과 더불어 참고하게 하고, 또 고려 왕조의 여러 산릉(山陵)의 길흉을 다
시 조사하여 아리게 하였다. 이에 봉상시로 하여금 제산릉 형지안(諸山陵形止案)의 산수
가 오고 간 것을 상고케 해보니 길흉이 모두 맞았으므로, 이에 효생에게 명하여 새 도읍의
역사를 그만두게 하니, 중앙과 지방에서 크게 기뻐하였다. 호씨의 글이 이로부터 비로소 반
행(頒行)하게 되었다. 임금이 명하여 고려 왕조의 서운관에 저장된 비록(秘錄) 문서를 모
두 하륜에게 주어서 고열하게 하고는 천도할 땅을 다시 보아서 아리게 하였다[27]

이상과 같은 하륜의 상언에 의하여 2월 13일 신도 건설을 지시한 이후 10
개월 만에 계룡산 신도건설은 철회되었다. 그리고 중앙과 지방 모두 기뻐하였
다는 것으로 보아 천도에 대한 일반적인 여론을 충분히 짐작할 수 있다.

그리고 실록에는 건설의 진척상황이나 그 정도를 파악할 수 있는 기록을
찾을 수가 없다. 다만 『신증동국여지승람』의 기록[28]에 의하여 그 상황을 짐
작할 수 있을 뿐인데 ‘지금 그 땅에는 신도를 위한 구거, 주춧돌, 섬돌만이
있다’[29]는 기록으로 미루어 짐작컨대 10개월의 공사 기간 동안 별로 공사가
진척되지 못한 듯하다.

하륜이 상언한 신도건설의 철회 이유를 요약하면 다음과 같다.
첫째, 계룡산의 터가 남쪽에 치우쳐 있어 동·서·북면과 멀리 떨어져 있
다는 점과
둘째, 산은 건방에서 오고, 물은 손방으로 흘러가니 송나라 호순신의 『지리

---

27) 『태조실록』 권4, 태조 2년 12월 임오
　　遣大將軍沈孝生如雞龍山　罷新都之役　京畿左右道都觀察使河崙上言 “都邑宜在國中　雞龍山地
　　偏於南　與東西北面　相阻　且臣嘗葬臣父　粗聞風水諸書　今聞雞龍之地　山自乾來　水流巽去　是宋
　　朝胡舜臣所謂水破長生衰敗立至之地　不宜建都.” 上命進書　令判門下府事權仲和　判三司事鄭道
　　傳　判中樞院事南在等　與崙參考　且覆驗前朝諸山陵吉凶　以聞　於是　以奉常寺諸山陵形止　案山水
　　來去考之　吉凶皆契　乃命孝生罷新都之役　中外大悅　胡氏之書　自此始行　上命以前朝書雲觀所藏
　　秘錄文書　盡授崙考閱　更覽遷都之地以聞.
28) 『신증동국여지승람』 권18, 연산현계룡산 303면.
29) 『신증동국여지승람』 권18, 연산현계룡산 303면.
　　…… 至今號其地爲新都溝渠礎物猶在.

신법(地理新法)』에 의하면 수구가 손방인 장생에 해당되므로 쇠패해지는 땅이라는 지리법적인 이유 때문이다.

국가의 수도는 나라의 중앙에 위치하여야 하는데 남쪽에 치우쳐 있다는 첫째의 이유는 태조가 신도 건설을 결정할 때에 이미 인지한 사실이었고 후에 새로이 밝혀진 내용이 아니기에 실질적인 철회 이유로는 그 명분이 약하다고 본다.

그러므로 둘째의 이유인 지리법적 요인이 신도건설 철회의 결정적 명분이라고 볼 수 있다. 따라서 철회의 실질적 명분인 지리법적 이유에 대하여 구체적으로 살펴보고자 한다.

계룡산 신도 건설은 호순신의 『지리신법』에 근거하여 철회하였으므로, 철회 이유의 타당성 여부를 파악하기 위해서는 철회의 논거인『지리신법』의 이론을 먼저 고찰한 이후 이 이론을 구체적인 사실에 있어 올바르게 적용하였는가를 고찰하여야 한다. 그리고 이것이 중대한 국가의 역사(役事)인 도읍 건설을 철회시킬 만한 결정적 이유였다면, 이후의 동일한 사안에도 적용하여야 함은 당연하다 하겠다. 그렇다면 천도지로 많은 논의가 있었던 무악과 한양 도읍 결정에 있어서 이 이론을 적용하였는지 여부와 적용하지 않았다면, 이 이론을 적용할 경우에는 어떠한가를 비교 검토하는 것은 역사의 실체적 진실을 이해하는 데 도움이 되리라 본다. 그런데 어떤 이론을 적용하기 위해서는 적용의 전제 원칙이 있기 마련인데 선행연구들은 이론과 적용의 해설에 그치고 있을 뿐 이론 적용의 원칙과 적용의 타당성 여부에 대한 실체적 진실을 파악하려는 이러한 전반적인 검토는 소홀히 하였다.30)

호순신에 대한 정확한 기록은 알 수 없으나 12세기 중엽 송나라의 문관이었다고 전해지고 있다. 호순신의『지리신법』은 하륜의 상언에 의해 이때 처음으로 알려지게 된 이후 조선시대 지리학 과거시험의 필수 과목으로 채택되었고 조선시대에 많은 영향을 미쳤다.

---

30) 이병도, 앞의 1980 책, 368~74면.
　　최창조, 앞의 1993 책, 351~4면.

호순신의 『지리신법』은 서(敍) 및 상, 하 두 권 총 23편으로 구성되어 있고, 상권에서는 음양오행과 포태법 그리고 구성법을 중심으로 하여 주로 이기론을 다루었고, 하권은 형세론적 요소를 많이 언급하고 있지만 형세론의 대표적인 고전으로 알려진 『장서』(『금낭경』)를 철저하게 이기론화시킨 내용이다.31)

여기에서는 본고의 내용과 관련된 부분에 한하여 『지리신법』의 이론을 소개하기로 하겠다.

호순신이 서문에서 '이 책의 핵심은 오행생왕사절(五行生旺死絶), 즉 포태법(胞胎法)을 날실로 삼고, 구성법(九星法)을 씨실로 삼아, 예로부터 전해져 오는 이야기를 가려 모아서 새롭게 해석한 이론'이라고 밝히고 있다.

『지리신법』의 특징적인 내용을 정리해보면 다음과 같다.

첫째, 오산(五山)을 정할 때 파구(破口)가 아니라 내룡(來龍)을 중심으로 한다는 점.

둘째, 정오행(正五行)을 취하지 않고 대오행(大五行), 즉 홍범오행(洪範五行)을 사용한다는 점.

셋째, 쌍산동궁(雙山同宮)을 달리한다는 점32)이다.

대오행에 따른 24방위의 분류는 다음과 같다.

水: 子寅甲辰巽申辛戌,

火: 乙丙午壬,

木: 艮卯巳,

金: 丁酉乾亥,

土: 未坤庚癸丑

포(胞), 태(胎), 양(養), 장생(長生), 목욕(沐浴), 관대(冠帶), 임관(臨官), 제왕(帝旺,) 쇠(衰), 병(病), 사(死), 묘(墓) 12개는 인생의 순환에 비유하여

---

31) 호순신 저, 김두규 역, 『지리신법』, 장락출판사, 2001, 11~8면.

32) 호순신, 『지리신법』 권상, 제1 「오산도식」.
   自 癸隷於子 艮隷於丑 各隷屬於後一位.

그 단계를 설명한 것으로 흔히 12포태법(胞胎法)이라고 하고, 탐랑(貪狼), 문곡(文曲), 무곡(武曲), 우필(右弼), 거문(巨門), 좌보(左輔), 염정(廉貞), 파군(破軍), 녹존(祿存)을 구성(九星)이라고 한다.

좌선(左旋) 양국(陽局)의 경우 금산(金山)은 인(寅)에서, 수산(水山)과 토산(土山)은 사(巳)에서, 목산(木山)은 신(申)에서, 화산(火山)은 해(亥)에서 12포태법의 포(胞)가 시작되는 기준점이 되어 시계방향으로 순행하고,

우선(右旋) 음국(陰局)의 경우 금산(金山)은 묘(卯)에서, 수산(水山)과 토산(土山)은 오(午)에서, 목산(木山)은 유(酉)에서, 화산(火山)은 자(子)에서 12포태법의 포(胞)가 시작되는 기준점이 되어 시계반대방향으로 역행한다.33)

물은 길(吉)방에서 흘러 와서, 흉(凶)방으로 나가야 한다34)는 것이 수법(水法)의 골간이다.

탐랑·무곡수는 들어오는 것은 좋지만 나가는 것은 좋지 않고, 문곡·염정·녹존수는 나가는 것은 좋지만 들어오는 것은 좋지 않다.

우필·거문·좌보수는 들어오거나 나가는 것 모두 좋지만, 파군수는 들어오거나 나가는 것 모두 좋지 않다.35)

『지리신법』 적용의 가장 중요한 원칙은, 물이 들어오는 것과 들어오고 나가는 것이 모두 좋은 것은 산이 높이 솟아 있는 경우이고, 나가는 것과 들어오고 나가는 것이 모두 좋지 못한 것은 산이 낮아 없는 듯한 경우이다.36) 이것은 『지리신법』을 적용함에 있어 대전제가 되는 근본원칙을 말한 것인데, 산이 거의 없는 지역에 한하여 적용하여야 함을 전제하고 있다.

오산과 24방위, 그리고 구성 및 12포태법과의 관계를 도표로 나타내면 다

---

33) 호순신, 『지리신법』 권상, 제1「오산도식」.
   左旋陽局 金寅 水土巳 木申 火亥當 右旋陰局 金卯 水土午 木酉 火子行 右圖畫陽 不畫陰.
   觀者 從此訣 起胞而陽順陰逆.
34) 호순신, 『지리신법』 권상, 제4「수론」.
   五山生旺死絶各有定方 大率 欲水各自其吉方來 凶方去.
35) 호순신, 『지리신법』 권상, 제1「오산도식」.
   貪武水 可來不可去 文廉祿水 可去不可來 弼巨輔水 來去皆可 破水 來去皆不可.
36) 호순신, 『지리신법』 권상, 제1「오산도식」.
   水可來與來去 皆可者 山欲有而高 水可去與來去 皆不可者 山欲低而無 此 此法之大經也.

음과 같다.

〈표 3〉 좌선양국의 경우

구성	탐 랑		문 곡		무 곡		우필	거문	좌보	염 정		파군	녹 존	
포태	양	장생	목욕	관대	임관	제왕	쇠			병	사	묘	포	태
금산	진손	사병	오정	미곤	신경	유	신	술	건	해임	자계	축간	인갑	묘을
수토	미곤	신경	유신	술건	해임	자	계	축	간	인갑	묘을	진손	사병	오정
목산	술건	해임	자계	축간	인갑	묘	을	진	손	사병	오정	미곤	신경	유신
화산	축간	인갑	묘을	진손	사병	오	정	미	곤	신경	유신	술건	해임	자계
길흉	길		흉		길		길			흉		흉	흉	

〈표 4〉 우선음국의 경우

구성	탐 랑		문 곡		무 곡		우필	거문	좌보	염 정		파군	녹 존	
포태	양	장생	목욕	관대	임관	제왕	쇠			병	사	묘	포	태
금산	축간	자계	해임	술건	신유	경	신	곤	미	오정	사병	진손	묘을	인갑
수토	진손	묘을	인갑	축간	자계	임	해	건	술	유신	신경	미곤	오정	사병
목산	미곤	오정	사병	진손	묘을	갑	인	간	축	자계	해임	술건	유신	신경
화산	술건	유신	신경	미곤	오정	병	사	손	진	묘을	인갑	축간	자계	해임
길흉	길		흉		길		길			흉		흉	흉	

　　득수와 파구의 법칙을 잘 살펴보면, 득수의 길흉화복은 득수의 방향에 달려 있고, 파구의 길흉화복은 파구의 방향에 달려 있다. 득수가 길하고 파구가 흉하면 처음은 길하고 나중은 흉하고, 득수가 흉하고 파구가 길하면 처음에는 흉하다가 나중에 길하게 된다.[37)]

---

37) 호순신, 『지리신법』 권상, 제4.
　　推水來去之法,則來主方來, 去主向去, 來吉去凶者 始吉終凶, 來凶去吉者, 始凶終吉,
　　其來去順者 仍主孝順,來去逆者 仍主悖逆.

〈그림 72〉 현재의 계룡산 신도 전경

다음으로는 위에서 살펴본 이론을 계룡산 신도건설지에 적용하여 하륜의 상언 내용에 대한 타당성 여부를 검토하고자 한다.

우선 호순신의 『지리신법』 적용의 전제 원칙은 산이 낮아 없는 듯한 경우에 한하는데, 계룡산 신도건설지의 경우는 산으로 둘러싸인 장풍국의 지형이므로 『지리신법』을 적용할 수 없기에 길흉을 판단해서는 안 된다고 본다. 즉, 적용의 전제조건을 위반한 것이다.

다음은 하륜이 주장한 '산은 건방(乾方)에서 오고 물은 손방(巽方)으로 흘러가니, 물이 장생(長生)을 파(破)하여 쇠패(衰敗)가 곧 닥치는 땅(山自乾來, 水流巽去, 水破長生, 衰敗立至之地)'이라는 내용은 올바른가를 살펴보기로 한다.

계룡산에서 신도건설지로 들어오는 내룡은 <그림 73>에서 확인되듯 좌선이고 내룡이 건방에서 오므로 건은 대오행상 금에 속하므로 금산이다. 물은 손방으로 흘러가지만 위의 좌선양국의 표에서도 확인할 수 있듯이 진손이 동궁이고 포태법상 양에 해당하므로 하륜이 말한 장생에 해당되지는 않는다.

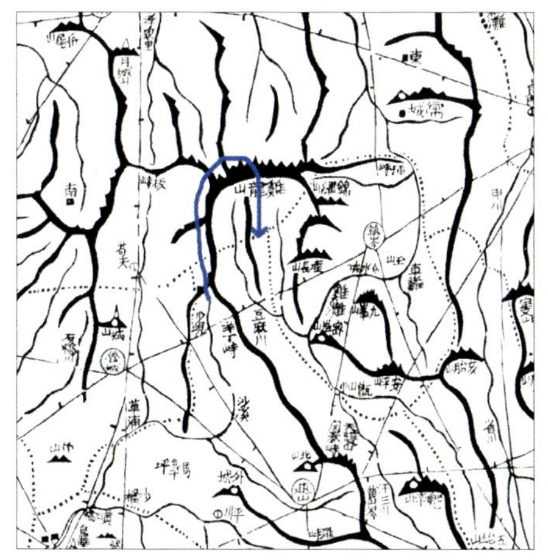

〈그림 73〉계룡산 신도 내룡의 좌선형국도　　〈그림 74〉 계룡산 신도의 득수와 파구

『지리신법』의 특징적인 요소로 손사는 동궁이 아니고 진손이 동궁이며 손방은 포태법상 장생이 아니라 양에 해당됨에도 장생이라고 말한 것은 오류이다. 그러나 양과 장생은 탐랑에 속하므로 흉하기는 마찬가지다.

그리고 득수에 대한 언급은 없으나 『지리신법』 상 득수 또한 중요하므로 살펴보면, 계룡산 신도의 내룡이 좌선이므로 백호 쪽을 득수로 보아야 한다. <그림 74>에서 보면 300도 내외이므로 신술방(辛戌方)에 속하기에 포태법상 쇠에 해당되고 구성법상으로는 우필과 거문에 해당되어 물길이 들어오거나 나가도 모두 좋다.

요약하면,『지리신법』 상 계룡산 신도 건설지는 득수(흘러들어오는 물)는 길하고 파구(흘러나가는 물)가 흉하므로 처음에는 길하지만 나중에는 흉해진다는 것이다.

이상에서 확인할 수 있는 것은, 하륜은 『지리신법』의 적용에 있어 산이 낮아 없는 듯한 경우에 한하여야 하는 전제원칙을 무시하였고 자신의 논리 전개를 위하여 필요한 부분만을 인용하였지만 그 이론적용에 있어서도 오류를 범하고 있다. 이것은 하륜이 『지리신법』의 내용을 정확히 알지 못하였거나, 이러한 오류를 알고서도 의도적으로 적용하였다면 신도 철회의 명분을 위하여 군신 간의 사전교감 하에 정치적 필요에 의한 논리로 이용되어졌다고 볼 수 있다.

정도전 등 중신들에게 참고하여 전왕조(前王朝)의 제산릉(諸山陵)을 조사케 하였는데도 하륜의 오류에 대하여는 전혀 지적한 바 없으며, 또한 중앙 지방 모두들 철회를 환영하였다는 기록에서 군신 간의 묵시적 동의를 짐작할 수 있다. 또한 태조는 하륜이 상언하자 신도건설 결정 때와 마찬가지로 진행 중인 국가적 중대 사업을 군신 간의 충분한 논의과정도 없이 신속히 철회한 것도 석연치 않은 점이다.

그렇다면 한양의 경우에는 어떠한가를 살펴보자. 계룡산 신도 철회 이유가 된 호순신의 『지리신법』이 한양 도읍택지 과정에서도 적용되었는지 여부와 만약 이를 적용할 경우, 계룡산과는 달리 합당한지 여부를 논하고자 한다.

진행 중인 국가의 중대사업인 신도 건설을 철회할 정도의 중요한 이유였다면, 이후의 도읍택지의 과정에서 충분히 검토되어져야 함은 당연함에도 불구하고 『지리신법』상의 적합성 여부를 논한 기록은 찾을 수 없다.

1394년(태조 3년) 8월 13일 하륜이 "산세는 비록 볼만한 것 같으나, 지리의

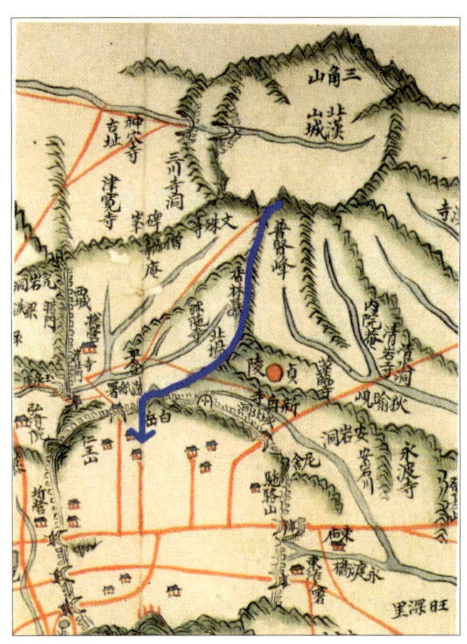

〈그림 75〉 경복궁 내룡의 우선형국도

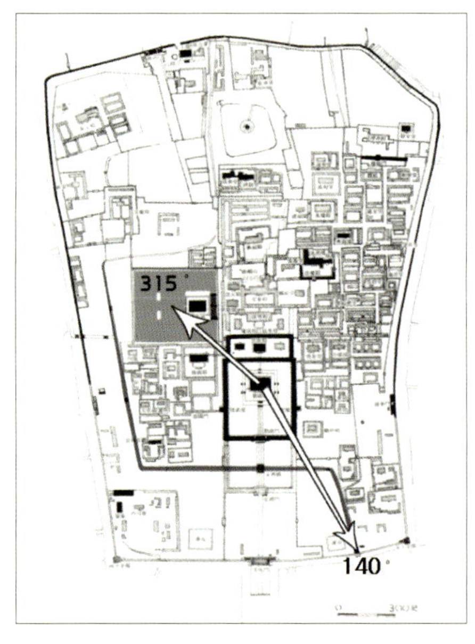

〈그림 76〉 경복궁의 득수와 파구

술법으로 말하면 좋지 못합니다"38)라고 말한 것이 실록에 나타나 있는 것으로는 전부이다. 그런데 왜 한양이 지리의 술법으로 좋지 못한가에 대하여 하륜은 설명을 하지 않고 있다. 계룡산 신도 건설 철회를 위한 상언에서는 비록 적용상의 오류가 있었지만 구체적인 근거를 제시하여 반대하였다. 그런데 여기에서는 지리법상의 구체적인 논거를 제시하지 않고 있는 점이 특이하다.

한양의 궁궐 입지는 '해방(亥方)의 산을 주맥으로 하여 임좌병향(壬座丙向)을 하고 있다'39)는 실록의 기록에 의하여 판단하면 된다. 그런데 득수와 파구에 대하여는 판단할 실록의 기록이 없기에 자의적인 판단으로 인한 이론(異論)이 있으므로 이는 지리법의 원리에 입각하여 검토하기로 한다.

먼저 득수에 대하여 살펴보면, 백악산과 인왕산 사이로 보아 건방(乾方)이라는 견해와 자하문을 기준으로 보아 곤신방(坤申方)이라는 견해로 대별된다. 득수를 논하기 위해서는 지리법의 원리상 유의할 점이 있는데, 내룡이 좌선이면 백호 쪽, 우선이면 청룡 쪽이 득수가 되어야 하는데, 이는 음양의 조화를 이루기 위함이다. 경복궁의 경우 우선이기에 청룡 쪽이 득수가 되어야 하므로 위의 견해는 모두 백호 쪽이므로 득수방위가 될 수 없다. 그렇지만 경복궁은 생기 누설을 막기 위하여 인위적으로 명당수인 금천을 조성하였기에 이를 득파(得波)의 기준으로 보아야 한다. <그림 76>에서 확인할 수 있듯이 경복궁의 중심건물인 근정전을 기준으로 득수는 315도 내외이므로 술건방(戌乾方)이다. 파구는 명당수인 금천이 빠져나가는 마지막 지점이며 <그림 76>에서 확인되듯 140도 내외이므로 손방(巽方)이다.

내룡을 살펴보면, 삼각산에서 남서방에 위치한 주산인 백악으로 맥이 연결되고, 백악에서 남방의 궁궐지로 연결되므로 우선룡(右旋龍)에 해당되고, 산은 실록의 기록에 의하면 해(亥)방에서 오므로 해는 대오행상 금에 해당된다. 그리고 우선룡 음국이고 금산인 한양의 득수와 파구를 살펴보면, 득수가 술건방이므로 포태법상 관대에 해당되고 구성법으로는 문곡에 해당된다. 문곡수는

---

38) 『태조실록』 권6, 태조 3년 8월 경진.
　　河崙獨曰 "山勢雖似可觀 然以地法論之則不可."
39) 『태조실록』 권6, 태조 3년 9월 병오.

나가는 물은 좋지만 흘러 들어오는 물은 좋지 못하다. 여기서는 득수의 경우이므로 흉격이다. 또한 파구는 손방이므로 포태법상 묘에 해당되고 구성법상 파군에 해당되니, 파군수는 들어오거나 나가는 것 모두 좋지 않으므로 흉격이다.

요약하면, 『지리신법』 상 경복궁의 득수는 문곡수이므로 흉하고, 파구는 파군수에 해당되어 흉하므로 처음도 나중도 모두 좋지 못하다. 즉 『지리신법』 상 경복궁의 입지는 계룡산보다 더욱 좋지 못함을 알 수 있다.

다음으로는 『지리신법』의 이론을 무악에 적용하여 살펴보고자 한다.

무악은 계룡산 신도건설을 『지리신법』 상의 이유로 철회시킨 하륜이 시종일관 천도지로 주장한 곳이기에 무악이 『지리신법』 이론에 적합한 지 여부를 고찰하는 것은 의미가 있다고 본다.

전술한 한양과 마찬가지로 무악의 경우에도 『지리신법』 상의 적합성 여부를 구체적으로 언급한 기록은 찾을 수 없다. 다만 권중화, 조준 등이 무악 천도를 반대하자 '고려 왕조의 비록(秘錄)과 중국에서 통행(通行)하는 지리의

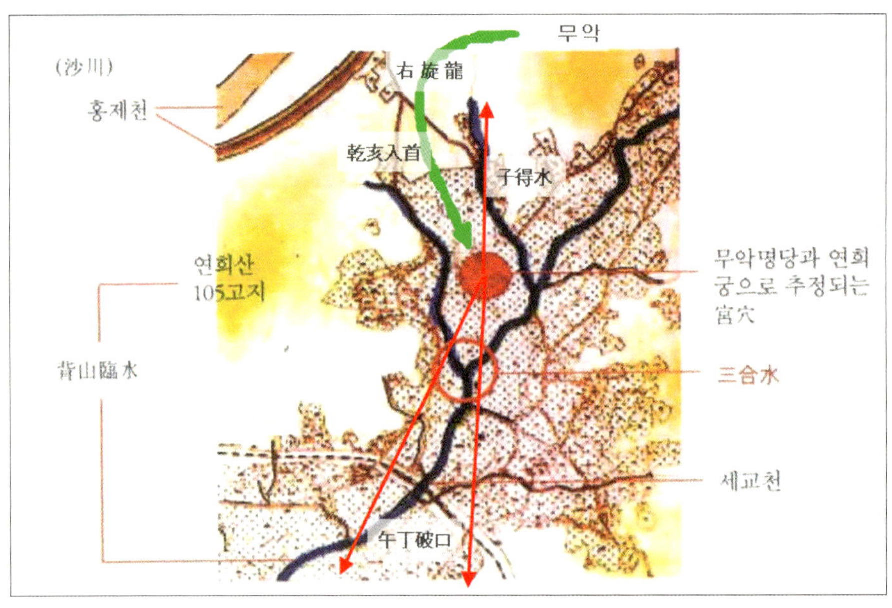

〈그림 77〉 무악명당의 내룡지맥 및 득수와 파구

법에도 모두 부합하다'40)고 하륜이 주장하였는데, 여기서 '중국에서 통행하는 지리의 법'은 호순신의 『지리신법』으로 추정할 수 있다. 그런데 『지리신법』 상 적합성에 대한 논거는 제시하지 않고 있다.

무악의 지형은 성석린41)과 정총42)이 '주산(뒷산)이 낮고 미약하다'고 지적한 바와 같이 『지리신법』 적용의 전제요건인 산이 낮아 없는 듯한 경우에 부합된다고 할 수 있다.

다음에는 『지리신법』의 이론을 무악에 적용하여 살펴보면 다음과 같다.

내룡은 주산인 무악을 지나면서 우선하여 명당에 건해(乾亥)입수를 하고 있다.

그리고 득수는 우선룡이기에 좌청룡 방향에서 살펴야 하는데 자계(子癸), 파구는 오정(午丁)에 해당한다고 할 수 있다.

내룡이 우선음국을 이루고 있으므로 건해는 홍범오행상 금산에 해당한다.

우선룡 음국이고 금산인 무악의 득수와 파구의 길흉을 살펴보면, 득수인 자계는 포태법상 장생이고 구성법상 탐랑에 해당하여 길하며, 파구인 오정은 포태법상 병(病)이고 구성법상 염정에 해당하므로 길하여 『지리신법』 상 합당하다.

이상에서 살펴보았듯이 계룡산 신도건설 철회의 가장 중요한 이유로 여겨졌던 호순신의 『지리신법』 이론은 직후의 한양도읍 입지에 있어서는 고려되지 않았다. 중대한 국책사업을 좌초시킬 정도로 그 이유가 중요하였다면 동일한 사업을 추진함에 있어서 반드시 검토되어졌어야 함에도 이에 대한 기록은 찾을 수 없다.

한양은 사신사를 고루 갖추고 있으므로 『지리신법』 적용의 전제조건인 산이 낮아 없는 듯한 경우에 해당되지 않기에 『지리신법』을 적용하기는 무리다. 그렇지만 계룡산의 경우와 같이 전제조건 불비에도 불구하고 이 이론을 경복궁에 적용해 보면 계룡산보다 더욱 흉하다.

---

40) 『태조실록』 권5, 태조 3년 2월 계사(23).
且於前朝秘錄及中國通行地理之法.

41) 『태조실록』 권6, 태조 3년 8월 기묘(12).
後山低微.

42) 『태조실록』 권6, 태조 3년 8월 기묘(12).
主山陷溺.

그렇지만 무악은 그 입지적 지형이 『지리신법』 적용의 전제 원칙에 부합한다.

계룡산과 한양 그리고 무악을 『지리신법』과 관련하여 비교, 정리해 보면 다음과 같다.

첫째, 산이 거의 없는 지역에 한하여 적용하여야 한다는 『지리신법』 적용의 전제 원칙은 계룡산과 한양은 모두 사신사의 요건을 고루 갖추고 있는 장풍국의 지형이므로 이 전제원칙에 위배되지만 무악의 경우에는 전제조건을 충족시킨다.

둘째, 『지리신법』 적용 여부에 있어서도 계룡산은 적용한 반면 한양은 이를 적용하지 않았고 무악의 경우 기록은 존재치 않지만 하륜이 중국의 지리법 운운한 것으로 미루어 보아 검토하였으리라 짐작된다.

셋째, 『지리신법』을 적용하여 길흉을 살펴보면, 한양은 득수와 파구가 모두 흉하여 계룡산보다 더욱 좋지 못하지만 무악은 득수와 파구 모두 길하여 적합하다.

계룡산이나 한양 모두 국가의 도읍을 정하는 중대사였는데, 진행 중이었던 계룡산 신도건설을 철회시킨 가장 중요한 이유가 직후의 한양도읍 결정에 적용하지 않았다는 것은 『지리신법』의 이론을 계룡산 신도건설 철회의 명분을 위하여 필요에 따라 해당부분만을 차용하여 편의적으로 이용했다고밖에 볼 수 없다. 『지리신법』은 형세론(形勢論) 위주의 지리관과는 달리 이기론(理氣論)이기에 필요에 따라 자의적인 해석의 여지가 상존하며 상당한 문제점을 내포하고 있다. 왜냐하면 사소한 방위의 편차에 따라 길흉을 달리하므로 아전인수격 해석의 여지가 있기 때문이다. 지구의 자기장(磁氣場)은 지구의 내부 운동에 의하여 변화하고 있고 모든 나침반은 지구의 자기장이 방출하는 방향을 나타내므로(이를 磁北이라 함) 자북은 가변적이기에 가변적인 이 자북을 기준으로 세밀하게 방위를 구분하여 이에 대한 길흉을 따진다는 것은 근본적인 문제점을 내포할 수밖에 없다. 또한 기준점이 되는 혈처를 어디로 보느냐에 따라서 가변적이며, 이에 따른 득수와 파구의 위치도 달라질 수밖에 없으므로 자의적인 해석의 여지가 상존하고 있다.

　따라서 하륜에 의하여 계룡산 신도건설 철회의 결정적 이유로 지적되었던 호순신의 『지리신법』은 신도건설 철회의 정치적 명분을 위하여 필요에 의하여 이용된 형식적인 이유였을 뿐 실질적인 이유가 아니였음을 알 수 있다.

　태조는 처음부터 도참설과 관련하여 목자득국지지(木子得國之地)라고 알려져 있던 한양에 대한 강한 집착을 가지고 있었다. 계룡산 신도 건설은 천도에 대한 태조의 강한 의지를 나타내기 위한 상징적인 것이었으며 이를 통하여 천도를 기정사실로 받아들여지게 하는 효과를 거두기 위함이었다. 이러한 성과를 거두었다고 판단한 태조는 철회의 명분으로 호순신의 『지리신법』을 이용하였던 것으로 보인다.

　이에 대한 근거로는

　첫째. 태조가 즉위한 직후에 한양 천도를 명한 점,

　둘째. 계룡산 신도 공사 중에도 지속적으로 한양의 성곽 공사를 진행한 점,

　셋째. 계룡산 신도 공사를 소극적으로 진행한 점,

　넷째. 군신합의에 의하여 도읍을 한양으로 결정한 지 약 2개월 만에 신속하게 한양으로 천도한 점 등을 들 수 있다.

3) 한양 도읍 결정과정과 입지

　계룡산 신도건설 철회 이후 역대 여러 현인들의 비록을 두루 상고하여 편찬한 『지리비록촬요(地理秘錄撮要)』에 바탕하여 무악(毋岳)이 제기되었으나 대부분의 재상들이 무악은 명당이 좁고 주산이 낮아 도읍지로서 부당함을 고하였다. 그러나 하륜만이 '무악명당이 개성의 강안전이나 평양의 장락궁, 계림에 비하여 오히려 넓고 비록(秘錄, 秘記)이나 중국의 지리법에 부합한다'[43][44]

---

43) 『태조실록』 권5, 태조 3년 2월 계사.
　　唯左道都觀察使河崙獨曰 "毋岳明堂 雖似狹窄 然以松都康安殿 平壤長樂宮觀之 則稍爲寬廣 且於前朝秘 錄及中國通行地理之法 皆合."

44) 『태조실록』 권6, 태조 3년 8월 기묘.
　　僉書中樞院事河崙曰 "東方古都享國長久者 雞林 平壤而已 毋岳 形勢雖卑狹 比之雞林 平壤, 宮闕之基 實爲寬 廣."

고 하여 시종일관 무악천도의 정당성을 주장하였다.

여기서 비록(秘錄)이란 『도선비기』의 '왕을 계승하는 자는 이씨이고 한양에 도읍한다(繼王者李而都於漢陽)'에 관한 내용으로 짐작되고, '중국의 지리법에 합당하다'고 한 것은 호순신의 『지리신법』과 형세론적 입지라 할 수 있다. 지리신법에 대하여서는 앞서 살펴본 바와 같다. 그리고 한양도읍 결정시와 태종의 재천도시에도 가장 큰 문제점으로 지적되었던 백악과 인왕산의 산살(山殺)[45][46] 기운이 무악을 지나면서 산살 기운을 완전히 벗어나고 있다. 즉, 삼각산에서 백악과 인왕산에 이르는 세(勢)산은 무악을 지나면서 형(形)산을 이루고 형산에 혈(穴)이 이루어진다는 것이 형세론이므로 이에 부합한 것이다.

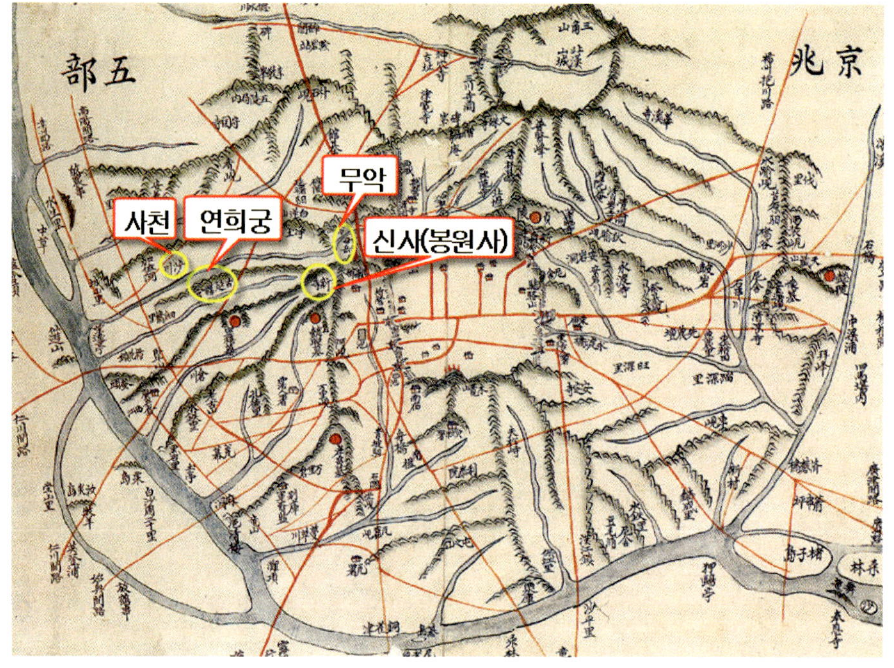

자료: 김정호의 경조오부도

〈그림 78〉 연희궁 입지

---

45) 험한 석산(石山)을 지리법에서는 산살(山殺)로 본다.

46) 『태종실록』 권8, 태종 4년 10월 임신.
   莘達對曰 "以地理論之 漢陽前後石山險 而明堂水絶 不可爲都 …… 劉旱雨曰 漢陽則前後石山險 而明堂無水 不可爲都."

조선후기에 멸실된 연희궁지를 무악명당으로 보는 데에 의견을 같이하고 있으므로 대동여지도에 나타나 있는 연희궁지를 살펴보면, 홍제천과 세교천 사이에 있으며 현재의 연희동에 해당한다. 바로 이 무악 명당에 세종 초에 조성된 것으로 보이는 서이궁[47]이 세종 7년에 연희궁으로 개칭[48]되었던 것이다. 그리고 중국의 지리법에 대하여는 전술한 바와 같다.[49]

또한 천도 논의 과정에서 이론(異論)이 많았던 것은 지리에 대한 정립된 이론(理論)이 없었기 때문이라고 보아 이를 교정하기 위하여 도평의사사에 음양산정도감(陰陽刪定都監)이라는 임시관청을 설치하기도 하였다.[50]

천도에 대하여 재상들이 대체적으로 부정적인 의견을 제시하자, 태조 3년(1394) 8월 12일 태조는 언짢아하며 한양으로 행차하였고, 다음날 옛 궁궐지(남경)의 산세를 살피면서 윤신달 등에게 물으니,
"우리나라 경내에서는 송경(개경)이 제일 좋고 여기가 다음 가나, 한 되는 바는 건방(乾方)이 낮아서 물과 샘물이 마른 것뿐입니다"라고 대답하자 태조가 기뻐하면서 말하길,
"송경인들 어찌 부족한 점이 없겠는가? 이제 이곳의 형세를 보니, 왕도가 될 만한 곳이다. 더욱이 조운하는 배가 통하고 도리도 고르니, 백성들에게도 편리할 것이다"라고 하면서 왕사 자초의 의견을 물으니
"여기는 사면이 높고 수려하며 중앙이 평평하니, 성을 쌓아 도읍을 정할 만합니다. 그러나 여러 사람의 의견을 따라서 결정하소서"라고 대답하였다.
태조가 여러 재상들에게 분부하여 의논하게 하니, 모두 말하길,
"꼭 도읍을 옮기려면 이곳이 좋습니다"라고 하였다.
이에 대하여 하륜이 홀로 말하길.
"산세는 비록 볼만한 것 같으나, 지리의 술법으로 말하면 좋지 못합니다."
태조는 여러 사람의 의견에 따라 한양을 도읍으로 결정하였다.[51]

---

47) 『세종실록』 권7, 세종 2년 2월 계해.
  　上賜宣醞于西離宮造成所 以慰監役官.
48) 『세종실록』 권25, 세종 7년 8월 병신.
  　西離宮號衍禧宮.
49) 『태조실록』 권6, 태조 3년 8월 경진.
  　上相宅于舊闕之基 觀望山勢 問尹莘達等曰 "此地何如" 對曰 "我國境內 松京爲上 此地爲次 所可恨者 乾方低下 水泉枯涸而已."
50) 『태조실록』 권6, 태조 3년 7월 무진.
  　都評議使司啓曰 "地理之學未明 人人各執所見 互相同異 眞僞難辨 前朝相傳秘錄 亦有同異 邪正難定 請置陰陽 刪定都監 勘校一定" 上從之.
51) 『태조실록』 권6, 태조 3년 8월 경진(13).

상기의 논의 내용을 살펴보면, 자초는 한양 명당이 장풍국으로서 방어적 기능에 적합하다고 보았고 태조가 언급한 것은 이중환의 『택리지』에서 논한 지리(형세가 왕도가 될 만한 곳)와 생리(조운하는 배가 통하는 곳)에 해당한다.

이렇게 하여 1394년 8월 13일 실질적으로 한양이 도읍지로 결정되었고 같은 달 24일 최고의결기관인 도평의사사의 상신이라는 형식을 빌려 공식적으로 군신의 합의 하에 한양이 도읍으로 확정되었다.52) 특이한 점은 무악과 달리 한양 도읍 결정에 있어서는 도읍지로서의 적부(適否)에 대한 활발한 논의 과정 없이 하루 만에 신속하게 도읍지로 결정하였다는 점이다.

대부분의 재상들은 천도 자체에 대하여 부정적이었으나 태조의 확고부동한 천도의지를 꺾을 수 없다고 판단하고 더 이상의 반대의견 제시에 부담감을 느낀 것으로 짐작되며 지리도참설과 관련하여 태조가 처음부터 강한 집착을 보였던 한양을 천도지로 동의한 것으로 보인다.

하륜만이 지리법 상 좋지 못하다고 하여 반대하였으나 구체적인 논거를 제시하지는 않고 있다. 이에 대하여는 본고에서 계룡산 신도건설 철회이유와 비교 고찰하면서 검토한 바 있다.

> 태조는 한양도읍을 공식적으로 결정한 지 보름 후인 9월 9일 권중화, 정도전 등을 한양에 보내서 종묘·사직·궁궐·시장·도로의 터를 정하게 하였다. 권중화 등은 고려시대에 경영했던 궁궐 옛터(남경)가 너무 좁아서 그 남쪽에 해방(亥方)의 산을 주맥으로 한 임좌병향(壬座丙向)이 평탄하고 넓으며, 여러 산맥이 굽어 들어와서 지세가 좋으므로 여기를 궁궐 터로 정하고, 또 그 동편 2리쯤 되는 곳에 감방(坎方)의 산을 주맥으로 하고 임좌병향에 종묘의 터를 정하고서 도면을 그려서 바치었다.53)

上令諸宰相議之 僉曰 "必欲遷都 此處爲." 上悅曰 "松京亦豈無不足處乎 今觀此地形勢 可爲王都 況漕運 通道里 均 於人事亦有所便乎." 上問王師自超 "此地如何." 超對曰 "此地 四面高秀 中央平衍 宜爲城邑 然 從衆議乃定." 上令諸宰相議之 僉曰 "必欲遷都 此處爲可." 河崙獨曰 "山勢雖似可觀 然以地法論之則不可." 上以衆人之言 定都漢陽.

52) 『태조실록』 권6, 태조 3년 8월 신묘(24).
都評議使司所申 "左政丞趙浚 右政丞金士衡等竊惟 自古王者受命而興 莫不定都 以宅其民 故堯都平陽 夏都安邑 商都亳, 周都豐鎬 漢都咸陽 唐都長安 或因初起之地 或擇形勢之便 無非所以重根本而鎭四方也 惟我東方 檀君 以來 或合或分 各有所都 及前朝王氏統合之後 都于松嶽 子孫相傳 殆五百年 運祚旣終 自底于亡 恭惟殿下 以 盛德神功 受天之命 奄有一國 旣更制度 以建萬世之統 宜定厥都 以立萬世之基 竊觀漢陽 表裏山河 形勢之勝 自古所稱 四方道里之均 舟車所通 定都于玆 以永于後 允合天人之意." 王 旨依申.

이로써 본격적인 한양도읍 건설에 착수하게 되었다. 『주례고공기(周禮考工記)』의 좌묘우사・전조후시(左廟右社・前朝後市)의 유교예제 배치 형식을 따라 왕의 주거공간인 궁궐을 중심으로 왼쪽에 종묘(宗廟), 오른쪽에 사직단(社稷壇), 앞에는 관아(官衙)를 두는 공간구성을 하게 되는데 그 입지는 철저히 지리적 관점에 의하여 터잡이 되었다. 즉, 경복궁은 삼각산54)에서 보현봉을 지나 정출맥을 이룬 백악산55)의 지맥을 받아 입지하였고, 종묘는 경복궁의 좌청룡 어깨에 해당하는 응봉에서 흘러온 지맥을 따라 입지하였으며, 사직은 경복궁의 우백호인 인왕산의 한 줄기를 받아 지맥선의 흐름에 맞추어 동남향의 입지를 하고 있다.

이중환의 『택리지』에는, "신라승 도선의 유기(留記)에 '다음의 왕은 이씨이며, 한양에 도읍을 정한다(繼王者李而都於漢陽)'란 기록 때문에 고려 중엽 윤관으로 하여금 백악의 남쪽에 오얏나무를 심고 무성하게 자라면 이 나무를 잘라 염승(厭勝)하였다. …… 무학이 …… 백악산 밑에 도착했다. 세 줄기의 산맥이 합쳐서 들이 된 것을 보고 궁성터를 정했는데 여기가 바로 고려 때 오얏나무를 심었던 곳이다"라는 기록이 있다.

이러한 비기의 내용이 태조가 한양도읍에 대한 강한 집착의 원인이 된 듯하고, 태종 5년 한양 환도에 대하여 의정부에서 반대 의견을 내놓자 태종이 말하길,

"음양서(陰陽書)에 이르기를, '왕씨 5백 년 뒤에 이씨가 일어나서 남경(南京)으로 옮긴다' 하였는데, 지금 이씨가 흥(興)한 것이 과연 그러하니, 남경으로 옮긴다는 말도 믿지 않을 수 없다"56)라고 하였는데 이 또한 같은 정서의 맥락으로 볼 수 있다.

---

53) 『태조실록』 권6, 태조 3년 9월 병오(9).
　　遣判門下府事權仲和 判三司事鄭道傳 靑城伯沈德符 參贊門下府事金湊 左僕射南誾 中樞院學士 李稷等如漢陽 定廟社宮闕朝市道路之基 仲和等以前朝肅王時所營宮闕舊址狹隘 更相其南亥山 爲主壬座丙向 平衍廣闊 群龍朝揖 乃得面勢之宜 又相其東數里之地 得坎山爲主壬座丙向 以爲 宗廟之基 皆作圖以獻.

54) 화산(華山) 또는 북한산(北漢山)이라고도 함.

55) 북악산(北嶽山)이라고도 하며, 고려시대에는 면악(面岳)으로 불려졌음.

56) 『태종실록』 권10, 태조 5년 8월 병인(3).
　　上曰 "陰陽書曰 '王氏五百年後李氏興 遷南京' 今李氏之興果然 遷南京之說 不可不信也."

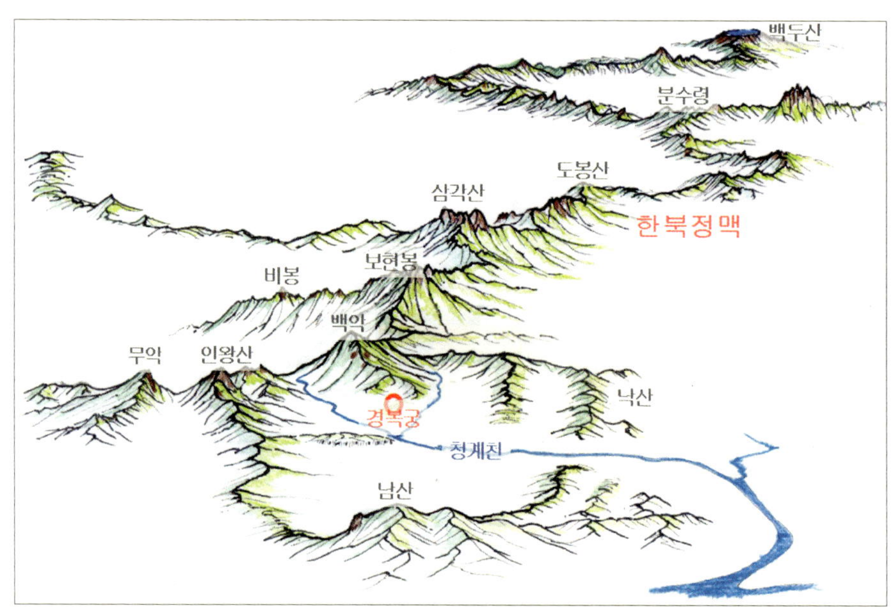

〈그림 79〉 경복궁의 내룡

한양의 지리적 입지는 계룡산과는 달리 국토의 중간에 위치하고 있으며, 계룡산과 무악에 비교하여 국면(局面)이 넓고, 한강과 접하고 있어 물자운송이 편리하며, 산남수북(山南水北: 삼각산·백악산의 남쪽, 한강의 북쪽)하는 배산임수의 남향을 하고 있다.

경복궁입지에 대하여 형세론적 분석을 하면 다음과 같다.

한반도 산줄기의 발원지인 백두산에서 출발하여 한반도의 척추인 백두대간을 타고 내려와 평강 북쪽의 분수령에서 남쪽으로 산줄기 하나를 분맥하니 한북정맥이다. 이 한북정맥을 따라 남서진하면서 백운산, 도봉산을 지나 한양의 진산인 삼각산을 이루고 계속 남진하는 산줄기는 보현봉을 거쳐 경복궁의 주산인 백악에 이른다.

형세론의 용법(龍法)은 세(勢)·형(形)·혈(穴) 순으로 분석해야 한다. 백운대, 인수봉, 만경대로 이루어진 삼각산의 세(勢), 삼각산의 기세를 이어받아 이루어진 백악의 형(形), 그리고 주산인 백악에서 흘러내려온 지맥선의 태·식·잉·육 체계에 따라 혈(穴) 자리에 입지된 것이 경복궁이다. 그런데 주산인 백악은 세의 기운을 벗어난 형산이어야 하는데, 여전히 세의 기운을 지닌 험한 석산(石山)의 살기를 띠고 있다. 석산의 살기에 대하여는 태종의 재환도 시에도 윤신달, 유한우 등에 의하여 지적되었던 점이다.

사(砂)법의 사신사를 살펴보면, 낙산(타락산, 125)을 좌청룡으로, 인왕산(338)을 우백호로, 인왕산에서 연결되어진 남산(262)[57]을 전주작으로, 백악(342)을 후현무로 하고 있다.

우백호인 인왕산은 백악과 마찬가지로 석산의 살기를 지니고 있으며, 좌청룡인 낙산은 인왕산에 비해 높이와 형세가 미약하다. 따라서 용호가 조화롭지 못하다.

후현무인 백악의 높이가 342m이고, 전주작인 남산은 265m이므로 주종의 관계가 조화를 이룬다.

경복궁은 사신사를 고루 갖추고 있는 비교적 양호한 장풍국을 이루고 있지만, 문제점으로는 백악과 인왕산의 산살 기운과 좌청룡인 낙산의 기세가 미약하다는 점이다. 이러한 문제점을 보완하기 위하여 경복궁에 조성한 것이 있다. 즉, 우백호인 인왕산의 살기를 막기 위하여 태종은 경회루와 연못을 조성하였고,

〈그림 80〉 경복궁의 주산과 한양의 진산

57) 종남산(終南山) 또는 목멱(木覓)이라고도 함.

주산인 백악의 살기를 막기 위하여 고종 때 대원군은 향원정과 연못을 조성하였던 것이다. 그리고 태종이 한양 환도 시에 창덕궁을 택지하여 머물렀던 이유이기도 하다.

그리고 용마봉(348)을 좌청룡, 덕양산(179)을 우백호, 관악산(629)을 전주작, 삼각산(837)을 후현무로 하는 외사신사를 이루고 있는데, 이 외사신사는 오늘날 서울시 도시계획의 경계 기준이 되고 있다.

조선왕조에서는 사신사와 내맥의 보호를 위하여 많은 노력을 기울였던 기록을 찾을 수 있다.

세종 27년(1445)에 의정부에서 병조의 정문에 의거하여 아뢰기를,
"도성 외면의 사산(四山)에서 아차산(峨嵯山)까지는 모두 나무하고 벌채하는 것을 금하오나, 오직 주산의 내맥인 삼각산과 청량동 및 중흥동 이북과 도봉산은 금하는 것이 없기 때문에, 나무하고 벌채하는 무리가 날마다 모여서 작벌(斫伐)하여 점점 민둥산이 되오니, 청하옵건대 산 밑 근처에 사는 사람으로 산지기를 정하여 벌채를 금하소서" 하니, 그대로 따랐다.[58]

지기(地氣)는 산줄기를 따라 흐르므로 벌목을 하게 되면 산이 벌거벗게 되어 빗물에 산줄기가 붕괴되거나 훼손되므로 지기의 흐름에 문제가 발생하게 된다.

따라서 주산까지의 내맥이 훼손되면 명당에 공급되는 생기가 손상되므로 이를 방지하고 보다 온전한 생기 공급을 위하여 삼각산 너머에 있는 도봉산까지도 벌목을 금하였던 것으로 보인다.

세조 9년(1463)에 병조에서 아뢰기를,
"돌이란 것은 산맥(山脈)의 골절(骨節)이므로, 다만 도성(都城)의 산등성이 내면에서만 벌석(伐石)하는 것을 금지하는 것은 불가(不可)합니다. 청컨대 도읍에 있는 주산(主山)의 내맥(來脈)은 함길도(咸吉道)의 장백산(長白山)에서 철령(鐵嶺)에 이르고, 강원도(江原道) 회양부(淮陽府)의 남곡(嵐谷)에서 금성현(金城縣)의 마현(馬峴)과 주파현(注波峴)에 이르고, 낭천(狼川)의 항현(杭峴)에서 경기(京畿)의 가평현(加平縣) 화악산(華岳山)에 이르고, 양주(楊州)의 오봉산(五峯山)에서 삼각산(三角山) 보현봉(普賢峯)과 백악(白岳)에 이르

---

58)『세종실록』 권110, 세종 27년 11월 무술(27).
　　議政府據兵曹呈啓 "都城外面四山 以至峨嵯山 皆禁樵採 獨主山來脈三角山淸凉洞及重興洞以北 及道峯山無禁 故樵採之徒 日聚斫伐 漸至童兀 請以山下旁近居民 定爲山直禁伐" 從之.

며, 동쪽으로는 보등동(寶燈洞)에서 다야원(多也院)의 고암 제단(鼓巖祭壇)에 이르며, 서쪽으로는 향림사(香林寺)에서 녹반현(綠磻峴)의 세답암(洗踏巖)과 북점(北岾) 연창위 농소(延昌尉農所)에 이르니, 모두 벌석(伐石)하지 말도록 하소서. 관해(官廨)와 사사(寺社)를 지을 때나, 대소 인원(大小人員)의 집을 짓거나 묘(墓)를 만들 때에는, 경중(京中)에서는 공조(工曹)에 고(告)하고, 외방(外方)에서는 관찰사(觀察使)에게 고(告)하여 벌석(伐石)할 곳을 살펴본 다음에 계문(啓聞)하여 적당히 지급(支給)하도록 하되, 만약 법(法)을 어기고 벌석(伐石)하는 자는 위제율(違制律)로써 논하게 하소서" 하니, 그대로 따랐다.[59]

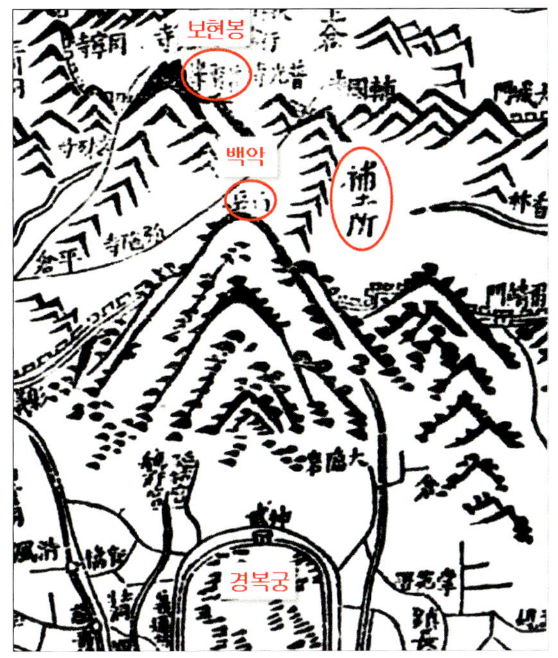

〈그림 81〉 보토소가 기록되어 있는 옛 지도

지리법에서 돌은 사람의 뼈에 해당한다고 보아 이를 훼손하면 지기가 손상된다고 본다. 내룡의 발원지인 백두산에서 한양의 명당에 이르기까지의 전체 산맥을 포함하여 광범위하게 벌석을 금하였는데, 이는 실효성 여부를 떠나 조선왕조가 주산의 내맥을 보호하기 위하여 얼마나 노력하였는지를 짐작할 수 있는 부분이다.

정조 8년(1784) 비변사에서 보현봉을 보토할 절목을 올렸는데,
'보현봉은 도성(都城)의 주맥(主脈)인데, 빗물에 씻기고 헐리어서 지록(支麓)이 떨어져 나갔다. 숙종 계사년에 경리청 당상관 민진후가 건의하여 보축(補築)하였고, 영조 을유년에 이르러 총융사(摠戎使) 구선복(具善復)이 연석(筵席)에서 보축에 대하여 여쭈었다. 이 해

---

59) 『세조실록』 권31, 세조 9년 10월 정미(22).
   兵曹啓 "石者 山脈骨節 只禁都城山脊內面伐石不可 請都邑主山來脈 自咸吉道長白山至鐵嶺 自江原道淮陽 府嵐谷至金城縣馬峴及注波峴 自狼川杭峴至京畿加平縣華岳山 自楊州五峰山至三角山普賢峰及白岳 東則自寶 燈洞至多也院鼓巖祭壇 西則自香林寺至綠磻峴洗踏巖北岾延昌尉農所 竝令勿伐 官廨及寺社造成 至於大小人 員造家造墓時 京中則告工曹 外方則告觀察使 審伐石處 啓聞量給 如有違法伐之者 以違制律論." 從之.

가을에 구선복의 말을 채용하고 훈련 대장, 총융사, 한성부 당상에게 명하여 가서 살펴보게 하였고, 또 시임·원임 대신과 비국의 유사 당상관에게 명하여 가서 살펴보게 한 다음, 총융청으로 하여금 주관하여 역사(役事)를 감독하게 하여 한 달 남짓하여 공사를 마쳤던 것이다. 별도로 저축한 보토전(補土錢)은 총융청에 소속시켜 해마다 그 이자를 취하여 가져다 쓰도록 하였다'[60]는 내용이다.

<그림 81>에 기록되어 있는 보토소(補土所)는 보토현(補土峴)으로 불려지기도 하였는데 현(峴)은 고개를 말한다. 지리서에서는 고개를 과협(過峽)이라 한다.

『지리정종(地理正宗)』「산룡어류(山龍語類)」 편에는 '과협이란 두 산을 서로 연결해주는 잘룩한 부분, 즉 고개를 말하며, 맥은 과협을 따라서 그 중간을 지나간다'[61]라고 설명하고 있다.

과협을 사물의 형상에 비유하여 봉요(蜂腰: 벌의 허리), 학슬(鶴膝: 학의 무릎)이라고도 표현하며, 이와 같은 과협은 산맥을 따라 흘러가는 기를 조절하는 역할을 하므로 그 아래에 혈(穴)이 맺힐 수 있다고 한다. 과협은 혈처로 흘러가는 생기의 조절 기능을 하므로 대단히 중요한 부분이라 할 수 있다. 따라서 조선왕조는 한양 명당에 원활한 생기공급을 위하여 이 지역을 보호하고 보토하였던 것이다. 그런데 현재 보토현 아래에는 북악과 정릉이라는 두 개의 터널이 뚫려 있다.

---

60) 『정조실록』 권18, 정조 8년 11월 무진(17).
　　備邊司進普賢峰補土節目 普賢峰 都城主脈也 因雨水衝嚙 支麓脫落 肅廟癸巳 經理廳堂上閔鎭厚 建議 補築 至英 廟乙酉 摠戎使具善復筵稟補築 是年秋 用善復言 命訓將摠戎使漢城府堂上 往審之 又命時 原任大臣 備局有司堂 上 往審之 仍令摠戎廳主管董役 閱月而功告訖 別儲補土錢 屬之摠戎廳 逐年取殖取用.

61) 『精校 地理正宗』臺灣 竹林書局刊, 中華民國 八十一年.
　　過峽者 兩山相夾 而脈從中過也.

〈그림 82〉 숭례문과 편액

　숭례문은 태조 5년(1396)에 창건되어 세종 30년(1448)에 개축된 대한민국 국보 제1호이고 정궁인 경복궁의 남쪽에 있다 하여 남대문으로도 불리며 도성의 정문이 된다.

　한양 도성의 사대문은 남쪽의 숭례문(崇禮門), 동쪽의 흥인지문(興仁之門), 서쪽의 돈의문(敦義門), 북쪽의 숙청문(肅淸門, 중종 이후 肅靖門이라고 불려짐)이 있다.

　오상(五常: 仁·義·禮·智·信)은 오행(五行)에 배속되고 방위에 따라 오행이 배정된다.

　정전인 근정전의 남쪽에는 도성의 정문인 숭례문(崇禮門)과 궁성의 정문인 광화문(光化門), 그리고 홍례문(弘禮門)[62]이 있다.

　숭례와 홍례의 예(禮)는 오행 중 화(火)에 속하고, 화는 방위가 남쪽이기에 남쪽문에 붙여졌다. 마찬가지로 흥인의 인(仁)은 오행상 목(木)에 해당하며

---

62) 고종 4년(1867) 경복궁을 중건하면서 청나라 고종 건륭제의 휘 홍력(弘曆)을 피하여 지금의 흥례문(興禮門)으로 이름을 바꾸었다.

〈그림 83〉 삼각산 화기

〈그림 84〉 관악산 화기

목은 동쪽이므로 동문이고, 돈의의 의(義)는 오행상 금(金)에 속하며 금은 방위가 서쪽이기에 서문에 붙여진 것이다. 그리고 신(信)은 토(土)이고 중앙에 해당하므로 사대문의 중앙에 보신각(普信閣)이 위치하고 있다.

최근에 숭례문 화재로 인하여 관심이 고조되고 있는 한양 화기(火氣)의 원인에 대해서는 두 가지 즉, 삼각산과 관악산의 화기로 분류된다.

성종 13년(1482)에 한명회가 아뢰었다.
"…… 국도의 주산(主山)이 화산(火山)의 형국(形局)이기 때문에 당초 도읍을 정할 때에 모화관 앞과 숭례문 밖에 못을 파서 진압하게 하였는데, …… 병오년부터 화재가 끊어지지 아니하여 마을 사람으로 하여금 방울을 가지고 길에 돌아다니면서 서로 경계하게 하였으니, 청컨대 이 법을 회복하게 하소서."63)

여기서 국도의 주산이란 백악이 아니라 삼각산을 말한다. 백운대, 인수봉, 만경대로 이루어진 바위산인 삼각산은 마치 그 형상이 불꽃 같기 때문이다. 모화관은 중국 사신을 영접하기 위하여 서대문인 돈의문 밖에 건립된 것이다. 사대문의 남쪽과 서쪽에 각각 못을 파서 삼각산 화기를 진압하고자 비보하였던 것으로 보이며, 백성들로 하여금 늘 불조심에 대한 주의를 기울이게 하였던 것으로 짐작된다.

숭례문 안내판에는 '…… 숭례문의 편액이 여느 문의 편액과 달리 세로로 쓰여 있는 것은 '崇禮'의 두 글자가 위아래로 있을 경우 불꽃을 의미하기 때문에 이로써 경복궁을 마주보는 관악산의 불기운을 누르게 하기 위해서……' 라고 적혀 있다.

崇자는 불(火)이 피어오르는 형상의 문자이고 예(禮)는 오행의 배정상 火에 해당 하므로 이 두 개를 위 아래로 놓으면 불꽃(炎)이 된다. 불을 끄기 위해 불이 타고 있는 곳의 맞은편 방향에서 마주 놓는 불을 맞불이라 한다. 관악산 화기를 '崇禮'라는 세로 글자의 화기로 맞불을 놓아 진압하기 위한 비보책으로 만들어진 것이 숭례문 세로 편액이다.

광화문(光化門)의 '光'자는 불꽃보다도 오히려 강한 이미지를 갖고 있다. 따라서 광화문도 숭례문과 마찬가지로 관악산의 화기를 진압하기 위한 맞불적 의미를 갖는다고 볼 수 있기에 편액의 글자를 한자로 써야만 그 의미를 살릴 수 있다고 본다.[64]

또한 관악산의 주봉인 연주봉에 아홉 개의 방화부(防火符)를 넣은 항아리를 묻었다고도 전한다. 아홉이란 숫자는 하도(河圖)에서 오행에 따른 숫자의 배정상 생수(生數)인 2와 성수(成數)인 7이 오행의 화(火)에 해당하므로 2와 7의 합인 9가 되었다고 본다. 이 또한 불은 불로써 제압한다는 정서와 일치한다.

---

63) 『성종실록』 권148, 성종 13년 11월 계묘(9).
　　韓明澮啓曰 "臣聞 '我國都主山 乃火山' 故當初定都時 慕華館前及崇禮門外 皆鑿池以鎭之' 以臣所目覩 自丙午年 火災不絶 前者令里中 持搖鈴徇道路 使相警戒 請復此法."
64) 현재의 광화문 편액은 1968년 광화문을 복원하면서 박정희 당시 대통령이 한글로 쓴 것이다.

〈그림 85〉 구한말 광화문 광장의 해태　　　　〈그림 86〉 방화용 드므

　　해태는 화재나 재앙을 물리치는 신수(神獸)로도 간주된다. 정면인 관악산을 바라보며 광화문 광장에 있었던 해태도 이러한 의미로 해석되어 관악산 화기를 막는 역할을 했다고 전해진다.

　　또한 궁궐의 주요 건물 주위에 놓여 있는 무쇠 드므[65]도 화기를 진압하기 위한 용도였다. 드므에 물을 담아두어 이 물에 화기(火氣)의 얼굴이 비치면 흉측한 자신의 모습에 놀라 달아나기에 화기가 진압된다고 생각하였던 것이다.

　　이중환의 『택리지』「경기도」편에는 다음과 같은 내용이 있다.

　　　‘경복궁은 청룡인 낙산이 낮고, 인왕산에서 남산으로 이어지는 남서방이 낮아 소위 진곤저허(震坤低虛)의 형세인데도 …… 임진, 병자의 양 난을 지킬 수 없었다.’[66]

　　보물 1호로 지정되어 있는 동대문인 흥인지문(興仁之門)을 보면 다른 성문에 비교하여 특이한 점이 두 가지가 있다.

　　하나는 둥글게 옹성(甕城)을 하고 있는 점과 또 다른 하나는 편액의 글자에 ‘之’자가 추가되어 있다는 점이다.

---

65) 넓찍하게 생긴 독의 우리말.

66) 震坤低虛 具不設雉不浚濠 壬辰丙子二亂皆不能守.

〈그림 87〉 진곤저허의 경복궁 형세

〈그림 88〉 흥인지문 옹성의 전경

경복궁에서 좌측을 보면,『택리지』에서 지적한 바와 같이 산의 모습을 찾을
수 없을 정도로 우백호인 인왕산에 비하여 청룡인 낙산은 낮고 세가 약하다.

원래 동대문의 이름은 흥인문 세 글자였으나 청룡인 낙산에 흠이 있어 동
쪽의 나라인 일본에 의하여 임진왜란을 겪었다고 보아 흥인문에 '之'자를 첨

가하였다 한다.

지리법에서는 산을 용에 비유한다. 용은 생동감이 있어야 진룡(眞龍)이 된다. 지리서에는 '용이 생동감이 있다는 것은 之, 玄의 글자와 같이 산줄기의 흐름이 동적인 변화를 하여야 한다'고 말한다.

이와 같이 낮고 허약한 청룡인 낙산을 생동감 있는 용으로 만들기 위해 '之'자를 첨가하여 흥인지문으로 하였던 것이다.

또한 청룡의 끝자락 앞, 즉 용의 입 앞에 용이 희롱할 여의주를 상징하는 둥근 옹성을 조성함으로써 청룡의 생기를 더욱 북돋우었던 것으로 보인다.

북문인 숙청문(肅淸門, 중종 이후 肅靖門이라고 불려짐)은 건립 이후 거의 폐쇄되어 있었다. 순청문은 지리법적인 이유로 폐쇄되어 왔기에 이에 대하여 간략히 살펴보고자 한다.

창의문(彰義門, 일명 紫霞門: 백악의 서쪽 고개에 해당)과 관광방 동쪽 고개에 있는 숙청문(백악의 동쪽 고개에 해당)은 경복궁의 양팔에 해당하므로 지맥을 온전히 보호하기 위하여 문을 열지 말아야 한다고 최양선이 청하자 이를 계기로 창의문과 함께 북문인 북청문을 폐쇄하고 길에 소나무를 심어 사람들의 통행을 금하였다.[67]

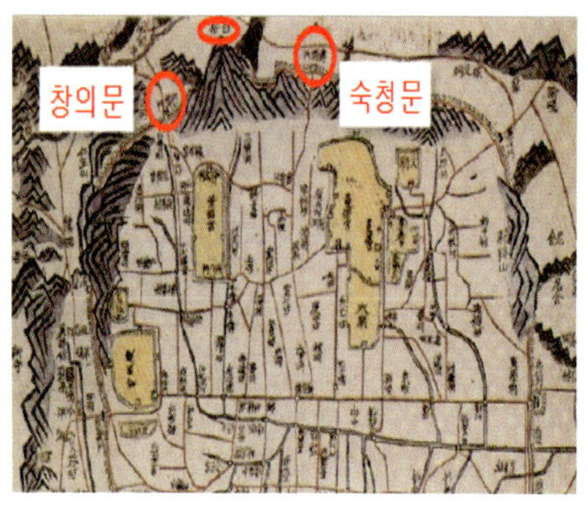

자료: 도성도 김정호 1861

〈그림 89〉 백악의 좌우 숙청문과 창의문

〈그림 90〉 북대문인 숙정문

---

67) 『태종실록』 권25, 태종 13년 6월 병인(19).
　　風水學生崔揚善上書曰 "以地理考之 國都藏義洞門與觀光坊東嶺路 乃景福宮左右臂也 乞勿開路 以完地脈" 從之 …… 命以各司奴, 栽松于藏義洞.

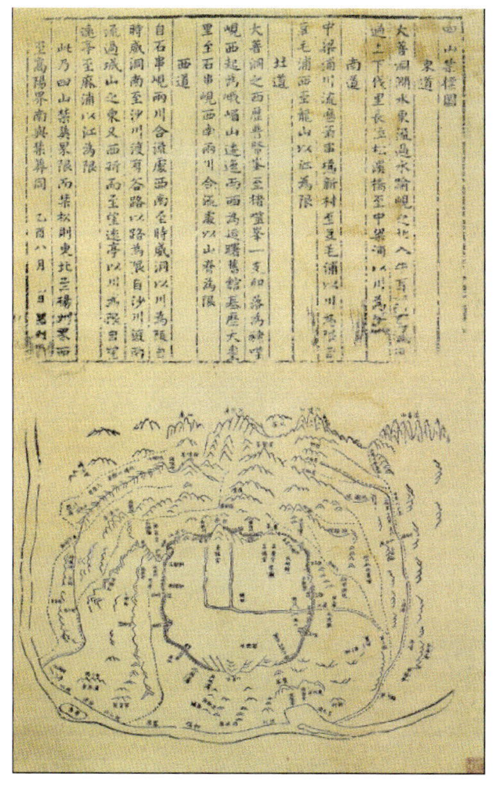

<그림 91> 사산금표도

한편으로는 숙청문을 열어 놓으면 장안의 여자가 음란해지므로 항상 문을 닫았다는 속설도 전하고 있다. 이것은 음양오행상의 원리로 보아 북쪽의 방위는 음(陰)에 속하고 오행으로는 수(水)에 해당하기에 나온 말로 보인다.

조선시대의 한양지도 중에는 사산금표도(四山禁標圖)가 있다.

사산(四山)이란 한양의 내사신사인 백악, 남산, 낙산, 인왕산을 말하고, 금표(禁標)는 이 지역 내에서 벌목이나 매장을 금지한다는 표지(標識)를 뜻한다. 연산군 때에는 외사신사까지 그 범위가 확대되기도 하였다.

조선 초부터 도성 내·외맥에 금표지역을 설정하고, 감역관을 두었음은 실록 등 여러 문헌을 통해서 알 수 있다.

사산에 금표를 설치한 중요한 이유는 사산의 지맥을 보호함으로써 지맥을 따라 흘러오는 지기를 한양에 온전하게 받게 하기 위함이었다. 이를 위하여 그 안에 집과 경작을 못하게 하고, 벌목을 하거나 돌을 채취하여 지맥을 손상시키는 등의 행위를 막았던 것이었다.

다음으로 수(水)법에 대하여 살펴보면 다음과 같다.

백악과 인왕산 사이에서 발원한 물줄기와 백악의 좌측에서 발원한 물줄기가 경복궁의 전면에서 합수하여 동쪽으로 흘러가면서 청계천[68]을 이루어 한

---

68) 조선시대에는 개천(開川)이라고 하였다. 하천의 규모가 작아 하천의 이름이 없는 하천을 일반적으로 개천이라고 함.

양의 내수(內水)인 명당수(明堂水)가 되고, 이 청계천은 북쪽에서 흘러온 중
랑천과 만나 서남으로 흘러서 경복궁의 외수(外水)인 한강과 합류한다. 한강
은 북동에서 서남으로 남산을 감아 돌면서 환포하여 흘러간다.

인왕산과 낙산, 남산이 옷깃처럼 둘러 솟아 있고 한강이 띠처럼 감아돌고
있는 말 그대로의 산하금대(山河襟帶)를 이루고 있다.

한나라의 청오자가 지었다고 전해지는 『청오경』에는 '물이 서쪽에서 동쪽
으로 흐르면 재물이 무궁하다(水過西東 財寶無窮)'고 하였는데 청계천이 이
에 부합하고 있다.

그런데 경복궁의 명당수가 부족한 것에 대하여 태조가 한양도읍을 결정할
당시부터 계속 문제점으로 지적되었고 이를 해결하기 위한 많은 방안들이 논
의되고 실행되기도 하였다. 개략적으로 살펴보면 다음과 같다.

> 태조가 한양도읍을 실제로 결정한 당일에 유한우 등은 경복궁 명당수의 발원지인 백악과
> 인왕산 사이의 수천(水泉)이 마른 것을 염려하였다.[69]
>
> 태종이 한양으로의 환도를 논의할 적에 윤신달, 유한우 등은 명당수가 없어 도읍으로 불가
> 하다고 하였다.[70]
>
> 같은 날 태종이 말하길,
> "내가 어찌 신도(한양)에 이미 이루어진 궁실을 싫어하고, 이 풀이 우거진 땅을 좋아하여,
> 다시 토목의 역사(役事)를 일으키겠는가? 다만 석산이 험하고, 명당에 물이 끊어져, 도읍하
> 기에 불가한 까닭이다. 내가 지리서를 보니, 말하기를, '먼저 물을 보고 다음에 산을 보라'
> 하였으니, 만약 지리서를 쓰지 않는다면 그만이지만, 쓴다면 명당은 물이 없는 곳이니, 도읍
> 하는 것이 불가한 것은 명확하다. 너희들이 모두 지리를 아는데, 처음에 태상왕을 따라 도
> 읍을 세울 때, 어찌 이러한 까닭을 말하지 아니하였는가?" 하였다.
> 이어서 이양달을 불러 말하길,
> "네가 도읍을 세울 때 태상왕을 따라가서, 명당이 물이 끊어지는 땅이어서 도읍을 세우는

---

69) 『태조실록』 권6, 태조 3년 8월 경진(13).
　　上相宅于舊闕之基 觀望山勢 問尹莘達等曰 "此地何如?" 對曰 "我國境內 松京爲上 此地爲次 所
　　可恨者 乾方低下 水泉枯涸而已."

70) 『태종실록』 권8, 태종 4년 10월 임신(4).
　　莘達對曰 "以地理論之 漢陽前後石山險 而明堂水絶 不可爲都. …… 劉旱雨曰 "漢陽則前後石山
　　險 而明堂無水 不可爲都.

데 불가하다는 것을 어찌하여 알지 못하였느냐? 어찌하여 한양에 도읍을 세우고 크게 토목의 역사를 일으켜서 부왕(父王)을 속였는가? 부왕이 신도(한양)에 계실 때 편찮아서 거의 위태하였으나 회복되었다. 살고 죽는 것은 대명(大命)에 관계되는 것이다. 그 후 변고(變故)가 여러 번 일어나고 하나도 좋은 일이 없었으므로, 이에 송도에 환도한 것이다."[71]

태종이 말한 지리서는 조선시대 지리학 과거시험 과목이었던 동진시대 곽박이 지었다고 전해지는 『금낭경』(장서)이라고 짐작할 수 있다. 이 책의 기감편(氣感篇)에는, '풍수의 법은 물을 얻는 것이 먼저이고 바람을 갈무리하는 것이 다음이다(風水之法 得水爲上 藏風次之)'라고 하여 물의 중요성을 강조하고 있다.

태종은 지리법 상 명당수가 중요한 것임에도 한양도읍을 결정할 때, 이를 지적하지 아니한 재상들을 질책하며 한양 도읍 시에 부왕인 태조의 건강이 좋지 못한 것과 여러 변고의 원인이 명당수에 문제가 있어 야기된 것임을 말하고 있다.

이양달은 조선초기의 서운관원으로서 지관이며 생몰연대는 알 수 없다.

태조의 계룡산 거둥 시에도 수행하였으며, 천도논의 시에는 선고개(鐥岾)를 건의하였고, 태종의 무덤인 헌릉을 소점한 인물이다.

> 태종 11년(1411)에 태종은 명당에 물이 없는 것이 흠이라 하여 경복궁(景福宮) 안에 개천(渠)을 파게 하였고,[72] 경복궁 성 서쪽 모퉁이를 파고 명당수를 금천(禁川)으로 끌어들이도록 하였다.[73]

---

71) 『태종실록』 권8, 태종 4년 10월 임신(4).
上曰 "予豈厭新都已成宮室 而好此草莽之地 更興土木之役乎? 但石山之險 明堂水絶 不可爲都故耳 予觀地理書 曰 '先看水後看山' 若不用地理書則已 用則明堂無水之地 不可爲都明矣 汝等皆知地理 初從太上王建都邑 何不言此故乎?" 莘達曰 "臣於其時 適遭親喪 未能扈從" 旱雨曰 "臣等非不言 但不得專耳" 上呼陽達曰 "汝於建都之時 從太上而行 豈不知明堂水絶之地不可建都也 乃何建都於漢陽 大興土木之役 以欺父王乎? 父王在新都不豫 幾殆而復存 沒則關乎大命矣 厥後變故屢興 無一好事 乃還松都."

72) 『태종실록』 권22, 태종 11년 7월 기축(30).
上曰 景福宮 太祖所創也 宜居于此 以示子孫 相地者曰 '所欠者 明堂水也' 其令開渠.

73) 『태종실록』 권22, 태종 11년 9월 계해(5).
命鑿景福宮城西隅, 引入明堂水于禁川.

〈그림 92〉 경복궁의 명당수인 금천

경복궁의 홍례문을 들어서면 근정문 사이에 개천이 동서로 나 있다. 이것이 바로 태종이 인위적으로 조성하게 한 물줄기이며, 이 개천을 禁川, 錦川, 혹은 명당수라고 한다. 이러한 개천은 창덕궁과 창경궁에도 있다.

『금낭경』의「기감편」에 '界水則止'란 말이 있는데 '땅속의 지기는 지맥을 따라 흘러다니는데 물을 만나면 멈춘다'라는 뜻이다.

백두산에서 발원하여 삼각산을 일으키고 보현봉을 거쳐 백악을 만들고, 백악에서 이어진 지맥을 타고 목자득국지지라 알려진 한양에 경복궁이 입지하고 있다. 이 지맥은 아미산을 넘어 교태전, 강녕전과 사정전 그리고 근정전으로 이어진다. 그런데 이 지기가 근정전에서 앞으로 계속 흘러가 버리면 경복궁 터는 과맥(過脈)이 되어 생기가 머무르지 못한다. 이를 방지하고 지기를 멈추게 하여 경복궁으로 생기를 온전히 받아들이기 위한 비보책으로 만들어진 것이 개천인 물줄기이다. 따라서 경복궁을 생기 충만한 명당터로 만드는 역할을 하는 물줄기가 錦川이며 명당수가 된다.

〈그림 93〉 금천을 내려다보고 있는 천록　　　　　　　〈그림 94〉 홍살문

　　고려와 조선시대에 설치되었던 왕궁을 수비하는 국왕의 친위군을 禁軍, 또는 禁兵이라 하였다. 궁궐을 수비하는 禁軍과 같이 외부의 나쁜 기운과 잡귀를 막는 역할을 한다고 하여 禁川이다. 이는 능(陵)·원(園)·묘(廟)·궁전·관아·향교나 서원 등의 정면 앞에 세우던 붉은 물감을 칠한 홍살문(홍전문(紅箭門) 혹은 홍문이라고도 함)도 이와 유사한 역할을 하였던 것으로 보인다.

　　광화문 양편에 한 마리씩 놓여 있는 해태의 원래 자리는 육조의 관아들이 늘어서 있었던 광화문 광장이었다. 이는 조정을 출입하는 관리들의 마음가짐을 올바르게 정립하게 하는 상징물이라 할 수 있다. 중국 문헌인『이물지(異物志)』에는 '동북 변방에 있는 짐승이며, 한 개의 뿔을 가지고 있는데, 성품이 충직하여 사람이 싸우는 것을 보면 바르지 못한 사람을 뿔로 받고, 사람이 다투는 것을 들었을 때는 옳지 않은 사람을 받는다'고 설명되어 있다. 이와 같이 정의를 지키는 동물로 믿어져서, 법을 심판하는 사람은 해치관이라 하여 해태가 새겨진 관모를 쓰기도 하였다. 우리나라에서는 대사헌의 흉배에 가식(加飾)되기도 하였다.74)

　　또한 사악한 귀신을 물리친다는 벽사(辟邪)의 수호신이기도 한 천록(天祿)75)은 홍살문의 기능과 같으며 금군의 역할과 맥을 같이한다. 따라서 금천의 천

---

74) 한국민족문화대백과사전편찬부, 앞의 책.

75) 天鹿이라고도 함

〈그림 95〉 한양 도성도의 조산과 마을 입구의 장승

록은 금천 너머의 외부에서 침입하는 잡귀를 막는 禁軍의 역할을 담당하고 있는 것이다.

錦川과 禁川의 구별은 물줄기를 경계로 하여 근정문 지역과 홍례문 지역에서 물줄기가 담당하고 있는 역할과 이에 부여된 의미의 차이인 것이다.

이중환이 지은 『택리지』의 「복거총론」 지리편에는 '先看水口'라 하여 수구를 가장 중요시 여기고 있는데 내용은 다음과 같다.

> 대체로 수구가 짜임새가 없고 광활하기만 하면 아무리 좋은 밭 만 이랑과 넓은 집 천 칸이 있어도 다음 대까지 가지 못하고 없어지게 된다. 그렇기 때문에 집터를 잡으려면 반드시 수구가 닫혀 있고 그 안에 들이 펼쳐진 곳을 구해야 한다.[76]

---

76) 『택리지』「복거총론」지리.
   凡水口虧踈空闊處雖有良田萬頃廣廈千間類不能傳世自然消散耗敗故尋相陽基必求.

수구가 열려 있으면 명당의 생기가 물줄기를 따라 쉽게 빠져 나가므로 흉지가 되어 버린다. 따라서 반드시 수구가 닫혀 있어야 지기가 누설되지 않고 생기충만한 명당이 유지된다.

한양 옛 지도 중의 하나인 도성도를 보면 특이한 점을 발견하게 된다. 보물 1호로 지정되어 있는 흥인지문 옆의 오간수문(五間水門) 바로 앞 양편에는 '造山'이란 글자가 나란히 표기되어 있는 것이다.

조산이란 인위적으로 조성한 산을 말하며 가산(假山)이라고도 한다. 궁궐이나 도성 안에 큰 연못이나 하천을 조성할 때 파낸 흙을 처리하기 위하여 쌓은 산이지만, 땅의 기운이 허한 곳에 지기(地氣)를 보태려고 쌓은 산을 가리키기도 한다.

오간수문은 한양의 명당수인 청계천이 흘러 나가는 수구문(水口門)이다. 수구인 오간수문으로 흘러나가기 직전 청계천 물줄기의 양 옆에 조산을 조성하여 놓은 것이다. 『택리지』에서도 지적하고 있듯이 수구가 닫혀 있어야 생기가 명당에 유지되므로 조산을 수구 양 옆에 조성하여 놓은 것은 한양의 생기가 누설되지 않도록 하기 위한 비보책이다.

마을 입구에서 흔히 볼 수 있는 장승도 이와 같은 역할을 한다.

지리법에서는 도로와 물줄기를 동일시하기도 하므로 명당의 생기가 마을을 빠져나가지 못하도록 하기 위하여 수구막이인 장승을 세웠던 것이다. 또한 '마을 외부에서 들어오는 나쁜 기운(殺氣)을 막는 역할을 한다' 하여 수살막이라고도 한다.

〈그림 96〉 아미산으로 이어지는 지맥선

〈그림 97〉 왕릉으로 이어지는 지맥선

〈그림 98〉 교태전 뒤의 화계가 조성되어 있는 아미산

경복궁에서 볼 수 있는 조산의 대표적인 것이 교태전(交泰殿) 뒤의 아미산
(峨嵋山)이다.

아미산은 태종12년(1412)에 경회루(慶會樓) 연못을 크게 만들면서 파낸 흙
으로 조성된 인공산이다. 세종 22년(1440)에 교태전을 짓기 시작하였으니[77]
아미산의 조성이 교태전의 후원 용도가 아니었던 것으로 보인다.

혈은 주산에서 내려온 지맥선을 타고 흘러온 지기가 머무르는 곳에 형성된
다. 혈을 이루기 위해서는 마치 아기를 잉태한 산모의 배처럼 볼록하게 솟아
있는 잉(孕)이 있어야 한다. 잉이란 지맥선을 타고 온 지기가 마지막으로 뭉
쳐 솟구친 부분으로 혈 자리로 생기를 공급하는 역할을 한다. 이를 혈증(穴
證)이라고 하며, 조선왕릉을 살펴보면 예외 없이 이와 같은 잉이 있음을 확인
할 수 있다.

경복궁은 주산인 백악산의 지맥선에 맞추어 택지되어진 것이다. 그런데 혈

---

77) 『세종실록』 권90, 태종 22년 9월 을사(6).
　　以將營交泰殿也.

에 생기를 공급하는 잉이 튼실하지 못하여 이를 보완하기 위한 비보책으로 경복궁의 잉에 해당하는 지점에 보토(補土)하여 아미산을 조성하였던 것으로 보인다.

다음에는 경복궁의 형국(形局)에 대하여 살펴보고자 한다.

우선 조선 초 경복궁을 건설할 때 경복궁의 형국과 관련된 전설이 전해져 오는데 내용은 다음과 같다.

이 전설에서는 경복궁의 국면을 학이 날개를 펼치고 있는 형상으로 파악하 고 있다.

---

78) 村山智順 저, 정현우 역, 『한국의 풍수』, 명문당, 1996, 591면.

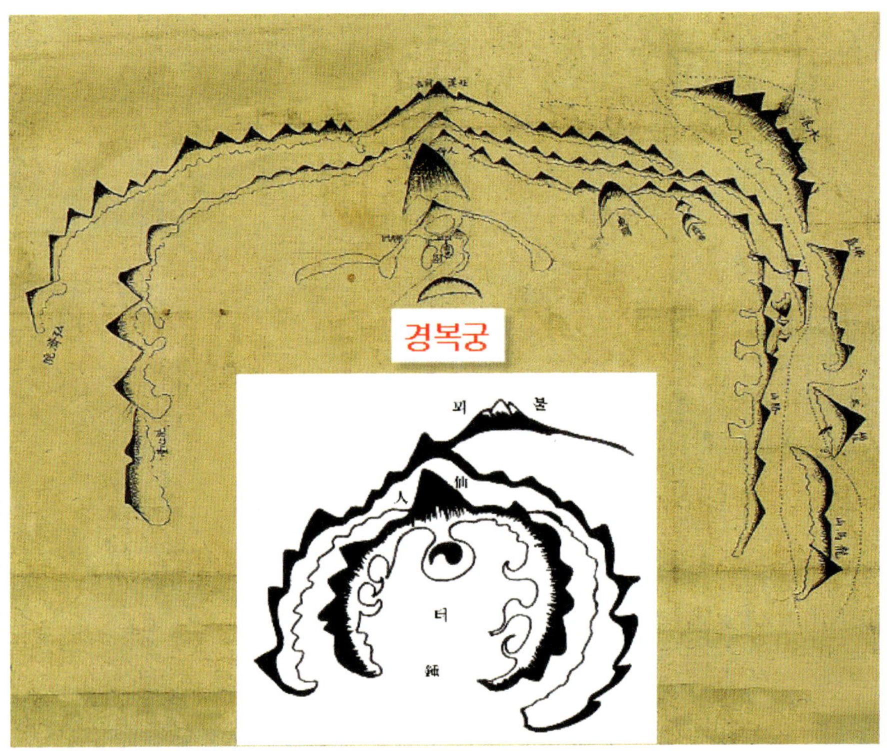

〈그림 99〉 경복궁도와 형국도(仙人舞袖形)

세조 10년(1464)에 최연원의 상언 중에 아래와 같은 내용이 있다.

의룡경(疑龍經)에 이르기를, '청룡과 백호의 배후에 옷자락이 있으면, 이는 관란(關闌)에 절하여 춤추는 소매라'고 하였으며, 지현론(至玄論)에 이르기를, '큰 기운이 이미 모였으니 지절(支節)은 해가 없다'고 하였으니, 백악산(白岳山)의 왼쪽 팔뚝 안에 또 작은 가지를 나누어 내청룡을 지었고 그의 등에 또 지족(支足)이 있으니, 이른바 청룡과 백호의 등 뒤에 옷자락이 있어서 이것이 '관란(關闌)에 절하고 춤을 추는 소매이다'라고 한 것입니다.[79]

여기서 최연원이 말한 왼쪽 팔뚝은 낙산을, 내청룡은 응봉에서 내려온 창덕궁 지맥과 종묘 지맥을, 왼쪽 팔뚝의 옷자락은 종로구 숭인동의 동망봉 지맥

---

79) 『세조실록』 권34, 정조 10년, 9월 정사(7).
　『疑龍經』曰 '龍虎背後有衣裾 此是關闌拜舞袖 『至玄論』曰 大氣旣鍾 支節不害 白岳左 臂之內 又分小支而作內靑龍 其背又有支足 則所謂龍虎背後有衣裾 此是關闌拜舞袖也.

을 가리키고, 오른쪽 팔뚝은 인왕산을, 오른쪽 팔뚝의 옷자락은 인왕산에서 흘러간 무악의 산줄기를 가리킨다. 이와 같이 소매 자락을 나부끼며 춤을 추는 형상에 비유하고 있다.

경복궁의 주산인 백악은 오행(五行)산으로 분류할 때 위로 우뚝 솟은 목성(木星)에 해당하고 목성(木星) 산형은 사람에 비유되기도 하는데 백악 석산의 기세가 옥녀(玉女)와는 거리가 멀고 선인(仙人)에 가깝다.

이를 종합하여 보면 백악의 선인이 양팔의 옷자락을 나부끼며 춤을 춘다는 이른바 선인무수형(仙人舞袖形)이다.

이곳 선인무수형의 제1혈은 선인의 품 안 중 백악의 지맥이 삼합수 물줄기에 의하여 흐름이 멈추어진 합수머리에 입지한 경복궁이다. '景福'이란 '이미 술에 취하고, 이미 덕에 배가 부르니 군자의 만수무강과 큰 복을 빈다'80)라는 『시경(詩經)』의 글에서 유래되었다 한다. 경복궁에 술판을 차려놓고 백악의 선인이 흥에 겨워 옷자락을 펄럭이며 춤을 추는 형상이 연상된다. 즉, 이곳 경복궁은 신선이 흥에 겨워 춤을 출 정도로 태평성대를 구가할 수 있도록 선정을 베풀라는 정서적 의미를 부여하고 있는 것이다.

2. 조선의 서원(書院)

1) 개 요

한국의 교육 기관은 고구려의 태학에서부터 시작되었다. 고려 시대에는 중앙에 국립대학 격인 국자감이 설치되어 여말 이후 성균관으로 개칭되어 사용되었고, 지방에는 향학(중기 이후 향교가 성립된 것으로 보는 것이 일반적임)을 설치하였다. 국도(國都)를 제외한 각 지방에 관학이 설치된 것은 고려 이

---

80) 삼봉 정도전이 『시경(詩經)』 주아(周雅)에 나오는 글귀에서 따왔다고 함.
　　旣醉以酒 旣飽以德 君子萬年 介爾景福.

후에 이루어졌다. 고려는 중앙집권체제를 강화하기 위하여 3경(京) 12목(牧)을 비롯한 군현에 박사와 교수를 파견하여 생도를 교육하게 하였는데, 이것이 향학(鄉學)의 시초이다.[81]

향교가 완비된 유학 교육 기관으로서의 기능을 갖게 된 것은 조선에 이르러서인데, 조선 초기에 군현 단위의 모든 지방 행정 구역에 향교를 설치하여 운영하였다.

그런데 15세기 말부터 향교의 교육적 기능은 쇠퇴하기 시작하였는데, 관학이 갖는 관료주의와 무사안일주의의 병폐가 드러나기 시작하면서부터이다. 관학 교육은 지극히 형식적이 되고 급속도로 발전하는 성리학에 대한 교육 수요를 감당할 수 없게 되었다. 서원이 출현하기 시작한 16세기 중반에는 이미 전국 곳곳에 정사(精舍)와 서당, 서재라는 이름의 개인적인 교육 시설들이 성행하고 있었다.

조선시대의 서원은 강학(講學)과 선현제향(先賢祭享)을 위하여 조선 중기 이후 사림(士林)에 의하여 향촌(鄉村)에 설립된 사설 교육기관인 동시에 향촌 자치운영기구였다.[82]

16세기 중반에는 국가의 교육 정책 방향이 관학 진흥책에서 사학인 서원 장려책으로 전환되었던 것으로 보인다.[83]

중종 38년(1543) 풍기군수 주세붕이 고려 말 학자 안향(安珦)을 배향하고 유생을 가르치기 위하여 경상도 순흥에 백운동서원(白雲洞書院)을 창건한 것이 서원의 효시가 되었다. 풍기군수로 부임한 이황은 전임군수 주세붕이 세운 백운동서원에 대하여 국가의 공식적인 지원을 요청하였고 명종 5년(1550)에 '소수서원(紹修書院)'이라는 어필(御筆) 현판과 더불어 서적과 노비를 하사 받은 것이 '사액서원(賜額書院)'의 효시가 되었다.

이를 계기로 1550년에는 최충을 배향한 해주의 문헌서원(文憲書院), 1554년에는 정몽주를 배향한 영천의 임고서원(臨皐書院), 1566년에는 정여창을

---

81) 한국민족문화대백과사전편찬부, 앞의 책.

82) 이상해, 『서원』, 열화당, 2004, 351면.

83) 김봉렬, 『서원건축』, 대원사, 2001, 13,4면.

모신 함양의 남계서원(灆溪書院)이 각각 사액을 받게 되며 서원 건립은 전국
으로 확산되었다.

서원 역사의 시대 구분에는 다양한 의견[84]이 있지만 이상해의 견해[85]에 따
라 4기로 나누어 간략히 살펴보면 다음과 같다.

제1기는 서원이 처음으로 건립된 16세기 중엽(1543)부터 명종(1546∼1567)
중기까지 약 십 년간의 시창기(始創期)로 서원건축 발생시기이고, 이 시기에
건립되어 현존하는 대표적인 서원은 소수서원이다.

제2기는 명종 말에서 17세기 중엽인 현종 대까지 약 백여 년간에 이르는
정착기(定着期)로 강당 중심의 서원건축 성립시기이며, 이 시기에 세워진 대
표적인 서원은 남계서원(1552), 서악서원(西岳書院, 1561), 도동서원(道東書
院, 1568), 옥산서원(玉山書院, 1573), 도산서원(陶山書院, 1574), 덕천서원
(德川書院, 1576), 서계서원(西溪書院, 1606), 병산서원(屛山書院, 1614),
노강서원(魯岡書院, 1675) 등이 있다.

제3기는 17세기 중엽 이후부터 서원 훼철이 이루어지는 영조 17년(1741)
이전까지 약 칠십 년에 이르는 남설기(濫設期)로서 사당 중심의 서원건축 성
립기로 강학 기능은 약화되고 제향 기능이 상대적으로 우위를 차지하게 되며,
그 결과 강학공간의 동·서재가 강당의 뒤에 배치되는 전당후재(前堂後齋)의
배치 형식들이 등장하게 된다.

이 시기의 대표적인 서원으로는 필암서원(筆巖書院, 1672년에 현재의 위치
로 이건), 심곡서원(深谷書院, 1650), 덕봉서원(德峰書院, 1695), 봉암서원(鳳
巖書院, 1697), 흥암서원(興巖書院, 1702), 죽림사(竹林祠, 1708) 등이 있다.

제4기는 1741년(영조 17) 서원 훼철부터 1871년(고종 8) 서원 철폐령에 의
하여 47개소를 제외한 훼철되기까지의 쇠퇴, 정비 및 훼철기로서 사당 전횡의

---

84) 정순목은 기능적인 면에서 3단계로 구분하여 제1기는 16세기 중반부터 16세기 말까지로 장수(藏修)우
위시대, 제2기는 17세기부터 18세기까지로 향사(享祀)우위시대, 제3기는 19세기 이후로 서원정비시대
로 나눈다.
(『한국서원교육제도사연구』 영남대학교 출판부. 1979). 민병하는 제도적인 면에서 3기로 구분하여 제1
기는 중종부터 명종까지로 시창기, 제2기는 선조부터 숙종까지로 발전기, 제3기는 경종부터 고종 초까지
로 정리기로 나누고 있다(『한국중세교육제도사연구』 성균관대학교 출판부, 1992).

85) 이상해, 위의 책, 358∼60면.

서원 건축 시기로 제향 기능의 건축만이 위주가 된다. 이 시기의 특징은 제3기의 강학공간의 붕괴 현상이 더욱 심화되어 동·서재가 없어지거나, 심지어 강당이 없고, 사당과 재사(齋舍)만 남아 사당의 부속채로 되기도 한다. 교육기능은 위축되거나 소멸되고 제향 기능만이 강조되어 서원은 사묘(祠廟)와 구분하기 어려울 정도로 사당화된다. 이 시기의 대표적인 서원으로는 수암서원(秀巖書院, 1820), 수림서원(繡林書院, 1856) 등이 있다.

이와 같이 조선시대의 서원은 시창기, 정착기, 남설기, 쇠퇴정비기를 거치면서 많은 서원들이 세워졌고, 사액을 받았으며, 이와 함께 서원의 폐단도 컸지만, 이들 서원은 이러한 진행과정에 따라 각각 그 자체의 입지 및 배치 형식상의 특성을 지니고 있다.

서원의 입지는 대개 두 가지 조건, 즉 인물적 조건과 지리적 조건을 필요로 한다.

인물적 조건이란 배향하고자 하는 특정 선현과 관계가 있는 연고지, 즉 출생지나 거주지, 성장지, 유배지, 유택(幽宅)이 있는 곳 등과 같이 일정한 인연이 있어야 하는 것을 말한다.

그리고 지리적 조건은 사림들의 정치적 기지가 되기 위해서 향촌 사회와 가까우면서도 사립 기관이라는 특성상 지방 행정 중심지로부터 멀리 떨어져 있으면서 학문연구와 정서 함양을 위해 한적한 곳이어야 한다.[86]

이중환의 『택리지』에는 다음과 같은 내용이 있다.

> '가까운 곳에 아름다운 산수가 없으면 정서를 함양하지 못한다. …… 산수라는 것은 정신을 즐겁게 하고 성정(性情)을 맑게 해준다. 거주지에 이러한 산수가 없으면 사람들이 거칠어진다. …… 산수란 멀리서 대하면 사람으로 하여금 큰 포부를 갖게 하여 인물을 만들어내고 가까이 대하면 심지(心志)를 깨끗하게 하고 정신을 맑게 한다.'

이중환이 『택리지』에서 강조한 것은 인격 도야와 정서 함양이다. 이것은

---

86) 김봉렬, 『서원 건축』, 대원사, 2001, 27면.

바로 서원의 지리적 입지조건과 일치하고 있다.

서원의 이러한 입지조건에 대하여 이황은 백운동서원에 대한 사액을 요청하는 글인 「상심방백서(上沈方伯書)」에서,

'산천이 수려하고 한적한 들과 고요한 물가에 머무르며 번화한 환경의 유혹에서 벗어나 덕을 쌓고 인을 익히는 것을 낙으로 삼는다'고 말하고 있다.

상기와 같이 조선시대의 교육기관은 관학인 중앙의 성균관과 지방의 향교, 그리고 사학인 지방의 서원이 있다. 관학의 교육 기능상 성균관은 향교의 모범이 되었기에 성균관의 건물 배치나 공간 구성은 향교의 표준이 되었다고 볼 수 있다.

성균관과 향교의 건물 배치나 공간 구조는 문선왕(文宣王) 공자(孔子)를 중심으로 한 선현을 봉향하기 위한 제향(祭享) 공간인 대성전과 동·서무, 유생을 교육하기 위한 강학(講學) 공간인 명륜당과 동·서재, 그리고 이들 양자를 지원하기 위한 부속공간으로 구분된다.

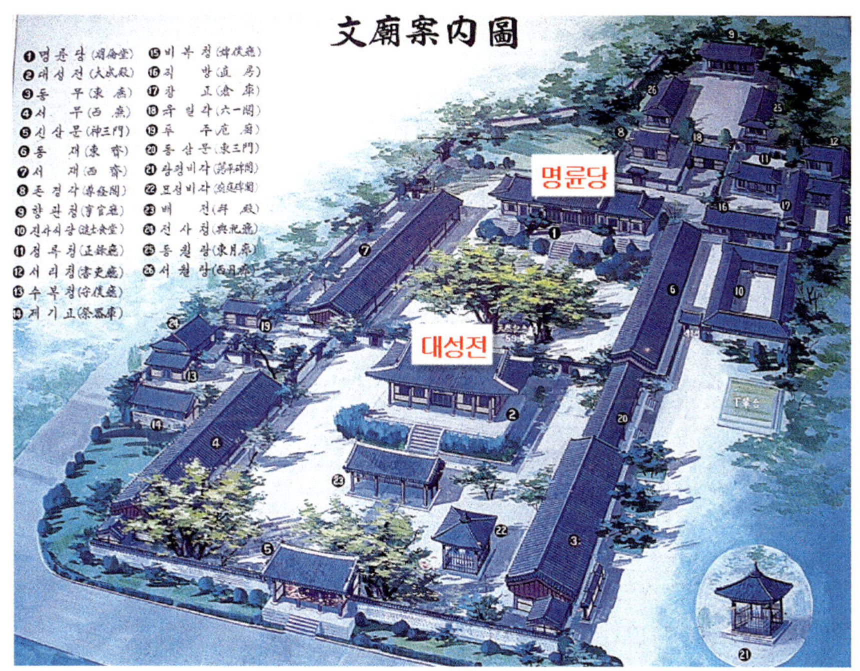

〈그림 100〉 성균관 조감도(평지)

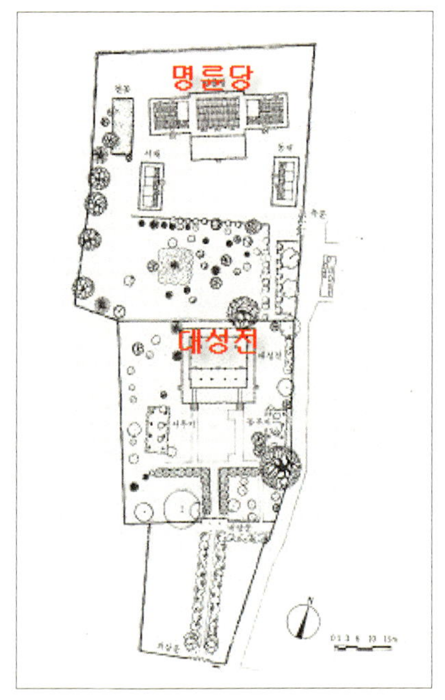

〈그림 101 나주향교 배치도(평지)〉　　〈그림 102〉 강릉향교(구릉지)

성균관은 그림과 같이 제향 공간이 앞에 있고, 강학 공간이 뒤에 있는 이른바 전묘후학(前廟後學)의 배치 구조를 하고 있다. 나주향교 역시 전묘후학의 배치를 하고 있다. 그런데 강릉향교는 그림에서와 같이 강학 공간인 명륜당이 앞에 있고 제향 공간인 대성전이 뒤에 위치하고 있는 전학후묘(前學後廟)의 배치를 이루고 있다.

건물의 입지 공간에 대하여 살펴보면, 성균관과 나주향교는 평지인 반면에 강릉향교는 산의 구릉지에 입지하고 있다. 입지공간이 평지와 구릉지라는 차이에 의해서 배치를 서로 달리하고 있는 것이다.

즉, 평지에서는 전상후하(前上後下)의 상하서열에 의한 전묘후학, 구릉지에서는 고상저하(高上低下)의 위계서열에 의한 전학후묘 배치구조임을 짐작할 수 있다.

이와 같이 향교의 배치는 평지에서는 전묘후학이고 구릉지에서는 전학후묘가 일반적이나 때로는 밀양향교, 제주향교 등과 같이 제향공간과 강학공간이 좌우로 배치되는 경우도 있다.

16세기 중엽부터 세워지기 시작한 서원은 유교적 예제 질서체계에 따라 성균관이나 이를 모방한 향교를 기준으로 한 배치 구조를 하고 있다.

서원은 대개 산지에 입지하고 있기에 강당을 앞에 두고 사당을 뒤에 두는 전학후묘의 배치방식을 취하고 있다. 예외적으로 소수서원은 이러한 기본 유형과는 다른 특이한 배치를 하고 있는데 이에 대하여는 본서에서 상술하기로 하겠다.

그리고 동·서재인 재사(齋舍)와 강당의 배치관계를 보면 앞서 살펴본 서원 역사의 시대구분에서 제3기인 남설기 이전에 건립된 서원은 재사가 앞에 있고 강당이 뒤에 있는 이른바 전재후당(前齋後堂)의 배치형식이고, 제3기인 남설기, 즉 17세기 중엽 이후의 서원은 강당이 앞에, 재사가 뒤에 있는 전당후재(前堂後齋)의 배치형식을 하고 있다.

강학 중심의 초기 및 정착기에는 강학기능의 강당을 중심으로 배치한 전재후당형이며 현재 대표적인 서원인 도산(1574), 덕천(1576), 도동(1605), 그리고 병산서원(1613)이 여기에 해당되고, 제향중심의 남설기 이후에는 제향기능의 사당을 중심으로 배치한 전당후재형이며 이에는 필암(1672), 덕봉(德峯, 1695), 흥암서원(1702) 등이 대표적이다.

서원은 궁궐과 마찬가지로 유교예제와 우리의 지리사상이 결합되어 있는 조선시대의 대표적인 문화재이다.

서원의 터잡이에는 인걸지령(人傑地靈)과 지리인성(地理人性)의 지리사상이 담겨 있다. 빼어난 산수를 골라 터를 잡고 여기서 학문을 연구하고 정서를 함양하면 이 땅의 지령을 받아 걸출한 선비라는 인걸이 배출된다는 것이 서원입지의 인걸지령사상이다.

본 연구에서는 최초의 서원인 소수서원과 5대 서원 중에서 가장 나중에 건립된 병산서원의 입지와 배치를 중심으로 하여 고찰하고자 한다.

2) 소수서원(紹修書院)의 입지와 배치

〈그림 103〉 소수서원 전경

소수서원은 경북 영주시 순흥면 내죽리에 있는 최초의 서원으로 사적 제55
호로 지정되어 있다.

1541년(중종 36) 7월에 풍기군수로 부임한 주세붕은 다음 해인 1542년 8
월에 성리학자 회헌(晦軒) 안향(安珦)을 봉향하기 위하여 연고지인 옛 숙수
사지(宿水寺址)에 안향의 사묘(祠廟)를 건립하고 다음 해인 1543년(중종 38)
8월에 사묘 동쪽에 주자(朱子)의 백록동서원(白鹿洞書院)을 본따 백운동서
원(白雲洞書院)을 건립한다.

이에 대한 기록을 주세붕이 쓴 『죽계지(竹溪志)』의 서문에서 살펴보면 다
음과 같다.

> 임인년(중종 37)에 백운동에 회헌사당을 세우고 다음해 계묘년(중종 38)에 별도로 사당
> 앞에 서원을 세웠다. …… 가르침은 존현(尊賢)에게서 시작되므로 사묘를 세워 존현의 덕
> 을 높이 섬겨야 한다. …… 지금의 죽계는 문성공(文成公: 안향의 시호)이 살던 마을이므
> 로 이곳에서 가르침을 일으키려면 반드시 문성공에서부터 시작되어야 한다.[87]

1548년(명종 3) 10월 주세붕에 이어 부임한 퇴계(退溪)는 서원을 공인하고 널리 알리기 위해 1549년 조정에 백운동서원의 사액(賜額)을 경상감사 심통원을 통하여 요청하였다.

이에 대해 명종은 다음해인 1550년(명종 5) 2월 대제학 신광한이 '이미 무너진 유학을 다시 이어 닦게 한다(旣廢之學 紹而修之)'는 뜻을 담아 지은 '紹修'라는 이름으로 '紹修書院'이란 어필 편액과 함께 사액하였다. 이렇게 하여 최초의 사액서원이 되었으며 대원군의 서원 철폐령에도 존속한 47개 서원 중의 하나이다.

백두대간의 정출맥을 타고 있는 소백산 비로봉(1440)에서 동남으로 흘러온 맥은 원적봉(961)을 일으키고, 원적봉에서 약간 남으로 치우친 동쪽으로 달려온 산줄기는 비봉산(437)을 이루는데 안향의 출생지인 순흥의 진산(鎭山)이 되고, 정동쪽으로 낙맥(落脈)한 지맥은 잠룡(潛龍)으로 들판을 지나 죽계천을 만나면서 마지막으로 나지막한 봉우리를 일으키는데 이것이 영구봉(靈龜峯, 249)이며 소수서원의 주산을 이룬다. 소수서원은 영구봉을 배산으로 죽계천을 임수로 하여 평지에 입지하고 있다.『택리지』에서는 소수서원의 입지에 대하여 다음과 같이 서술하고 있다.

영천 서북쪽 순흥부에 죽계란 시내가 있는데 소백산에서 흘러내려온다. 들은 넓고 산은 낮으며 물과 돌이 맑고 밝다. 상류에 있는 백운동서원은 문성공 안향을 제사 지내는 곳이다. …… 서원 앞의 누각은 시냇가에 위치하여 밝고 넓으며, 온 읍의 경치를 완전히 차지하였다. 이 두 고을의 시내와 산의 형세와 토지가 비옥한 것이 안동 여러 곳의 유명한 마을과 비슷하다. 까닭에 소백산과 태백산 아래의 황강 상류는 참으로 사대부가 살 만한 곳이다.'[88]

---

87) 영주시,『국역 죽계지』,「죽계지서(序)」, 영주서림사, 2002, 35,6면.
　　嘉靖辛丑秋七月戊子余到豊城是年大旱明年壬寅大飢其年立晦軒祠堂於白雲洞又明年癸卯移達學官於郡北別立書院 於晦軒廟前 …… 敎必自尊賢始故於是立廟而尙德立院而敎學 …… 今夫竹溪文成公之關里若欲立敎必自文始(269면).
88) 이중환 저, 이익성 역,『택리지』, 을유문화사, 2003, 211면.

〈그림 104〉 소수서원의 내룡

　형세론적으로 소수서원의 입지를 살펴보면 다음과 같다.

　백두대간의 소백산 비로봉을 세(勢)로 하고 원적봉에서 낙맥하여 이루어진 영구봉을 형(形)으로 하고 있다. 주산인 영구봉은 한반도의 척추인 백두대간의 강한 기세를 직접적으로 이어받고 있다. 혈은 형에서 이루어지므로 다음으로는 형에 해당하는 영구봉에서 혈자리까지의 내맥을 살펴보기로 한다.

〈그림 105〉 지맥선의 식(息)현상

〈그림 106〉 문성공묘 뒤의 잉(孕)

<그림 107> 문성공묘로 들어오는 지맥선

　영구봉에서 내려오는 지맥선을 살펴보면, 지현굴곡(之玄屈曲)의 식(息)현상이 뚜렷이 나타나고 소수서원의 담장을 지나 전사청 옆에 잉(孕)을 이루고, 전사청 앞의 담장을 지나 문성공묘로 연결되어 혈을 만들어 놓았다. 즉, 문성공묘는 혈 자리에 입지하고 있다.

　문성공묘는 선왕의 위폐를 배향하는 종묘와 같이, 문선왕인 공자를 중심으로 성현들을 배향한 대성전과 같이 음택에 해당한다.

　음택에 해당하는 문성공묘가 혈 자리를 차지하고 있는 사당중심 서원이라는 것이 소수서원의 배치를 이해할 수 있는 핵심이다.

　오늘날 소수서원의 배치에 대하여 학자들은 다음과 같이 말하고 있다.

최초의 서원답게 특정한 형식의 틀이나 배치 규범을 따르지 않고 여러 건물들이 자유롭게 배열된 것이 특징으로…….89)

서원의 배치는 강학 중심의 명륜당은 동향이고, 제향의 중심 공간인 문성공묘는 남향이며, 기타의 건물들은 중심축을 설정하지 않고 명륜당 북쪽에 자유롭게 배치한 특이한 형태를 취하고 있다.90)

소수서원은 제향 공간과 강학 공간이 별개의 영역에 설립되어 있지만 서로 간의 상관성을 거의 보여 주지 않으면서 배치되어 있다. 그리고 강학 공간의 주건물인 강당과 부속건물인 재사도 일정한 관계의 설정 없이 배치되어 있으며…….91)

서원의 배치는 강학의 중심인 명륜당은 동향이고 배향의 중심 공간인 사당(祠堂)은 남향이다. 기타 전각들은 어떤 중심축을 설정하지 않고 자유롭게 배치된 특이한 형태를 취하고 있다.92)

위의 내용을 요약하면 소수서원은 건물배치의 어떠한 기준도 없이 자유롭게 배치된 특이한 형태라는 것이다.

소수서원이 원칙 없이 무질서하게 배치되었는지, 아니면 어떤 배치의 기준을 가지고 세워졌는지에 대하여 살펴보기로 한다.

전술한 대로 소수서원은 문성공묘가 혈 자리에 입지하고 있는 사당중심 서원이다. 중심건물이 음택(陰宅)인 사묘이므로 이후에 세워지는 건물들은 음택인 사묘를 중심으로 하여 배치하게 된다. 사묘는 군자 남면이라는 유교 이념에 따라 남향을 하고 있다. 사묘공간에 있는 사당에 부속된 건물을 보면 전사청(典祀廳)과 영정각(影幀閣)이 자리하고 있다.

성균관과 평지에 입지하고 있는 향교를 보면 전묘후학, 즉 전상후하(前上後下)의 배치를 하고 있다. 바로 이 전상후하의 배치 원리에 맞추어 전사청과 영정각을 사묘 뒤에 입지시켰던 것이다. 사묘를 세운 다음 해에 강당을 세우게 되는데 옛 숙수사의 기단을 그대로 사용하여 건립하게 된다. 그런데 사묘는 남향을 하고 있는 반면에 강당은 동향을 하고 있다. 강당을 남향으로 하지

<hr>

89) 김봉렬, 앞의 책, 68면.
90) 이상해, 앞의 책, 24면.
91) 이상해, 앞의 책, 359면.
92) 한국민족문화대백과사전편찬부, 앞의 책.

〈그림 108〉 현종왕릉의 우상좌하 　　　〈그림 109〉 강당의 좌청룡, 좌하 배치

않고 그 자리에 동향으로 배치한 이유는 바로 음택인 사묘 때문이다.

음택은 양택과 달리 오른쪽이 왼쪽보다 상위다. 이를 우상좌하(右上左下)라 한다.

혈 자리에 입지하고 있는 음택에 해당하는 문성공묘를 중심으로 보아 우백호는 영구봉의 산줄기가 되는데 좌청룡에 해당하는 산줄기는 보이지 않는다.

강당은 우상좌하라는 예제에 맞추어 사묘의 왼편에 입지하게 되었고 사묘의 좌청룡이라는 장풍 역할을 하기 위하여 동향을 하게 되었던 것이다.

그런데 강당의 건물은 동향으로 되어 있는데 '白雲洞'이라는 편액이 남쪽에 걸려 있다. 남향을 하고자 하는 것은 유교 이념에 따른 것이다.

이러한 현상은 부석사 무량수전에서도 발견할 수 있다.

부석사 무량수전의 건물은 봉황산의 산줄기의 흐름에 맞추어 남향으로 배치되어 있는데 법당 내에 모셔놓은 아미타여래좌상불은 동향을 하고 있다. 아미타불은 서방 극락정토를 다스리는 부처님이다.

아미타불이 동향을 하고 있어야 사람들은 서방 극락정토를 향하여 배향하게 된다. 따라서 무량수전의 아미타여래좌상불은 서방 극락정토로 중생을 구제하기 위하여 건물이 남향 배치를 하고 있음에도 불구하고 동향을 하고 있다.

요약하면 부석사 무량수전은 산줄기의 지맥에 맞추어 남향 배치를 하였고 불상은 불교 이념에 따라 동향을 하였던 것이다.

강당에 부속된 강당공간에 입지하고 있는 건물은 직방재(直方齋)·일신재(日新齋), 학구재(學求齋), 그리고 지락재(至樂齋) 건물이다.

　서원 원장(白雲洞主)의 거처인 직방재는 주역 곤(坤)괘 문언전(文言傳)의 ‘군자는 경으로서 안을 바르게 하고 의로써 밖을 바르게 한다(君子 敬以直內 義以方外)’라는 구절에서 유래되었으며, 일반교수의 거처인 일신재는 대학(大學)의 ‘日新 又日新’에서 유래되었다고 본다.

　직방재와 일신재를 보면, 직방재는 우측에, 일신재는 좌측에 위치하고 있기에 우상좌하의 기준에 맞게 배치되어 있다.

　일신재 뒤편 좌측에는 원생들의 거처인 학구재가 있다. 스승의 거처인 일신재는 앞에 있고 학생의 거처인 학구재는 뒤에 위치하는 전상후하의 배치 기준에 맞고, 일신재는 학구재의 우측에 위치하고 있으므로 우상좌하의 배치 원칙에도 맞다.

　또한 사제 간의 구별은 건물의 구조에서도 엿볼 수 있는데 스승의 거처인 일신재의 기단이 원생의 거처인 학구재의 마루높이와 일치하고 있다. 엄격한 유교예제 질서를 이러한 건물의 구조에서도 표현하고 있는 것이다.

　직방재와 일신재는 같은 건물인데 좌측은 일신재, 우측은 직방재이다.

　강당과 직방·일신재의 배치관계를 보면, 우선 진입공간적인 측면에서는 강당이 전면에 직방·일신재가 뒷면에 위치하고 있어 사묘공간과 마찬가지로 전상후하의 기준에 맞고, 강당의 배치 방향적인 측면에서는 강당은 우측이고 직방·일신재는 좌측에 위치하는 우상좌하의 원칙에 합치된다.

〈그림 110〉 강당과 직방·일신재(전상후하)

〈그림 111〉 직방재와 일신재(우상좌하)

〈그림 112〉 일신재와 학구재의 배치　　〈그림 113〉 학구재와 지락재의 배치

학구재의 좌측에는 지락재가 위치하고 있다.

학구재는 지락재의 우측에 위치하고 있기에 우상좌하의 원리상 학구재는 선배의 거처이고 지락재는 후배의 거처로 생각된다. 왜냐면 일신재와 학구재 간의 건물의 높낮이 구조의 차이와 마찬가지로 선배의 거처인 학구재 기단의 높이가 후배의 거처인 지락재 마루의 높이와 일치하고 있기 때문이다. 지락재는 서향을 하고 있다.

고직사(庫直舍)[93]는 서원에 귀속되어 서원의 여러 일들을 돌봐주는 노비들이 거처하는 숙소를 말한다. 고직사의 배치를 보면 가장 북쪽에 위치하고 있다. 이것은 엄격한 유교예제의 건축배치 방식에 따른 것으로 보이는데 소수서원에 배향된 안향의 출생지인 순흥마을이 소수서원의 남쪽에 위치하고 있기 때문이다. 이후의 모든 서원의 고직사는 예외 없이 배향된 선현의 연고지와 반대방향에 위치하고 있다.

---

93) 교직사(校直舍), 주소(廚所), 주사(廚舍) 등의 이름으로도 불린다.

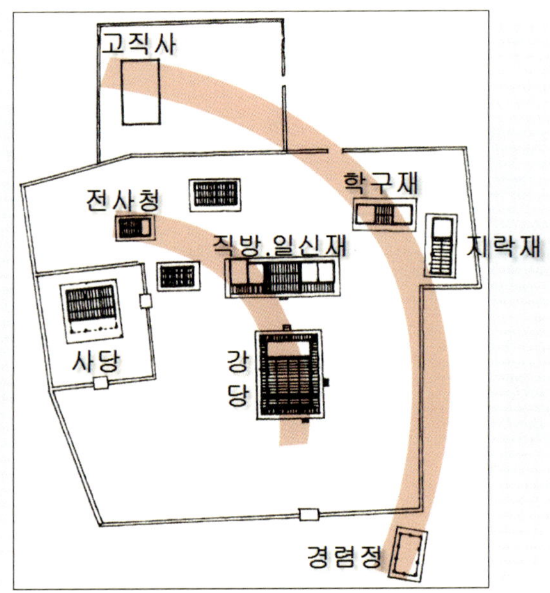

〈그림 114〉 사당을 감싸고 있는 좌청룡의 배치

〈그림 115〉 경렴정의 배치와 편액

원생들의 휴식공간인 경렴정(景濂亭)은 배치와 편액의 글자가 특이하다. 특이한 것은 이유가 있기 마련이다.

경렴정의 남쪽 끝자락이 서쪽으로 약간 틀어서 배치되어 있다. 이러한 배치는 소수서원의 중심인 문성공묘를 유정하게 감싸주고자 하였기 때문이다.

그리고 편액의 글자 중에서 '亭'자가 특이한데 둥글고 길게 휘어 감고 있다. 이것은 전술한 흥인지문의 '之'자와 같은 맥락으로 볼 수 있는데, 허약한 좌청룡의 기세를 보완하기 위함이다. 이와 같이 경렴정의 틀림 배치와 亭자의 용트림 필체 편액은 모두 사묘인 문성공묘의 좌청룡으로서의 역할을 하게 하기 위한 비보책이라 할 수 있다. 『열읍원우사적(列邑院宇事蹟)』의 경상도편에는 경렴정의 유래에 대하여 주렴계(周濂溪)의 뜻을 경모하기 위하여 이름 지었다고 한다.

소수서원 전체의 배치를 살펴보면, 그림과 같이 사당인 문성공묘를 중심으로 전체의 건물들이 질서 있게 배치되어 있음을 알 수 있다. 즉, 강당과 직방재, 그리고 전사청으로 이어지는 선과 경렴정과 지락재, 학구재, 그리고 고직사로 연결되는 선 모두 사당을 감싸 안게 배치한 것은 청룡으로서의 역할과 장풍역할을 하기 위함이다.

소수서원의 배치를 요약하면, 음택에 해당하는 문성공묘를 중심으로 일정한 원칙에 따라 배치되어 있음을 확인할 수 있었다. 세부적인 건물배치는 음택의 우상좌하(右上左下) 원칙을 기본으로 하여 전상후하(前上後下)의 유교예제 원칙에 따라 이루어졌고 전체적인 건물배치는 문성공묘의 청룡의 역할을 다할 수 있도록 구성되어져 있다.

겉으로 보기에는 한없이 무질서하고 불규칙해 보이면서도 나름대로 어떤 질서와 규칙성을 가지고 있는 여러 현상을 설명하려는 이론이 카오스 이론인데, 어쩌면 바로 소수서원의 건물배치와 부합되는 이론이라고 생각된다.

죽계천을 사이에 두고 경렴정 맞은편에는 붉은색의 '敬'자와 흰색의 '白雲洞'이라고 음각된 바위가 있다. '敬'자는 주세붕이 새긴 것이고 '白雲洞'은 퇴계가 음각한 것이라고 한다.

주세붕은 '敬'자를 음각하고 다음과 같이 말하였다고 한다.

"오, 회헌 선생을 경모하여 서원을 세우고 후학들에게 선사의 학리를 수계하고자 하나 세월
이 흐르게 되면 건물이 허물어져 없어지더라도 '敬'자만은 후세에 길이 전하여 회헌 선생
을 선사로 경모하였음을 전하게 되리라."[94]

그런데 이와는 달리 '敬'자를 퇴계(退溪)가 음각했다고 하는 전설도 전하
고 있다.

주세붕이 백운동 서원을 창건할 때에 이에 항거하는 승려를 묶어서 죽계천 소에다 던져 버
렸는데, 이들 승려들은 원귀(寃鬼)가 되어 나타나 비가 내리는 밤이면 유생들을 놀라게 하
거나 행인들을 혼비백산케 했다. 풍기군수로 온 퇴계가 이 사실을 알고 바위에 '敬'자를 음
각했더니 원귀가 나타나지 않았다.[95]

〈그림 116 호랑이 형상의 바위

〈그림 117〉 순천 운동산의 호랑이 주둥이

〈그림 118〉 호랑이 주둥이에 새긴 글자

〈그림 119〉 호랑이 주둥이에 입지한 도선암

---

94) 이상해, 앞의 책, 23면.

95) 유증선, 『영남의 전설』, 형설출판사, 1974, 145,6면

그런데 ‘敬’자와 ‘白雲洞’이란 글자가 새겨진 바위를 옆에서 보면 틀림없는 호랑이 대가리 형상임을 쉽게 알 수 있다.

호랑이가 서원을 노려보고 있는 형국이니 이를 제압하지 않으면 여러 불상사가 발생할 수도 있다. 그러기에 이를 진압할 수 있는 비보책의 방법으로 붉은색으로 敬자를 음각하였으며, 퇴계는 이것으로 안심이 되지 않아 흰색의 白雲洞이란 글자를 음각하였던 것으로 보인다. 붉은색은 홍살문, 백일홍 등과 같이 사악한 기운을 물리친다는 정서를 갖고 있으므로 붉은색의 敬자는 공경하고 물러가라는 의미를 담고 있고, 흰색의 백운동은 흰 구름으로 호랑이 대가리를 가려버린다는 의미를 갖고 있다.

이러한 것은 순천의 운동산 도선암에서도 발견되는데, 순천에서 바라보면 운동산은 맹호출림형(猛虎出林形)으로 바위로 된 주둥이가 보인다. 순천의 진산은 기린을 의미하는 인제산인데, 운동산의 호랑이가 순천의 진산인 기린을 위압하고 순천을 위협하고 있는 형상이다. 그래서 도선국사는 순천의 주민을 위하여 운동산 호랑이의 주둥이 부분에 도선암을 창건하여 비보하였던 것이다.

김해의 흥부암도 마찬가지인데, 흥부암이 위치하고 있는 산은 김해의 우백호에 해당한다. 우백호는 온순해야 하는데 이 산은 기세등등하게 우뚝 솟아 호환의 위험이 있다고 생각되어 이에 대한 비보책으로 호랑이를 숲으로 가린다는 뜻인 ‘林虎山’으로 하였고, 주둥이 부분에는 흥부암을 입지시켜 재갈을 물렸던 것이다.

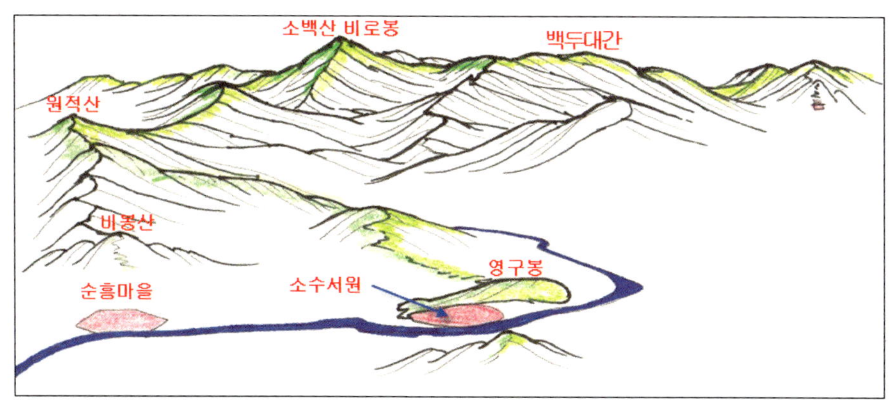

〈그림 120〉 소수서원의 영구하산형

『죽계지』의 「풍기고적기(豊基古跡記)」에는 다음과 같은 내용이 있다.

소백산이 북쪽에서 와 서쪽으로 머리를 쳐들어 그 짜임새가 지극히 웅대하고, 검푸른 빛이 횡으로 하늘의 반을 잘라 놓았다. 그 안에 있는 여러 봉우리가 또 모두 뛰어나 푸른 물결이 다투고 솟구치는 것과 같아 한 번 바라봄에 기운이 왕성하여 그 복을 기름이 무궁함을 알게 된다. 구불구불하게 동쪽으로 와서 끊어지다가 다시 이어지는데 높이는 아홉 길이 안 되지만 마치 엎드려 있는 거북 같은 것은 영구니, 곧 문성묘의 진호(鎭護)이다.[96]

소수서원의 주산인 영구봉은 『죽계지』의 기록이나 산 명칭에서 보아 알 수 있듯이 엎드리고 있는 거북의 형상을 하고 있다. 소수서원을 두고 거북이가 알을 품고 있는 터라고 오래전부터 전해져 내려온다. 타당성은 있지만 보다 더 시야를 넓혀 영구봉에서 소백산 비로봉까지 한눈에 담고서 관산하면, 아래의 논리가 성립된다.

해발 1440m나 되는 비로봉은 소백산의 주봉인 영봉(靈峰)이다. 이에 비해 영구봉은 해발 249m에 불과하다. 이는 비로봉 산줄기가 1200m나 아래로 떨어졌다는 낙맥(落脈)에 해당한다. 비로봉이 낙맥되어 만든 영구봉은 평지에 있다. 이러한 형상을 낙지(落地)라고 한다. 영구봉이라는 영구(靈龜: 신령스러운 거북)에 낙지(落地)를 붙이면 영구낙지라는 말이 되는데 거북이가 높은 곳에서 떨어지면 추락사가 되므로 하산으로 하여야 한다. 따라서 영구하산형(靈龜下山形), 신령스러운 거북이가 산에서 내려온다는 것이 소수서원의 형국이다.

3) 병산서원(屏山書院)의 입지와 배치

경북 안동시 풍천면 병산리 30번지에 위치하고 있는 병산서원(屏山書院)은 사적 제260호로 지정되어 있다. 서원의 유래를 보면, 고려 중기부터 풍산

---

96) 영주시, 『국역 죽계지』, 「풍기고적기(豊基古跡記)」, 영주서림사, 2002, 215면.
　　余觀小白山北來而西驥其結構極雄大黛色橫截天半諸峰之在內者又皆秀發若翠浪競湧一望鬱蔥知其畜祐爲無窮已也　其蜿蜒東來絕而復續高不及九仞而若伏龜然者曰靈龜卽文成廟鎭也.(359면)

현에 있던 풍 산(豊山) 류씨(柳氏)의 교육 기관인 풍악서당(豊岳書堂)을 1572
년(선조 5) 서애(西厓) 류성룡(柳成龍, 1542~1607)이 현재의 장소로 옮겨
병산서당(屛山書堂)이라 하였다. 그 후 임란 때 소실되었는데 류성룡의 사망
해인 1607년에 서당을 중건하였고 1613년(광해 5)에 제자인 정경세(鄭經世)
등 지방 유림이 서애의 학문과 덕행을 추모하기 위해 존덕사(尊德祠)를 창건
하여 위패를 모심으로써 향사(享祀)의 기능을 갖추게 되어 서원이 되었다.
1863년(철종 14)에 '병산(屛山)'이라는 사액(賜額)을 받았고, 1868년(고종 5
년)에 대원군의 서원 철폐 시에 훼철(毁撤)되지 않고 존속한 47개 서원 중의
하나이다. 일제시대에 대대적인 보수가 행해졌으며 강당은 1921년, 사당은
1937년에 재건되었다.

병산서원은 도산서원과 마찬가지로 서당이 먼저 자리하였고 사후에 사당을
건립함으로써 서원이 된 강학중심 서원이다. 서원 역사의 시대구분으로 볼 때
에도 제2기인 정착기에 해당하는 강당 중심의 서원이다.

서애는 하회마을이 고향이며 퇴계의 대표적 제자 중의 한 사람이다.

병산서원의 입지와 건물 배치, 명칭에 있어서 그의 고향인 하회마을과 그의
스승인 퇴계를 봉향하고 있는 도산서원의 영향을 많이 받고 있다. 병산서원의
터잡이와 배치를 해석할 수 있는 핵심은 하회마을과 도산서원이다.

병산서원의 사당인 존덕사(尊德祠)와 강당인 입교당(立敎堂)의 명칭은 도
산서원의 사당인 상덕사(尙德祠)와 강당인 전교당(典敎堂)의 맥을 잇고 있으
며, 서원의 이름에서도 강한 연대 정서를 찾을 수 있다.

퇴계는 「도산잡영(陶山雜詠) 병기(倂記)」에서 도산서당의 외명당을 갈무
리하면서 수구막이 역할을 하는 사(砂)가 동서 양쪽을 교쇄하면서 병풍처럼
첩첩이 둘러져 있다는 의미로 동취병(東翠屛), 서취병(西翠屛)이라 칭[97]하면
서 중요시 여겼다.

<hr>

97) 사단법인 퇴계학연구원, 『퇴계전서』 20, 「陶山記」, 아세아문화사, 1997, 168~9면.
　山之在左曰東翠屛在右曰西翠屛來東屛來自淸凉至山之東而列出縹緲西屛來自靈芝至山之西而

   峯巍峩兩屛相望南行迤邐盤旋八九里許則東者西西者東而合勢於南野.

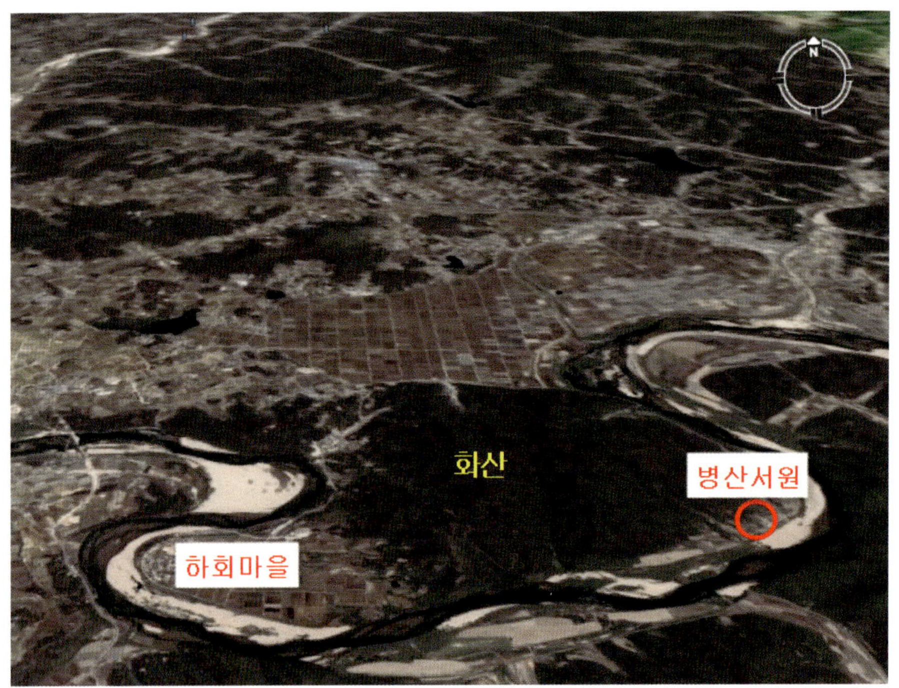

〈그림 121〉 병산서원과 하회마을의 입지

'병산(屛山)'은 서원의 맞은편 산이 병풍처럼 둘러져 있다 하여 붙여진 산 이름이다. 서애가 서당을 이곳에 건립하면서 도산서당을 터잡이한 스승인 퇴계가 서당의 전면 좌우에 펼쳐져 있는 동병(東屛), 서병(西屛)에 가졌던 정서의 맥을 이어받아 서당의 이름을 '병산(屛山)'이라 하였던 것으로 보인다.

백두대간을 타고 달려온 산줄기는 태백산을 지나 옥돌봉(1242)에서 남으로 한 줄기를 내려 보낸다. 남으로 분맥된 산줄기를 따라 문수산(1206)을 넘어 투구봉(608)에서 서남진하여 봉정사의 주산인 천등산(575)을 이루고 다시 서남진하며 학가산(870)을 만들고 대봉산을 거쳐 검무산(332)을 이룬다. 검무산을 주필산(駐蹕山)으로 하여 동남진하며 들판을 지나 화산(花山, 328)을 일으키고 낙동강과 만나면서 그 흐름을 멈추고 있다. 화산은 낙동강에 의하여 환포되어 있으며 화산을 중심으로 하여 서편에는 하회마을, 동편에는 병산서원이 입지하고 있다. 즉, 화산은 병산서원의 주산임과 동시에 하회마을의 진산을 이루고 있다.

<table>
<tr><td>〈그림 122〉 사당으로 들어가는 지맥선</td><td>〈그림 123〉 강당으로 들어가는 지맥선</td></tr>
</table>

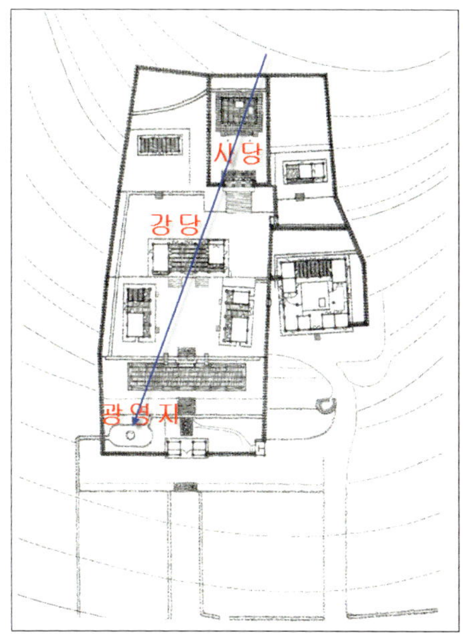

<table>
<tr><td>〈그림 124〉 광영지의 계수즉지</td><td>〈그림 125〉 병산서원 배치도의 지형도와 지맥선</td></tr>
</table>

주산인 화산에서 동남으로 지현굴곡(之玄屈曲)과 과협(過峽)을 이루면서 달려가는 용은 태(胎)의 식(息)현상이 뚜렷하고 지맥선이 서원의 담장을 지나면서 불룩하고 두툼한 잉(孕)을 만들어 놓았는데 존덕사가 바로 이 잉자리에 입지하고 있다. 잉은 그 앞에 결혈(結穴)됨을 증명하는 것이므로 잉에서 연결되는 지맥선을 살펴 혈자리를 찾아야 한다. 존덕사의 잉자리에서 지맥선은 서쪽으로 약간 치우쳐 내려가서는 혈 자리를 만들어 놓았는데 여기에 입교당인

〈그림 126〉 복례문의 원래 위치와 안대　　　〈그림 127〉 서백당 동편의 안대와 마당

강당이 자리하고 있다. 혈 자리에 강당이 입지하고 있는 강당 중심 서원임을 확인할 수 있다.

혈을 이루고 여기(餘氣)가 전순(氈脣)을 이루면서 서쪽으로 약간 치우쳐 계속 진행하는데, 지맥의 흐름을 멈추고 생기를 머무르게 하기 위하여 복례문과 만대루 사이에 지맥선을 따라 계수즉지(界水則止)의 원리상 광영지(光影池)를 조성한 것으로 보인다.

병산서원의 정문인 복례문(復禮門)의 '복례(復禮)'는 『논어』「안연(顔淵)」편의 '克己復禮爲仁(자기를 이기고 예로 돌아가는 것이 인이다)'에서 차용한 말인데, 원래 만대루 동편(현재 화장실이 있음)에 있던 것을 1921년 강당을 재건할 때 현재의 위치로 이전하여 솟을 삼문의 형식으로 세운 것이다.

누대 앞에는 평삼문(平三門)을 하는 것이 원칙인데, 이는 누대에서 전면에 펼쳐져 있는 외부경관을 감상하기 위해서이다. 현재의 병산서원과 같이 솟을 삼문을 할 경우, 누대에서 바라보는 외부경관을 솟을지붕이 가려버리고 만다. 현재와 같이 정문이 위치하게 되면 서원의 전면에 있는 병산 벼랑 살기를 받아들이게 되므로 동편에 정문을 두었던 것이다. 담장의 동편 모서리에 있는 현재의 화장실이 원래 복례문의 위치인데 이를 기준으로 바라보면 서원 전면의 병산과는 다른 봉긋하게 솟아있는 탐스러운 봉우리가 보인다.

이러한 유정한 봉우리는 좋은 기운을 주므로 복례문이 여기에 위치했던 이

〈그림 128〉 하회마을 부용대

〈그림 129〉 병산벼랑

〈그림 130〉 하회마을 만송림

〈그림 131〉 병산서원 만대루

유이다. 또한 서원의 전면을 감싸고 있는 낙동강은 동에서 서로 흘러가므로 동편에 문을 두어야 기운을 받아들이게 된다. 이러한 것은 양동마을 서백당에서도 발견되는데 동편에 있는 성주봉의 기운을 받아들이기 위해서 서백당의 동편에 마당을 두었던 이유이다.

병산서원에서 가장 눈에 띄는 건물은 만대루(晩對樓)다. 만대루의 '晩對'는 당나라 두보의 시 「백제성루(白帝城樓)」의 '翠屛宜晩對(푸른 절벽은 오후 늦게 대할 만하니)'에서 차용한 말이다. 강당의 정면에 위치하고 있는 만대루는 서원 전체를 가로 막고 있으면서 서원의 누대 중 규모 면에서 가히 최대라 할 수 있다.

왜 이렇게 큰 규모로 서원을 가로막는 만대루를 만든 것일까. 병산서원은 서애가 터잡이 하였고, 또한 서애를 배향하고 있는 서원이다. 서애는 하회마을에서 태어나서 자랐고, 병산서원은 하회마을의 풍산 류씨들에 의해 관리, 운영되었다고 볼 수 있다. 따라서 하회마을과 병산서원은 그 정서적인 맥락을 같이하고 있다.

하회마을과 마주하고 있는 서북쪽의 낙동강 건너편에는 부용대(芙蓉臺)가 있다. 바위로 벼랑을 이루고 있는 부용대는 석살(石殺) 기운을 띠고 있으므로 하회마을에 미치는 살기를 막고자 부용대 맞은편 강가에 만송림(萬松林)을 조성하였던 것이다.

병산서원 전면(前面)의 낙동강 건너편에는 부용대보다 훨씬 큰 규모의 위압적인 병산 벼랑이 있다.

이중환의 『택리지』 「지리」 편에는 다음과 같은 내용이 있다.

> 조산(朝山)에 보기 흉한 석봉이 있거나, 비뚤어진 봉우리가 홀로 서 있거나, 또는 모양이 무너지고 떨어졌거나, …… 이상한 돌이나 이상한 바위가 산 위나 산 밑에 보이거나, …… 모두 살 만한 곳이 못 된다.[98]

병산은 병산서원의 조산(朝山)에 해당한다. 병산은 이중환이 살 만한 곳이 못 된다고 말한 내용과 일치되는 산의 형상을 하고 있다.

병산 벼랑의 흉한 석살 기운이 병산서원에 미치는 것을 막기 위하여 건립한 것이 바로 만대루이다. 하회마을과 같이 강가에 만송림을 조성한다면 병산 벼랑이 높고 규모가 크기에 석살 기운을 막을 수 없으므로 대안으로 서원 내부에 전면을 틀어 막는 건물을 만들어 놓은 것이다. 즉, 만대루는 병산 벼랑의 석살 기운을 막고 주산인 화산에서 공급되는 생기를 온전히 갈무리하고자 조성된 것이다.

이와 같이 만대루는 전면의 흉살을 막기 위하여 조성하였는데 정면에 정문인 복례문을 세운 것은 모순이다. 대문은 명당으로 기운을 받아들이는 역할을 하므로 대문은 안쪽으로 밀고 들어가게 되어 있다. 일제시대인 1921년 병산서원을 재건할 때 이러한 지리적 원리를 알지 못하고 단지 남향을 하고 있는 주

---

98) 이중환 저, 이민수 역, 앞의 책, 185면.

〈그림 132〉 서협실의 창문으로 보이는 삼태봉　　〈그림 133〉 하회마을 양진당과 삼태봉

건물들의 축선에 맞추어 동편에 있던 복례문을 남쪽 정면으로 이전한 것은 잘못된 것이다.

입교당인 강당에 앉으면 만대루 사이로 낙동강물이 보이고, 일어서면 만대루 지붕위로 병산이 보인다. 앉아 있는 것은 정(靜)이며 흐르는 강물은 동(動)이고, 일어 선다는 것은 동(動)이며 산은 정(靜)이다. 동(動)은 양(陽)에 해당하고 정(靜)은 음(陰)에 해당하므로 음래양수(陰來陽受), 양래음수(陽來陰受)하여 강당에서 만대루를 통해서 보는 경관구조는 음양이 조화를 이루고 있다.

강학공간에서는 강당 서협실(西夾室)의 서쪽 벽면에 있는 들창문과 동재의 틀림 배치가 특이하다. 강당 서협실에 있는 창문이 동협실에는 없다. 오히려 창문을 내고자 한다면 오후의 피곤한 햇빛이 비치는 서협실의 서쪽 벽면보다는 아침 일출의 상쾌한 기운을 받아들이기 위한 동협실의 동쪽 벽면이 제격이다. 특이한 것은 그에 합당한 이유가 있어야 한다.

서협실로 들어가 서쪽 벽면의 창문을 들어 올리면 두 개의 봉우리가 보인다.

병산서원에서는 두 개의 봉우리만 보이지만 하회마을에서는 세 개의 봉우리가 보이는 삼태봉(三台峰)이다.

하회마을은 일찍이 삼태봉이 있어 삼정승출생지지(三政丞出生之地)의 명당으로 알려져 있었고, 또한 이것이 풍산 류씨가 하회마을에 터 잡게 된 이유이기도 하다.

풍산 류씨의 종택인 양진당에서 삼태봉은 전면에 펼쳐져 있고, 이와 연결된

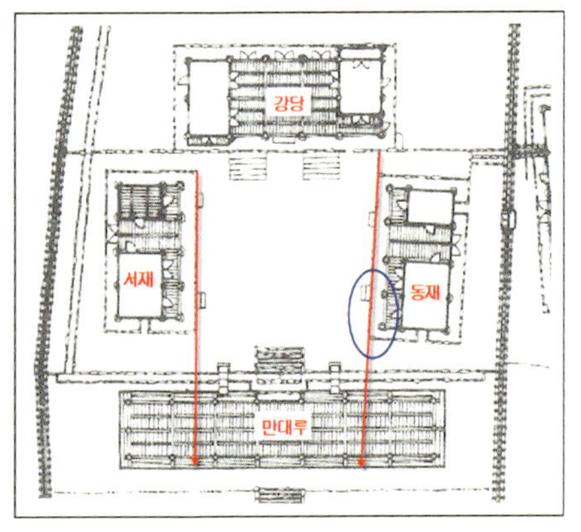

〈그림 134〉 동재 바깥쪽의 틀림 배치

〈그림 135 동재와 만대루의 교쇄

마늘봉은 양진당 대문의 중앙에 걸려 있다. 마늘봉은 삼태봉을 의미하는 벼슬아치의 상징인 홀(笏)과 비슷하여 홀봉이라고 하는데, 양진당 대문을 이에 맞춘 것은 이러한 기운을 받아들이기 위함이다. 서협실 서쪽 벽면의 창문은 양진당에서의 삼태봉 기운을 이곳 병산서원에서도 받아들이기 위한 것이었다.

동재의 바깥쪽, 즉 만대루에 접해 있는 부분이 안으로 약간 엇비슷하게 오므라져 배치되어 있다. 혹자는 이것을 사당으로 유도하기 위한 동선 확보를 위한 배치라고 하지만, 동선을 위한 것이라면 다른 서원에서도 이러한 배치를 하여야 함에도 이러한 배치를 찾아보기는 어렵다. 동선을 위한 배치가 아니라면 다른 이유가 있음에 틀림없다. 병산 벼랑의 중앙은 만대루의 전면 좌측에 있다. 병산벼랑의 살기는 중심에서의 느낌이 가장 강한데, 이러한 살기를 막기 위하여 서원의 정형적인 배치에서 벗어나 동재와 만대루를 교쇄하는 배치를 하여 겹겹이 병산벼랑의 흉살을 막고자 하였던 것이다.

태백에서 발원한 낙동강은 봉화를 거쳐 안동호에 이르고 안동호를 지나 구곡지현(九曲之玄)을 하며 흐르다가 화산을 만난다. 화산을 환포하면서 화산의 동편에 있는 병산서원을 지나 화산의 서편에 있는 하회마을을 거쳐 흘러간다.

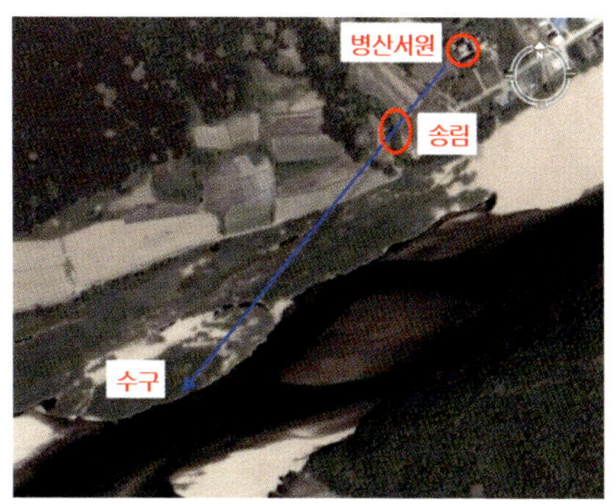

〈그림 136〉 병산서원의 수구와 송림　　　　〈그림 137〉 병산서원의 수구막이 송림

　병산서원의 우측에 조성되어 있는 송림이 없다고 가정하고 병산서원에서 낙동강이 흘러가는 수구(水口) 지점을 보면 강폭이 넓어 광활하며 직류수로 거침없이 흘러가는 듯 보일 것이다.

　이중환은 『택리지』의 「지리」편에서, '대저 수구가 짜임새가 없고 광활하기만 하면 아무리 좋은 밭 만 이랑과 넓은 집 천 칸이 있어도 다음 대까지 가지 못하고 흐지부지 없어지게 된다. 그렇기 때문에 집터를 잡으려면 반드시 수구가 닫혀 있고 그 안에 들이 펼쳐진 곳을 구해야 한다'[99]고 말하면서 수구(水口)의 중요성을 강조하여 먼저 논하고 있다.

　병산서원의 위와 같은 흠이 있는 수구를 비보하기 위하여 수구 지점이 보이지 않게 서원 우측에 송림을 조성하여 수구막이 역할을 하게 하였던 것이다.

　화산(花山)은 하회마을의 진산이면서 병산서원의 주산이다.

　하회마을의 입촌사에는 '허씨 터전에 안씨 문전(門前)에 류씨 배반(杯盤)'이라는 말이 있다. 하회마을에 가장 먼저 터전을 잡은 김해 허씨는 전형적인 배산임수의 입지를 하게 되고 다음에 입촌한 광주 안씨는 하회마을의 문전에 해당하는 출입구에 입지하였는데, 이들은 모두 배산에 가까이 하면서 임수와는 거리가 먼 입지를 하였다고 볼 수 있다. 마지막으로 정착한 풍산 류씨는 배산인 화산과는 상당한 거리를 두면서 최대한 임수에 가까이 하고 있는 혈자리에 입지하였다.

---

99) 이중환, 앞의 책. 184면.

〈그림 138〉 병산서원의 연화도수형 입지　　　　〈그림 139〉 통도사극락암의 연화도수형 입지

〈그림 140〉 하회마을의 연화부수형 입지

　　하회(河回)마을은 진산인 화산에서 뻗어 내려와 이루어진 둥근 연잎의 형
상을 하고 있으면서 글자 그대로 물돌이 마을이다. 물줄기의 기운이 왕성하여
물줄기의 기운을 가장 많이 받는 연화부수형(蓮花浮水形)인 것이다. 따라서
이러한 지형에서는 물줄기에 가까이 입지하는 혈 자리를 찾아야 한다.

　　하회마을에 입촌한 허씨나 안씨는 이러한 지형 고유의 본질을 알지 못하여
전형적인 배산임수의 터를 잡았기에 가문이 번창하지를 못하였고, 류씨는 연
화부수형국임을 알고서 물줄기에 가장 근접한 곳의 혈 자리에 입지하여 가문
이 번성하게 되었던 것이다.

　　병산서원은 하회마을과 같이 낙동강이 둥글게 감싸고 돌지 않으므로 물줄
기의 기운을 강하게 받지는 못한다.

병산서원 뒤쪽의 산줄기를 살펴보면, 봉긋하게 솟아 있는 봉우리를 발견할 수 있고 이 봉우리의 바로 아래쪽에 병산서원이 입지하고 있다. 봉긋한 봉우리는 연꽃의 씨방에 해당되고 그 아래의 병산서원은 씨방에서 터져 나온 씨앗이 떨어진 곳에 해당한다.

식물이 익으면 고개를 숙이듯 연꽃도 열매를 맺고 익으면 물 위로 고개를 숙인다. 연꽃의 줄기와 같이 산줄기 기운을 더 강하게 받는 것을 연화도수형(蓮花到水形)[100]이라 한다.

양산 통도사의 극락암도 연화도수형이다. 그런데 극락암은 봉긋한 봉우리의 씨방에 입지하고 있다.

하회마을과 양산 통도사의 극락암, 그리고 병산서원의 발복의 시간상의 차이를 형국으로 논하여 보면 다음과 같다.

먼저 연화부수형의 하회마을은 물 위에 떠 있는 연꽃이 열매를 맺고 영글어져 씨앗을 얻을려면 오랜 시간이 필요하다. 실제로 풍산 류씨의 하회마을 입향조인 류종혜가 터 잡은 이후 6대가 지나서야 류운룡과 류성룡 형제가 출생하게 된다.

연화도수형 중에서 씨방에서 터져 나온 씨앗이 떨어진 자리에 입지한 병산서원은 발복이 가장 빠르다고 볼 수 있다. 이미 결실을 거두었기 때문이다. 병산서원을 택지한 사람은 서애 류성룡이며 그는 당대에 영의정에 올랐다.

그리고 극락암과 같이 씨방의 자리에 입지하게 되면 자연의 순리상 위의 중간 정도로 생각하면 된다.

〈그림 141〉 병산서원의 연화도수형 연지　　〈그림 142〉 극락암의 연화도수형 연지

---

100) 장영훈, 앞의 책, 132면.

복례문(復禮門)과 만대루 사이의 서편에는 광영지라는 연못이 있다. 앞서 살펴본 바와 같이 광영지는 계수즉지의 역할을 함과 동시에 병산서원의 형국에 걸맞은 역할을 하고 있다. 연꽃은 물이 있어야 한다. 물을 떠난 연꽃은 존재하지 않는다. 그래서 연꽃의 형국을 가진 곳에는 연못을 조성하여 일반적으로 연지(蓮池)라 부른다.

연화도수형인 병산서원과 통도사 극락암의 연못도 이와 같은 역할을 하고 있다.

3. 조선의 왕릉(王陵)

1) 개 요

조선시대 왕실과 관련된 무덤은 능(陵)·원(園)·묘(墓)로 구분되는데, 능은 황제와 황후, 왕과 왕비, 추존된 왕과 왕비의 무덤을 말하며, 원은 왕세자와 왕세자비, 왕의 사친(私親)의 무덤을 말한다. 그리고 이러한 능·원을 제외한 무덤은 묘(墓)가 된다.

추존된 왕릉으로는 덕종(德宗)과 소혜왕후(昭惠王后)의 경릉(敬陵), 원종(元宗)과 인헌왕후(仁獻王后)의 장릉(章陵), 진종(眞宗)과 효순소황후(孝純昭皇后)의 영릉(永陵), 장조(莊祖)와 헌경의황후(獻敬懿皇后)의 융릉(隆陵), 문조(文祖)와 신정익황후(神貞翼皇后)의 수릉(綏陵) 등 5기가 있다.

대군, 공주, 후궁 등과 연산군, 광해군과 같이 폐위된 왕과 왕비의 무덤은 능원이 아닌 묘라고 한다.

1392년 태조 이성계가 조선을 건국한 이후 1910년 한일합방까지 518년 동안의 역사에서 조선왕실의 무덤은 모두 109기가 현존하는데, 그중에서 능이 42기, 원이 13기, 그리고 묘는 54(폐위된 연산군과 광해군의 묘 포함)기가 있다.

영조의 둘째 아들이 폐세자(廢世子) 되어 서인(庶人)의 신분으로 죽자 시호를 사도(思悼), 묘호(墓號)를 수은묘(垂恩墓)라 하였다. 정조가 즉위하면서

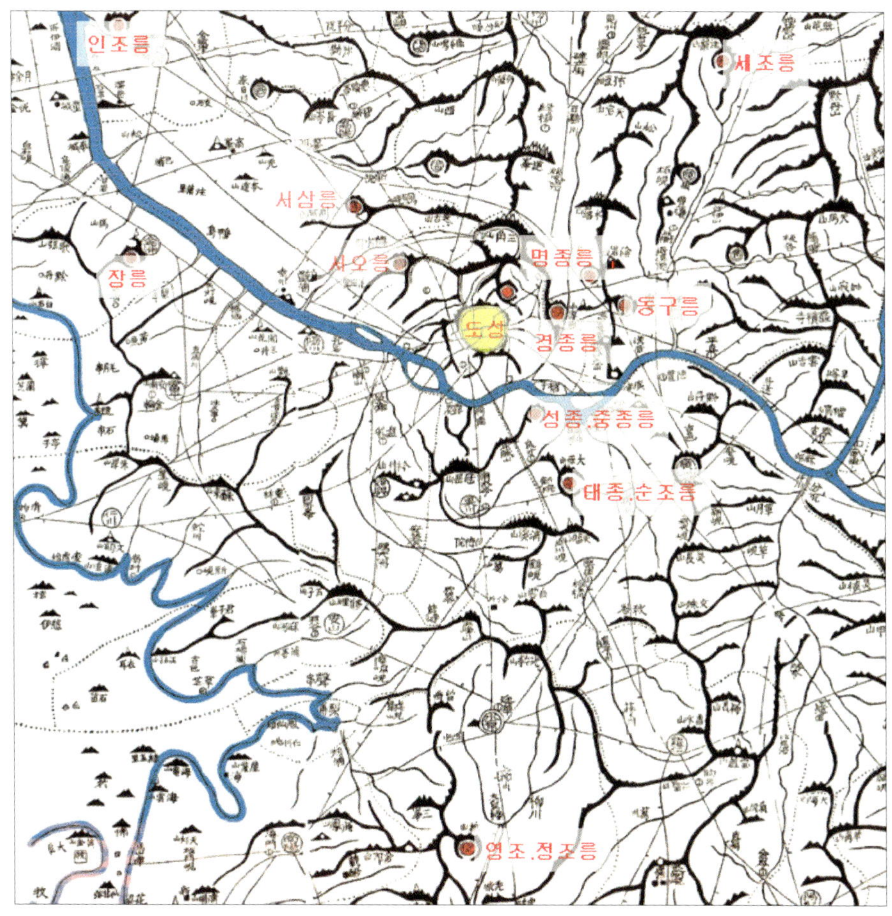

〈그림 143〉 「대동여지도」 상의 한양도성 100리 안의 왕릉분포 상황

세자의 신분을 회복하여 장헌(莊獻)을 상시(上諡)하고 원호(園號)를 영우원(永祐園)이라 하였으며, 즉위 13년에는 현륭원(顯隆園)으로 개칭하고 현재의 수원 화산으로 천장(遷葬)하였다. 고종 36년(1899)에는 왕으로 추존하여 묘호(廟號)를 장종(莊宗)으로 하고 능호(陵號)를 융릉이라 하였으며, 이후 묘호를 장종에서 장조(莊祖)로 바꾸고 황제로 추존하였다. 여기에서 능·원·묘의 의미적 관계를 확인할 수 있다.

조선의 42기 왕릉 중에서 북한지역의 개성에 있는 태조의 원비인 신의고황후의 제릉(齊陵)과 제2대 왕인 정종과 정안왕후의 후릉(厚陵)을 제외하고는 모두 남한에 있다. 경기도 여주에 있는 제4대 세종과 소헌왕후의 영릉(英陵)과 제17대 효종과 인선왕후의 영릉(寧陵), 강원도 영월에 있는 제6대 단종의 장릉(莊陵) 등 특별한 경우를 제외하고는 왕릉은 한양 도성을 경계로 하여 100리 이내에 입지하고 있다.[101] 세종의 영릉(英陵)은 본래 부왕인 세조의 광릉(光陵) 옆에 있었는데 제8대 예종 때 지리법적 이유로 천장되었고, 단종은 폐위되어 유배지에서 죽음을 당하고 방치되어 있다가 제19대 숙종 24년(1698)에 추복(追復)되어 묘호를 단종, 능호를 장릉이라 하였으며, 효종의 영릉(寧陵)은 본래 동구릉에 있는 현재 영조의 원릉(元陵)자리인데 제18대 현종 14년(1673)에 또한 지리법적 이유로 천장되었던 것이다.

「대동여지도」를 보면 주엽산에서 남서진하다 남진하는 한북정맥을 따라 도봉산, 삼각산, 보현봉을 지나 백악을 이루니 이것이 경복궁의 주산이 된다. 주엽산에서 남으로 흘러간 분맥이 수락산과 불암산을 지나 검암산을 이루고 용마봉으로 이어지는데 검암산 자락에 동구릉이 입지하고 있다.

한북정맥의 삼각산에서 서쪽의 노고산(老古山)을 타고 흘러간 맥을 따라 서삼릉이 입지하고, 보현봉에서 서쪽의 비봉(碑峰)을 지나 흘러간 맥을 따라 서오릉이 입지하고 있다.

조선왕릉의 분포를 개괄적으로 보면, 경복궁을 중심으로 외사신사에 해당하는 산줄기의 맥을 따라 입지하고 있다. 즉, 외청룡인 용마봉으로 이어지는 맥을 따라 동구릉이 입지하며, 동구릉으로 들어오는 맥의 상부에 세조의 광릉이 위치하고 있다. 그리고 우백호인 인왕산을 서오릉이 입지하고 있는 비봉의 산줄기와 서삼릉이 입지하고 있는 노고산의 맥이 감싸고 있으므로 이는 외백호에 해당한다고 볼 수 있다. 그리고 한강 너머의 남쪽에는 북쪽으로 달려온 한남정맥의 청계산에서 이어진 대모산 자락에 태종의 헌릉과 순조의 인릉이 입지하며, 청계산을 지나 관악산에서 이어진 우면산 자락에 성종의 선릉과 중종의 정릉이 입지하고 있는 것이다.

---

101) 조선의 법전인 『경국대전(經國大典)』에는 "능역은 한양성 서대문 밖 100리 안에 두어야 한다"는 입지 조건이 명시되어 있다.

	廟號 및 陵號	陵數
單陵	태조健元陵, 태조원비신의왕후齊陵, 태조계비신덕왕후貞陵, 단종莊陵, 단종정순왕후思陵, 예종원비장순왕후恭陵, 성종원비공예왕후順陵, 중종靖陵, 중종원비단경왕후溫陵, 중종계비장경왕후禧陵, 중종계비문정왕후泰陵, 인조계비장렬왕후徽陵, 숙종원비인경왕후翼陵, 경종원비단의왕후惠陵, 영조원비정성왕후弘陵	15
合葬陵	세종과 소헌왕후英陵, 인조와 원비장렬왕후長陵, 장조와 헌경왕후隆陵(추존), 정조와 효의왕후健陵, 순조와 순원왕후仁陵, 익종[102]과 신정왕후綏陵(추존), 고종과 명성왕후洪陵, 순종과 원비순명효황후 계비순정효황후裕陵	8
雙陵	정종과 정안왕후厚陵, 태종과 원경왕후獻陵, 인종과 인성왕후孝陵, 명종과 인성왕후康陵, 원종과 인헌왕후章陵(추존), 현종과 명성왕후崇陵, 숙종과 계비인현왕후明陵[103], 영조와 계비정순왕후元陵, 진종과 효순왕후永陵(추존), 철종과 철인왕후睿陵	10
三連陵	헌종과 원비효현왕후 계비효정왕후景陵	1
同原異岡陵	문종과 현덕왕후顯陵, 세조와 정희왕후光陵, 덕종과 소혜왕후敬陵(추존), 예종과 계비안순왕후昌陵, 성종과 계비정현왕후宣陵, 선조와 원비의인왕후 계비인목왕후穆陵	6
同原上下陵	효종과 인선왕후寧陵, 경종과 계비선의왕후懿陵	2

조선왕릉의 조성형식은 단릉(單陵), 합장릉(合葬陵), 쌍릉(雙陵), 삼연릉(三連陵), 동원이강릉(同原異岡陵), 동원상하릉(同原上下陵)으로 분류된다.

또한 조선왕릉 중에서 천장(遷葬)한 왕릉(27명의 재위왕과 5명의 추존왕 중에서)으로는 세종의 영릉, 중종의 정릉, 선조의 목릉, 추존왕인 원종과 인헌왕후의 장릉, 인조의 장릉, 효종의 영릉, 추존왕인 장조의 융릉, 정조의 건릉, 순조의 인릉, 추존왕인 문조의 수릉 등 10기가 있는데 지리법적 이유로 말미암은 것이다.

조선의 국가의례인 오례는 『주자가례』를 기초로 하고 이전의 제도를 참고로 하여 만들어진 『세종실록』 「오례의」와 성종의 『국조오례의』에 의하여 제도적 기반이 완비되었다.

일반적으로 왕실에서 국상을 당하게 되면 오례의가 정립된 세종 이후에는 빈전도감(殯殿都監), 국장도감(國葬都監), 산릉도감(山陵都監)의 3도감이 설

---

102) 순조는 그의 아들인 세자가 죽자 시호를 효명(孝明)이라 하였고, 헌종이 즉위하면서 그의 부친인 효명세자를 왕으로 추존하여 익종이라 하였으며, 고종은 다시 황제로 추존하여 문조익황제라 하였다.

103) 숙종과 제1계비 인현왕후의 능이 쌍릉으로 나란히 놓여 있고, 제2계비 인원왕후의 능은 다른 쪽 언덕에 단릉으로 모셔져 있는 동원이강릉 형식이며, 동원이강릉의 오른쪽 언덕을 왕이 자리하는 일반적인 왕릉과는 달리 가장 낮은 서열의 인원왕후가 가장 높은 자리인 오른쪽 언덕을 자리하고 있는 것이 특이함.

치되어 운영되었다. 이들 3도감의 우두머리를 각각의 제조(提調)라 하고 세 명의 제조들을 총괄 관장하는 총호사는 주로 좌의정이 맡았다.

세종대에 오례의의 산릉제도가 정비되었으므로 오례의에 충실한 최초의 왕릉은 세종의 영릉이 되는데 세종릉은 천장되었기에 현존하는 최초의 오례의 양식의 왕릉은 문종의 현릉이다.

왕릉의 자리는 당시의 대표적인 지관(地官)과 신료들이 한양도성 100리 이내에서 상지(相地)하여 후보지를 천거하고 조정에서 논의를 거쳐 재위왕이 결정하게 된다. 택지(擇地)와 능역조성은 대개 약 3개월에서 5개월 정도 소요되었으며 능역 조성에 동원된 사람은 연 인원 6000여 명에서 9000여 명에 이르렀다고 한다.

택지는 지리적 관점에서 결정되어졌고 택지된 왕릉의 자리는 배산임수를 기본으로 하고 대개 사신사의 장풍국을 이루고 있다. 조선 왕릉은 주로 해발 150~200m 사이에 분포되어 있으며 잉(孕)과 강(岡)이 공통적 요건이다.

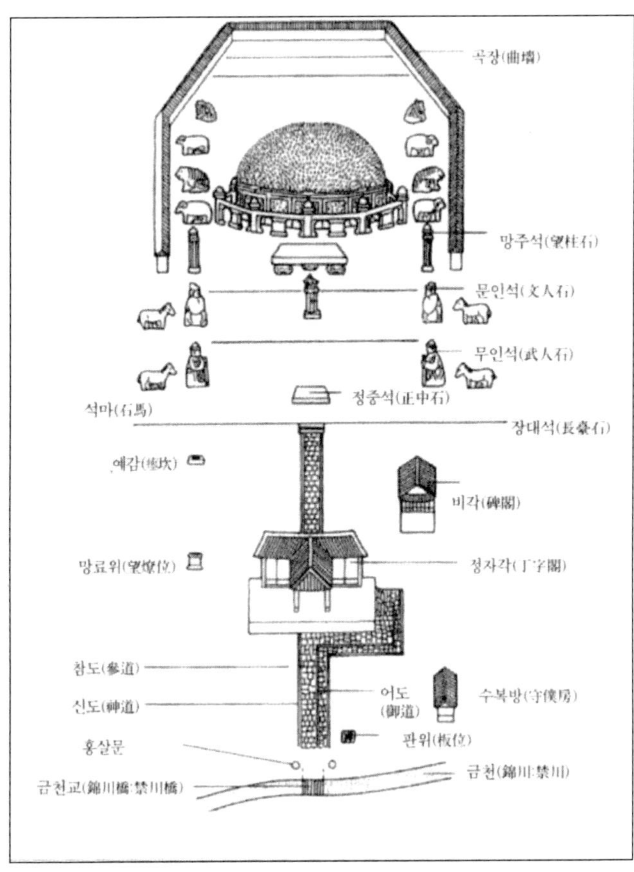

〈그림 144〉 조선왕릉 상설도

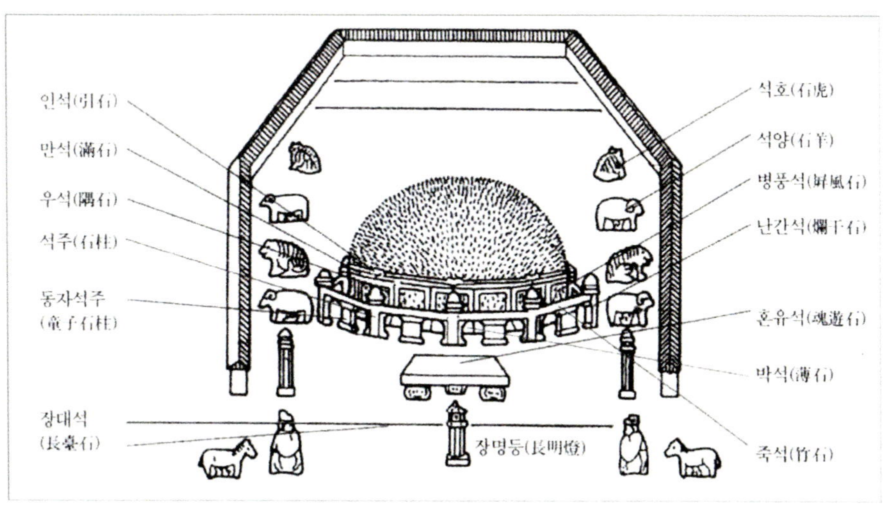

〈그림 145〉 조선왕릉 석물 설명도

〈그림 146〉 금천교과 금천

〈그림 147〉 홍살문과 판위

왕릉 입구에는 재실(齋室)이 있는데 왕릉을 수호 관리하며 능제를 준비하는 종9품인 능참봉이 상주하던 곳이다. 재실을 지나 능역에 들어서면 금천교(錦川橋, 禁川橋)를 건너게 된다. 금천교 밑으로는 금천이라는 물줄기가 흐르는 개천이 조성되어 있는데, 이는 궁궐에 조성되어 있는 금천과 같은 역할을 하고 있으며 그 의미에 대해서는 「궁궐」편에서 서술한 바와 같다. 즉, 생기를 머무르게 하기 위한 계수즉지의 기능과 외부의 사악한 기운이 들어오지 못하게 하는 기능을 동시에 가지고 있다.

금천교를 지나면 홍살문(紅箭門, 홍전문)이 서 있는데, 서원의 홍살문과 마찬가지로 홍살문의 붉은색, 상단의 화살과 삼지창은 외부에서 침입하는 잡귀와 사악한 기운을 막는 역할을 하며 신성구역을 상징하고 있다.

홍살문을 들어서면 어도(御道) 편에 돌판으로 조성되어 있는 사각형의 판위(板位)가 있다. 제사를 모시기 위해 능행한 왕이 왕릉을 향해 절을 하던 곳으로 배위(拜位)라고도 한다. 홍살문에서 정자각(丁字閣)까지 높낮이가 서로 다른 돌길이 조성되어 있는데 이를 참도(參道)라 한다. 낮게 이루어진 돌길은 왕이 제사를 모시기 위해 걸어 다니던 어도(御道)이며, 높은 돌길은 왕릉에 안장되어 있는 선왕의 혼령이 들어가는 길이라 하여 신도(神道)라 한다. 정자각에서 보면 우측의 길이 높고 좌측의 길이 낮다. 왕릉은 음택이므로 양택과는 달리 우상좌하의 예제를 따른다. 따라서 우측이 신도, 좌측이 어도로 조성되어 있는 것이다.

정자각은 정(丁)자 모양의 건물에 제물(祭物)을 진설하고 제향(祭享)하는 곳으로 일반 민묘의 상석(床石)의 기능을 겸하고 있는 것이다. 중국에서 보았을 때 조선은 정방(丁方)에 있다 하여 정자형으로 하였다 하나, 조선은 중국의 동북 간방(艮方)에 위치하고 있으므로 사실과 다르다.

〈그림 148〉 정자각과 좌우의 계단

왕이 승하하면 왕릉에 묻히어 흙으로 돌아가고 이곳이 중심이 되므로 왕릉은 오행상 土에 해당하고 제향을 드린다는 것은 왕릉을 상생(相生)시켜 주는 것이므로 토를 상생하는 오행은 火이므로 음양의 조화와 변역(變易), 그리고 오행의 상생을 고려하면 陰火인 丁과 陽土인 戊가 각각 배정된다. 따라서 陽土인 왕릉에 제향을 드리는 곳의 건축물을 陰火에 해당하는 '丁'字 모양을 조성하여 상생하고자 한 것으로 보인다.

또한 성균관과 지방의 향교에서는 봄과 가을 두 차례, 즉 2월과 8월의 초정일(初丁日)에 문선왕 공자를 비롯한 성현에게 제향을 올렸는데 이를 석전대제(釋奠大祭)라 한다. 또한 예로부터 춘하추동 사계절의 중월인 2, 5, 8, 11월에 지내는 시제(時祭) 또한 정일(丁日)이나 해일(亥日)이다. 이와 같이 제향을 올리는 석전대제일이나 시제일이 바로 정일(丁日)이기에, 짐작컨대 이러한 유교예제의 영향을 받아 능에 제향을 드리는 건물을 '丁'字 모양으로 상징화한 것으로도 보인다.

그리고 조선시대 역대의 왕과 왕비 및 추존(追尊)된 왕과 왕비의 신주(神主)를 모신 왕가의 사당인 종묘(宗廟)의 좌향이 계좌정향(癸坐丁向)을 하고 있기에 이의 向을 상징화한 것으로도 볼 수 있다.

그런데 고종의 홍릉과 순종의 유릉은 명나라 태조 효릉(孝陵)을 모방하여 명목상 황제릉의 양식을 취하고 있기에 정자 모양의 정자각 대신에 태양을 상징하는 '日'자 형의 일자각(日字閣)으로 세워졌다.

미루어 보아 정자각과 일자각은 황제국과 제후국의 구별에 따른 차별적 양식 중의 하나라고 볼 수 있다. 일오(日午)는 한낮인 정오(正午)를 의미한다. 예로부터 한가운데의 자리인 日午中天을 천신의 자리로 규정하였다. 정오를 황제에 비정하여 일(日)자로 상징화한 것과 같이 제후국인 왕은 정오에서 벗어난 정(丁)자로 상징화한 것으로 보인다.

정자각의 좌·우측에는 돌계단이 있는데 좌측에는 두 개, 우측에는 한 개가 조성되어 있다. 동입서출(東入西出)에 따라 좌측인 동쪽 계단으로 올라 우측인 서쪽 계단으로 내려오게 되는데, 이때 선왕의 혼령은 왕릉 앞의 석상(石床)에 앉아 제향을 받고 유택(幽宅)인 능으로 돌아가므로 서쪽의 계단에는 신도가 필요 없게 되어 어도만 있는 것이다.

정자각의 좌측 앞뒤로 수복방(守僕房)과 비각이 있다. 비각에는 신도비(神道碑)나 비석(碑石)이 안치되어 있는 곳인데, 문종왕릉 이후부터 거대한 신도비 대신에 비석을 세웠다. 정자각의 뒤편 능원의 우측 아래에는 제향 후 축문을 태워 묻는 예감(瘞坎)이 있고 정자각 뒤편 능원의 좌측 아래에는 산신석(山神石)이 있다. 산신석이 능원 아래의 왼쪽에 배치한 것은 산신이 왕보다 신분이 낮기 때문에 우상좌하의 음택서열과 고상저하(高上低下)의 위계질서에 따른 것이다. 따라서 왕릉에서는 능제를 먼저 지낸 다음에 산신제를 지낸다. 민묘의 경우에는 산신석을 봉분의 오른쪽 위에 배치하는데 이와 반대의 논리이다. 정자각 뒤편에는 구릉인 강(岡)이 펼쳐져 있는데 이를 사초지(莎草地)라고도 한다. 사초지인 강위에 오르면 능원(陵原)이 조성되어 있으며 장대석(長臺石)으로 층계를 상·중·하로 구분하여 석물이 배치되어 있다.

하계(下階)에는 무인석(武人石)과 석마(石馬) 한 쌍이 좌우에 마주보며 배치되어 있고, 중계(中階)에는 장명등(長明燈)을 중앙에 두고 문인석(文人石)과 석마 한 쌍이 좌우로 마주보며 배치되어 있다. 무인석은 왕릉에만 있는 석물인데 군통수권은 예나 지금이나 국가 최고 지도자 한사람에게만 귀속되기 때문인 것으로 보인다. 상계(上階)에는 능침(陵寢)이 자리하는데 능침 바로 앞쪽에 혼유석(魂遊石)이라 불리우는 석상(石床)이 있고 귀면(鬼面)이 새겨진 고석(鼓石)이 이를 받치고 있다. 능침의 앞면을 제외한 삼면에는 돌로 이루어진 곡장(曲墻)이 조성되어 있고 능침 앞쪽의 좌우와 곡장 사이에 망주석(望柱石)이 한 쌍 세워져 있다.

능침 봉분은 병풍석(屛風石)으로 둘렀고 병풍석 외곽에 난간석(欄干石)이 배치되어 있다. 병풍석의 12면에는 12방위에 맞추어 12지신상(十二支神像)을 양각해 놓았는데 이는 모든 방위의 수호신으로 하여금 외부로부터 침입하는 잡귀와 부정을 막기 위한 것이다. 병풍석은 제7대 왕인 세조 때부터 지리법적 이유로 생략되어 이후 왕릉의 양식으로 자리 잡았다. 난간석과 곡장 사이에는 능침을 수호하기 위하여 석호(石虎)가 두 쌍씩 바깥쪽을 향하여 배치되어 있다.

황제릉인 홍·유릉의 경우에는 모든 석인과 석수들이 능원에서 내려와 일자각 앞에 배치되어 있다.

또한 왕릉 관리 사찰인 원찰(願刹)을 두어 운영하였는데, 태조 건원릉의 개경사(開慶寺), 세종 영릉의 신륵사(神勒寺), 세조 광릉의 봉선사(奉先寺), 중종 정릉의 봉은사(奉恩寺), 사도세자 융릉의 용주사(龍珠寺) 등이 대표적이다.

본고에서는 42기의 조선왕릉 중에서 조선 왕릉의 전범(典範)이 된 조선 최초의 왕인 태조의 건원릉에 대하여 고찰하고자 한다.

2) 태조의 건원릉(健元陵)

〈그림 149〉 태조의 건원릉과 동구릉

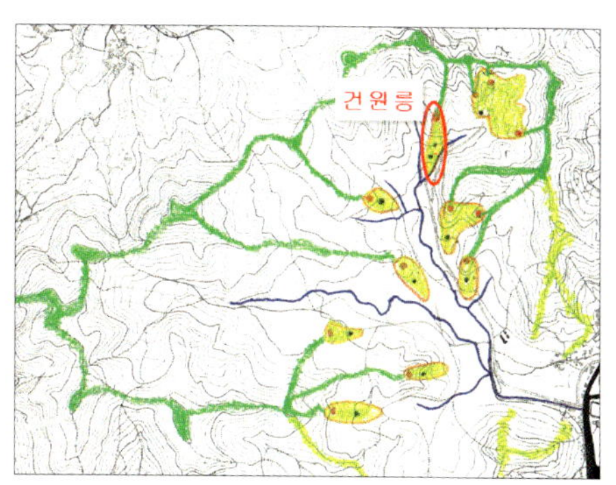

〈그림 150〉 태조의 건원릉과 동구릉(지형도)

조선 최초의 왕인 태조의 건원릉(健元陵)은 동구릉(東九陵) 내에 입지하고 있다.

동구릉이란 한양도성의 동쪽에 있는 9개의 능이란 의미로 태조의 건원릉이 조성된 이래 조선시대를 통하여 가족무덤을 이루고 있는 조선시대 최대의 왕릉군이다.

동구릉은 경기도 구리시 인창동 산 2-1번지의 검암산(儉巖山, 178) 자락에 자리 잡고 있으며 191만 5,891m²의 능역 위에 왕과 왕비 17위(位)의 유택이 안치되어 있는 곳으로 사적 제193호로 지정되어 있다.

1408년(태종 8년) 9월 9일 조선을 개국한 태조의 건원릉(健元陵)이 봉릉

(奉陵)된 이래 40여 년 후에 제5대 문종과 현덕왕후(顯德王后)의 현릉(顯陵), 그 150여 년 후 제14대 선조와 의인왕후(懿仁王后) 그리고 계비(繼妃) 인목왕후(仁穆王后)의 목릉(穆陵), 70여 년이 지난 제18대 현종과 명성왕후(明聖王后)의 숭릉(崇陵), 다시 10여 년 후의 제16대 인조의 계비 장렬왕후(莊烈王后)의 휘릉(徽陵), 30여 년 후의 제20대 경종의 원비 단의왕후(端懿王后)의 혜릉(惠陵), 또 50여 년 후의 제21대 영조와 계비 정순왕후(貞純王后)의 원릉(元陵), 70여 년이 지난 제24대 헌종과 효현왕후(孝顯王后) 그리고 계비 효정왕후(孝定王后)의 경릉(景陵), 추존(追尊) 문조와 신정익황후(神貞翼皇后)의 수릉(綏陵)이 1855년(철종 6년)에 양주 용마산(龍馬山)에서 천릉함으로써 동구릉이 되었다. 건원릉 봉릉(奉陵) 이래 450여 년 동안 왕과 비(妃) 17기 중에서 단릉(單陵) 3, 쌍릉(雙陵) 2, 삼연릉(三連陵) 1, 동원이강릉(同原異岡陵) 2, 합장릉(合葬陵) 1의 9릉(陵)이 조성되어 있다.

동구릉의 옛 명칭은 『영조실록』의 '호랑이가 동오릉(東五陵)에 들어갔으므로 군문(軍門)에 명하여 잡도록 하였다[104]는 데서 처음 발견된다. 영조 때에 각 읍지를 모아 만든 『여지도서(輿地圖書)』에는 '육릉동(六陵洞)'이라 표기되어 있고, 1842~3년경 간행된 『경기지(京畿誌)』에 있는 지도에는 '칠릉(七陵)'이라 표기되어 있다. 이것으로 보아 동구릉은 능이 조성되어 있는 수에 따라 시기별로 달리 불려진 것을 알 수 있다.

동구릉은 태조의 건원릉으로부터 비롯되었던 것이고 조선조의 능제(陵制) 상설(象設)은 여조(麗朝)의 것을 의용(依用)하였던 것으로 여조(麗朝) 능 중 가장 완비되었다는 여대말(麗代末) 공민왕과 노국공주(魯國公主)의 현(玄)·정릉제(正陵制)를 습용(襲用)하여 건원릉이 조영되었다. 건원릉은 조선왕조 최초의 왕릉으로서 이후 왕릉의 전범(典範)이 되었으나 그 뒤 누대(累代) 500여 년에 걸친 왕릉의 조영에서 각 시대의 변화에 따라 각 능이 변형 수용함으로써 병풍석(屛風石), 명등석(明燈石), 수석(獸石), 문(文)·무인석(武人石), 정자각(丁字閣) 등(等)에서 여러 변모를 살필 수 있다. 기록상 각 능 조

---

104) 『영조실록』 권89, 영조 33년 5월 무신(18).
　　虎入東五陵局內 命軍門捕之.

영 시 각 능의 재실(齋室)이 축조된 것으로 전하나 각 능마다의 재실은 현재 없고 9릉을 하나의 경역(境域)으로 하여 수릉(綏陵) 남측에 재실이 있다.105)

태조의 건원릉 조성과정에 대한 『조선왕조실록』의 기록을 찾아보면 다음과 같다.

태종 8년(1408) 5월 24일 태조가 경복궁 별전에서 승하하자106) 6월 12일 태종은 영의 정부사 하륜에게 유한우와 이양달이 천거한 봉성(蓬城) 등 산릉(山陵) 자리를 살펴보게 하였 는데, 하륜은 이양달 등이 천거한 봉성(蓬城)의 땅은 쓸 수 없고, 해풍(海豐)의 행주(幸州)에 땅이 지리(地理)의 법에 조금이나마 합당하다고 하자 다시 다른 곳을 택지하라고 하였다.107) 6월 28일 하륜 등이 유한우·이양달·이양(李良) 등을 거느리고 양주(楊州)의 능자리를 보는데, 검교참찬의정부사(檢校參贊議政府事) 김인귀(金仁貴)가 하륜 등에게 "내가 사는 검암(儉巖)에 길지(吉地)가 있다"라고 말하자 가서 살펴보니 과연 길지(吉地)였다. 이렇게 하여 검암에 산릉을 정하였고 조묘 도감 제조(造墓都監提調) 박자청(朴子靑)이 공장(工 匠)을 거느리고 역사(役事)를 시작하였다.108)

위와 같이 김인귀의 천거로 하륜 등에 의하여 건원릉이 택지되었으며 무학 이 택지하였다고 보는 견해는 사실과 다르다.

건원릉의 무학 관련설은 선조 33년(1600) 11월 9일 선조비 인산(因山) 논 의 시에 이항복의 "시속(時俗)에 전하는 말로는 태조 3년에 신승(神僧) 무학 (無學)을 데리고 몸소 능침(陵寢)을 구하러 다니다가 산 하나를 얻고서 대대 로 쓸 수 있다고 하였습니다"라는 말에서 비롯된 것으로 보인다. 그렇지만 그 는 이어서 말하길 "이 말은 태종 때 재상 김경숙(金敬叔)이 지은 『주관육익 (周官六翼)』의 글에서 나왔다고 하는데 신들이 아직 상고해 보지는 못하였습

---

105) 문화재청 제공자료.

106) 『태종실록』 권15, 태종8년 5월 임신(24).
今我大行太上王殿下 以五月二十四日上昇.

107) 『태종실록』 권15, 태종8년 6월 기축(12).
遣領議政府事河崙等 相視山陵 檢校判漢城府事劉早雨 前書雲正李陽達等啓曰 "臣等卜相山陵 至原平古蓬城 得吉地." 乃遣崙等相視 崙還啓曰 "陽達等所相蓬城之地 不可用 海豐 幸州有地 稍合地理之法" 上曰 "更擇他處."

108) 『태종실록』 권15, 태종8년 6월 을사(28).
定山陵于楊州儉巖 初 領議政府事河崙等復率劉早雨 李陽達 李良等 相地于楊州 檢校參贊議政府 事金仁 貴見崙等告之曰 "我所居儉巖有吉" 崙等相之 果善 造墓都監提調朴子靑率工匠始役.

니다”[109]라고 하면서 확인되지 않았음을 스스로 밝히고 있다.

> 태종은 7월 26일 산릉의 기일이 다가오자 석실(石室)을 만들라고 명하였으며,[110] 7월 29
> 일 산릉의 재궁(齋宮)에 개경사(開慶寺)라는 이름을 내려주고 조계종(曹溪宗)에 붙이어 노
> 비(奴婢) 1백 50구(口)와 전지(田地) 3백 결(結)을 정속(定屬)시켰고, 산릉의 수호군 1백
> 명을 두어 왕릉을 지키게 하였으며,[111] 9월 9일 건원릉에 장사 지냈다.[112]

건원릉 상설(象設)의 특이점은 배석(拜石)이라 불리는 정중석(正中石)과
능제를 지낸 후에 축문을 태우고 바라보는 곳인 망료위(望燎位), 그리고 왕의
행적을 음각해 놓은 거대한 신도비(神道碑) 등이다. 건원릉은 선초의 제도 불
비(不備)로 불교왕조인 고려 공민왕의 현릉(玄陵)의 양식을 이어받았고 불교
적 색채가 가미되어 있는 석물이 비판 없이 수용되어 있는데 사찰의 석등과 석
등 앞의 배례석(拜禮石)이 장명등(長明燈)과 정중석의 형태로 배치되어 있다.

<그림 151> 정중석(배석)

<그림 152> 배례석

109) 『선조실록』 권131. 선조33년 11월 기유(9).
　　　俗傳太祖三年 率神僧無學 親審陵寢 得一山 可用累世云云 此說出於太宗朝宰相金敬叔 ≪周官
　　　六翼≫ 之書云 而臣等未及考見.
110) 『태종실록』 권16. 태종8년 7월 임신(26).
　　　命造石室 山陵期近 遵故事者 欲作石室 據 ≪家禮≫者 欲用灰隔 兩說未定 上命世子祗詣宗廟
　　　探柾 定爲石室.
111) 『태종실록』 권16. 태종8년 7월 을해(29).
　　　賜山陵齋宮名開慶寺 屬曹溪宗 定屬奴婢一百五十口 田地三百結 衍慶寺元屬奴婢八十口 今加
　　　定二十口 置山陵守護軍一百名.
112) 『태종실록』 권16. 태종8년 9월 갑인(9).
　　　上奉靈柩葬于健元陵.

〈그림 153〉 망료위

〈그림 154〉 예감

〈그림 155〉 태조 건원릉 신도비

〈그림 156〉 세종 구영릉 신도비

장명등은 계속 유지되고 있지만 정중석은 문종왕릉 이후에 사라졌다. 망료위는 소전대(燒錢臺)라고도 하며 태운 축문을 묻는 곳인 예감(瘞坎)과 분리하여 있을 필요가 없으므로 문종왕릉부터 예감만 존재하게 된다. 세종 시에 오례의가 정비되었으므로 아마도 세종의 구영릉 이후부터 정중석과 망료위가

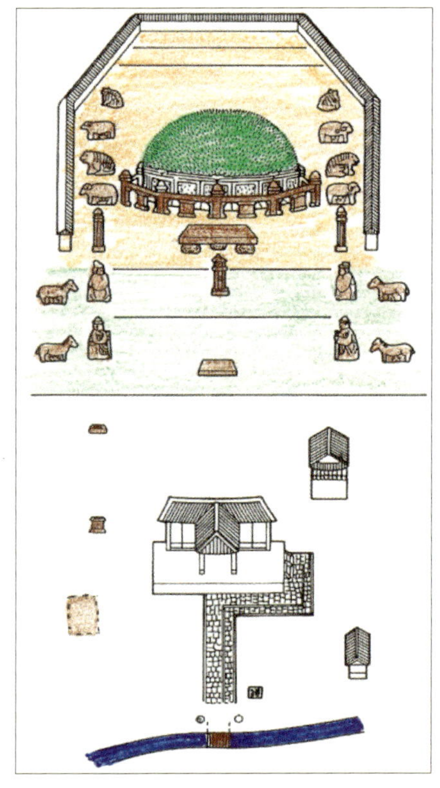

〈그림 157〉 건원릉 조감도

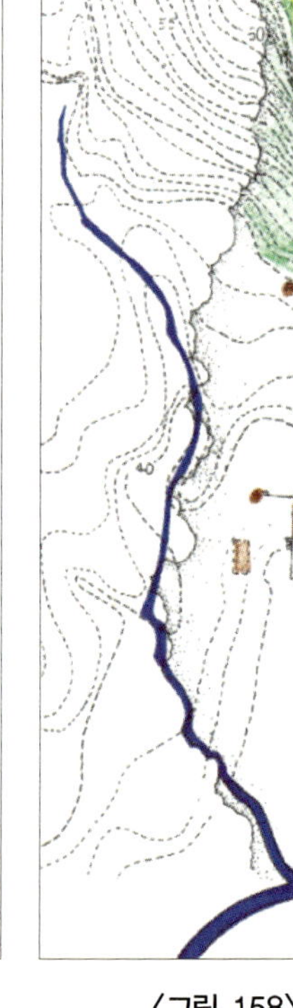

〈그림 158〉 지형도상의 건원릉

사라졌다고 짐작된다. 왕조실록에 왕의 행적이 상세히 기록되어 있으므로 굳이 거대한 석물을 조성하여 이중적으로 이를 기록할 필요성이 없으므로 문종 왕릉부터는 작은 규모의 비석으로 대체되었다고 본다. 대모산에 있었던 세종의 구영릉에는 신도비가 있었고, 예종 때 천장된 현재의 여주에 있는 영릉은 문종 이후이므로 비석이 설치되어 있다.

건원릉이 입지하고 있는 검암산(178)의 내룡을 살펴보면, 백두대간의 분수령에서 분맥된 한북정맥을 타고 백운산(903)을 지나 주엽산(죽엽산, 610)에 이르고 다시 남서진하여 축석령을 이룬다. 축석령에서 동남으로 분맥된 산줄기를 따라 용암산(477)을 지나고 다시 남서진하여 수락산(638)에 이른다. 다시 남쪽으로 달려 불암산(508)을 넘어 건원릉의 주산인 검암산을 이루어 놓고 또다시 남쪽으로 내려와 한양의 외청룡인 용마봉(348)을 이루고는 한강과 중랑천을 만나면서 진행을 멈춘다. 선조 33년(1600) 선조의 원비인 의인왕후(懿仁王后) 박씨의 인산(因山) 문제를 논의하면서 영의정 이항복, 좌의정 이헌국, 우의정 김명원 등 세 정승이 건원릉의 주산인 검암산에 대해 말하길, "대체로 산은 그다지 높거나 크지도 않고 산의 지맥(支脈)이 이리저리 나뉘어 각각 당국(堂局)을 이루었는데 언덕마다 평평하고 반듯하며 사면이 깊숙하되, 안산(案山)이 조현(朝見)하듯 빙 둘러 있고 좌측의 청룡과 우측의 백호가 감싸주었으며, 앞에서 사방을 돌아보노라면 마치 중첩한 장막(帳幕) 안에 있는 듯하여 사방이 공허(空虛)한 데가 없었으니 참으로 하늘이 만들어준 수산(壽山)이었습니다"[113]라고 하였는데 실로 적절한 표현이라 할 수 있다.

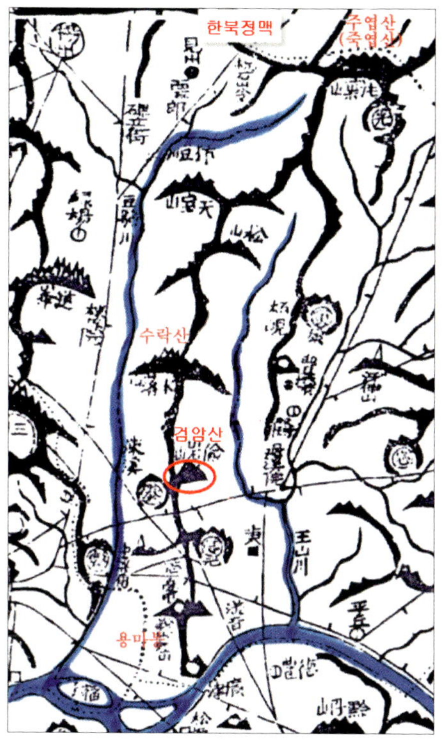

〈그림 159〉 검암산의 내맥(대동여지도)

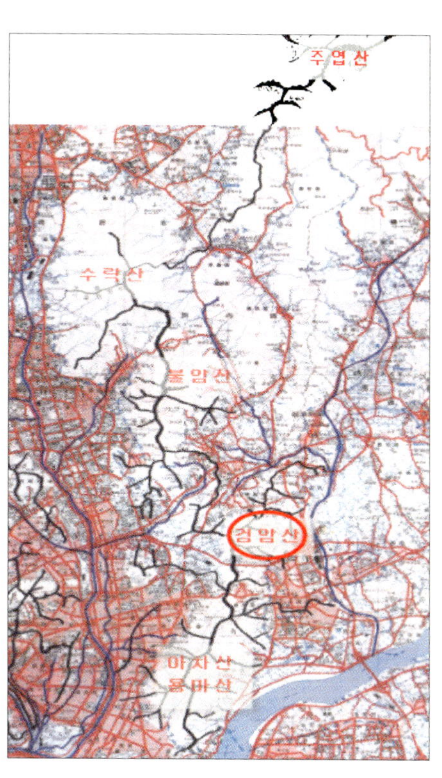

〈그림 160〉 검암산의 내맥(현대지도)

113) 『선조실록』 권131. 선조8년 11월 기유(9).
　　大槪爲山不甚高大 而支分孤別 各成堂局 原原平正 面面深邃 朝對環擁 龍虎拱挹 坐而顧眄 如在重掩聯疊之中 四無虛缺之地 眞天作壽山.

검암산(儉巖山)의 자연적 지형(地形)은 북의 봉우리를 중심으로 하여 동서(좌우)로 남향의 완만한 산줄기가 이어지며 산자락이 다시 감싸 안는 아늑한 하나의 분지(盆地)를 이루는 형국(形局)이다. 이렇게 이루어진 검암산 자락의 각 산줄기를 따라 동구릉의 9기의 각 능이 조성되어 있다.

각 능의 분포를 보면 검암산 전역(全域)의 북쪽 중앙에 태조의 건원릉이 남향을 하고 있고, 건원릉을 중심으로 동편(좌측) 산줄기의 지맥을 따라 선조의 목릉(穆陵), 그 아래로 문종의 현릉(顯陵), 그 다음에 마지막으로 봉릉된 문조의 수릉이 있다.

건원릉을 중심으로 서편(우측)에는 검암산에서 이어진 지맥을 따라 인조의 계비 휘릉(徽陵)을 시작으로 하여 순서대로 헌종의 경릉(景陵), 영조의 원릉(元陵), 경종비의 혜릉(惠陵), 끝에는 현종의 숭릉(崇陵)이 있다.

동구릉을 전체적으로 보면, 검암산의 중출맥에 건원릉이 자리 잡고 있으며 건원릉을 중심으로 하여 좌측과 우측에 각각 3릉, 5릉의 왕릉이 입지하고 있는 각각의 산줄기들이 중첩적으로 건원릉을 감싸며 좌청룡과 우백호를 이루고 있는 형국이다.

건원릉을 형세론적으로 살펴보면, 한양의 진산인 삼각산과 같은 느낌의 불암산의 왕성한 기세(氣勢)가 흘러와 검암산에 이르러 박환(剝換)되어 형산(形山)을 이루었고 형산인 검암산의 중출맥이 좌선(左旋)하여 내려와 좌우의 골짜기에서 흐르는 물줄기에 의하여 진행을 멈추는 합수머리에 혈을 만들어 놓은 곳이 건원릉이다.

〈그림 161〉 불암산의 세산(勢山)

〈그림 162〉 형산(形山)자락에 안긴 건원릉

『금낭경』의 「인세편(因勢篇)」에 다음과 같은 내용이 있다.

'勢來形止 是謂全氣 全氣之地 當葬其止(세가 와서 형이 되어 머무는 것을 全氣라 하고 전기의 땅에는 마땅히 그 멈추는 곳에 장사지내야 한다).'
'葬者 當其形勢之處 乃是穴也(장사란 마땅히 그 형세가 멈추는 곳에 하여야 이것을 혈이라 한다).'

불암산의 세가 흘러와 검암산의 형을 이루고 검암산의 중출맥이 계수즉지로 멈추는 혈처에 건원릉이 입지하고 있으니 위 『금낭경』의 내용 및 『택리지』의 수구와 수리의 조건과 일치한다.

조선 왕릉의 눈에 띄는 공통적인 특징은 산지(山地)라 할 수도 없고 야지(野地)라 할 수도 없는 비산비야(非山非野)에 자리 잡고 있으며 잉(孕)과 강(岡)의 현상이 두드러진 점이다.

잉(孕)이란 지맥을 따라 흘러다니는 지기가 모여 불룩하게 솟아 있는 입수도두(入首倒頭)처를 말하며 혈에 생기를 조절 공급하는 역할을 하므로 잉이 있으면 그 아래에 결혈이 되기에 잉은 혈증(穴證)이 된다.

강(岡)은 왕릉의 봉분이 조성되어 있는 둥그런 언덕을 말하며 잉에서 공급된 생기가 머물러 저장되는 곳이다. 그중에서도 건원릉의 강은 조선왕릉 중에서도 가장 높이 솟아 있다.

〈그림 163〉 건원릉의 잉(孕)

〈그림 164〉 강(岡)위에 입지하고 있는 건원릉

『금낭경』의 「기감편(氣感篇)」에는 아래와 같은 내용이 있다.

'葬者 乘生氣也(葬事는 생기를 타게 해야 한다).'
'夫土者氣之體 有土斯有氣(무릇 흙이란 기의 몸이니 흙이 있으면 기가 있다).'

흙으로 이루어진 강은 생기의 몸이기에 생기의 몸인 강을 타고 왕릉이 자리하고 있는 것이다.

태종 8년에 명나라 사신 기보(祁保)가 건원릉의 산세(山勢)를 보고 감탄하였다.
"어찌 이와 같은 하늘이 만든 땅이 있겠는가? 반드시 인위적으로 만든 산일 것이다."[114]

왕릉 봉분의 뒷면과 좌우를 둘러싸고 있는 담을 곡장(曲墻)이라 한다. 왕릉을 궁궐에 비유하면 왕릉 봉분은 침전이며 곡장은 침전을 둘러싸고 있는 담장에 해당한다. 침전의 담장이 침전을 보호하며 침전의 생기를 담고 있듯이 왕릉의 곡장 역시 능침인 왕릉봉분을 보호하고 능침의 생기를 감추는 역할을 한다.

혈장(穴場)은 혈(穴)을 이루고 있는 장소를 말하는데, 혈장은 잉(孕)인 입수도두(入首倒頭)와 선익(蟬翼) 그리고 순전(脣氊)을 구성요소로 하고 있으며 오색혈토(五色穴土)로 이루어져 있다.

잉(孕)은 지맥을 따라 흘러온 생기(生氣)를 조절하여 혈에 공급하는 역할을 하는 혈 뒤쪽의 불룩하게 솟아 있는 부분을 말한다.

선익(蟬翼)은 문자의 의미 그대로 매미의 날개와 같이 혈의 좌우를 감싸며 혈을 보호하는 사(砂)를 말한다. 청나라 때 맹천기(孟天其)가 『설심부(雪心賦)』에 주석을 달아 편찬한 『설심부변와정해(雪心賦變訛正解)』에는 선익에 대하여 다음과 같이 설명하고 있다.

---

114) 『태종실록』 권16, 태종8년 10월 경진(6).
　　　祁保等自檜巖寺, 歷觀健元陵而還, 世子出迎于東郊。　保等見陵寢山勢, 歎曰: "安有如此天作之
　　　區乎? 必是造山也"

그리고 많은 술서(術書)에는 '유유선익사(乳有蟬翼砂)'라 하여 선익사를 유혈(乳穴)의 혈증(穴證)으로 보기도 한다. 강(岡) 위에 입지하고 있는 조선 왕릉은 대개 유혈에 속한다.

순전에 대한 개념은 명나라 때 서선계·서선술 형제가 지은 『인자수지(人子須知)』에서 정의하고 있으며 또한 순전을 혈의 증거(穴證)로 보고 있다.

내룡의 지맥을 따라 흘러온 생기가 혈을 형성하고 남은 기운이 뭉쳐져 이루어진 것을 순전이라 하고 순전에 의하여 기의 누설이 방지된다. 왕릉봉분 앞부분의 강이 순전에 해당한다.

요약하면 잉에서 혈에 공급되는 생기는 혈의 좌우 양쪽에서는 선익에 의하여 보호되고 앞쪽에서는 순전에 의하여 설기가 방지되어 생기가 혈에 오롯이 보존된다. 선익은 상팔(上八)이라 하고 순전은 하팔(下八)이라 하는데, 혈을 중심으로 하여 선익에 의하여 분리된 물이 순전을 지나면서 아래쪽에서 합쳐지는 것을 말한다.

곡장은 혈장의 구성요소 중 선익에 해당하는 역할을 한다고 볼 수 있다.

정자각과 마주하고 있는 왕릉봉분의 전면은 곡장이 열려 있는데 열려 있는 곡장 양편의 안쪽에 망주석(望柱石)이 서 있다.

『한국민족문화대백과사전』에는 망주석에 대하여 다음과 같이 기술하고 있다.

망주석의 기능에 대하여 밖에 나갔던 영혼이 망주석을 보고 찾아오는 표지라고도 추측하고 있다. 그렇다면 모든 능·원이나 묘지에 망주석이 있어야 한다.

그러나 세조의 장자인 덕종의 경릉(敬陵)에는 망주석이 세워져 있지 않다. 또한 민묘에는 망주석이 없는 경우가 많다. 영혼이 찾아오기 위한 표지라는 추정은 문제가 많음을 여기서 알 수 있다.

따라서 망주석에는 고유한 기능이 있을 것이다. 이에 대하여 구체적으로 살펴보고자 한다.

조선왕조의 건조물들은 유교적 시각과 땅에 대한 전통적 시각인 지리사상이 혼재하고 있다. 제26대 고종과 제27대 순종은 재위 시에 황제였기에 황제릉의 양식을 하고 있다. 황제릉과 왕릉은 상설(象設)제도에 있어 분명한 차이점을 보이고 있다.

왕릉의 석물(石物)은 모두 강(岡) 위의 능원에 배치되어 있지만 황제릉의 경우에는 석상(石床)과 장명등(長明燈), 그리고 망주석은 강 위의 능원에 위치하고 석인(石人)과 석수(石獸)들은 모두 능원 아래의 정자각 앞에 배치되어 있다.

석인과 석수들이 능원 아래에 배치된 것은 신분의 차이에 따른 유교예제 석물배치라 할 수 있다.

〈그림 165〉 고종황제릉의 능원 위 석물　　〈그림 166〉 고종황제릉의 능원 아래 석물군

〈그림 167〉 조선왕릉의 능원 위에 배치되어 있는 석물군

황제릉과 왕릉의 능원에 공통적으로 있는 것은 봉분에 설치된 석물들(병풍석, 난간석, 곡장 등)과 석상, 장명등, 망주석이다. 봉분에 설치된 석물들은 봉분과 분리할 수 없으므로 봉분의 필요 석물로서의 고유한 기능을 갖고 있다.

그런데 석상과 장명등, 망주석의 경우는 봉분의 직접적인 부속물이 아니기에 능원아래에 배치할 수 있음에도 능원 위에 배치하고 있는 것은 뭔가 합당한 이유가 있을 것이다.

석상은 혼령이 나와 앉아 쉬는 곳이라 하여 혼유석(魂遊石)이라고 하는데 용도상 능침에 근접하여 배치하여야 한다. 그리고 장명등은 사찰의 석등에서 유래된 것으로 불교에서 등불을 밝히는 것은 예불을 올리는 의식의 기본이므로 일찍부터 등불을 안치하는 도구의 하나로 석등이 제작되었던 것으로 짐작되는데, 법당 앞의 석등은 사찰의 명당을 밝히는 역할을 한다.

능원에서 능침이 위치한 상계(上階)지역을 제외한 능침 앞부분이 명당(明堂)에 해당하는데 장명등은 명당을 밝히는 용도이므로 능원의 명당지역에 위치하고 있는 것이다.

조선 왕릉의 망주석은 열려 있는 곡장의 안쪽 양편에 입지하고 있다(그림 168). 그런데 폐위된 연산군과 광해군 묘의 망주석은 곡장을 벗어난 바깥에 세워져 있다<그림 169>.

〈그림 168〉 곡장 안에 입지한 망주석　　〈그림 169〉 곡장 밖에 입지한 망주석

망주석을 화표주(華表柱)라고도 한다.

화표(華表)는 중국에서 환표 또는 교오주(交午柱)라고 불렸는데, 네거리에 설치하는 것과 분묘 앞에 설치한 문을 아울러 가리키고 있는 것으로 보아, 본래에는 분묘가 있는 곳에 세웠던 것임을 쉽게 알 수 있다.115)

『인자수지』에는 화표에 대하여 다음과 같이 기술하고 있다.

'화표란 수구 사이에 기이한 봉우리가 우뚝 솟아 서 있는 것을 말한다. 혹은 두 봉우리가 마주보며 물이 그 가운데로 흘러 나가는 경우가 있으며, 혹은 가로로 높이 솟아 물 가운데를 막는 경우가 있다.'116)

화표는 명당의 생기가 누설되지 않도록 갈무리하는 역할을 하고 있다. 그래서 화표가 수구 내에 있으면 반드시 대지(大地)가 있다고 『인자수지』에서는 말하고 있다.

삼면을 감싸고 있는 곡장은 능침의 생기를 감추는 역할을

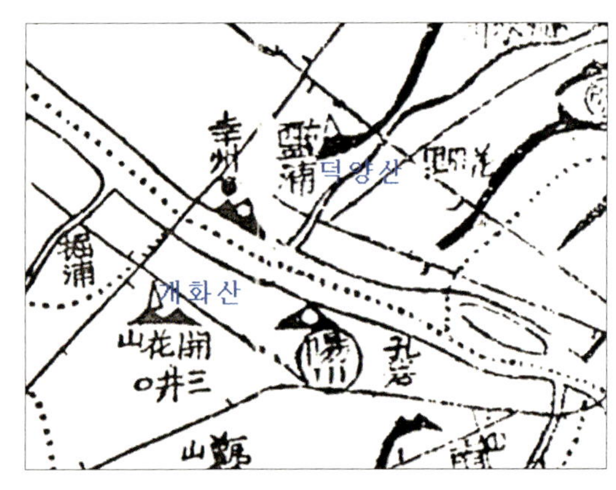

〈그림 170〉 한양 외사신사의 수구막이 화표

115) 한국민족문화대백과사전편찬부, 앞의 책.

116) 華表者 水口間有奇峰挺然卓立 或兩山對峙水從中出 或橫欄高鎭窒塞水中者 皆是也

한다. 그런데 능침의 전면은 열려 있기에 이곳으로 생기가 누설될 수 있다. 이를 막기 위하여 열려 있는 곡장의 안쪽에 망주석을 세워 두었던 것이다. 즉 수구막이 역할을 하게 하였던 것이다. 앞서 살펴본 바와 같이 한양의 명당수인 청계천 수구막이로 조성된 오간수문 바로 앞의 조산(造山)도 같은 역할을 하고 있다. 또한 한양의 외사신사(外四神砂)에 해당하는 덕양산과 개화산 사이로 흘러나가는 외수(外水)인 한강의 수구막이도 「대동여지도」 상에서 확인할 수 있는데 이러한 것은 수구막이의 중요성을 반영한 것으로 볼 수 있다.

그런데 연산군과 광해군 묘의 망주석은 곡장에서 벗어나 배치되어 있는데, 이는 수구 밖에 입지한 화표와 같으므로 그 기능을 상실하고 있다. 화표는 수구 내에 있어야 명당의 생기를 갈무리할 수 있지만 수구를 벗어나면 생기를 갈무리할 수 없게 되기 때문이다.

폐위된 왕의 망주석은 수구막이로서의 기능을 상실하게 배치하고 있는데, 이것은 역사적 정서가 배여 있는 배치로 이를 통하여 역사의 이면을 읽을 수 있다.

조선 왕릉의 망주석 상단에는 특이한 동물형상이 양각되어 있다.

태조 건원릉의 망주석에는 그 형상을 알아 볼 수 없을 정도로 뭉텅하게 양각되어 있으며 연산군의 생모 폐비 윤씨 묘의 망주석에서 꼬리 형상이 발견되고 중종의 정릉(靖陵)부터는 그 형상이 뚜렷하게 양각되어 있다.

〈그림 171〉 태조릉의 세호

〈그림 172〉 폐비윤씨묘 세호

〈그림 173〉 효종릉의 세호

이러한 특이한 형상을 하고 있는 상상 속의 동물을 세호(細虎)라 한다.

『인자수지』에는 '한문(捍門)이란 수구 사이에 두 산이 마주보면서 마치 문을 호위하는 것 같은 것을 말한다(捍門山者 水口之間兩山對峙如門戶之護捍也)'라고 설명하고 있으며, 이어서 '한문은 해와 달, 기와 북(旗鼓), 거북과 뱀(龜蛇), 사자와 코끼리(獅象) 등의 형상을 이루고 있으면 가장 귀한 것으로 여긴다'고 하고 있다.

망주석은 한문의 역할과 그 맥을 같이하고 있으며, 망주석의 세호는 한문의 형상으로 귀하게 여기고 있는 사물(해, 달, 기, 북, 거북, 뱀, 사자, 코끼리 등)이 혼합된 특이한 형상으로 볼 수 있다. 왜냐하면 하나의 형상보다는 모든 형상이 합쳐지면 더욱 그 의미가 강화된다고 여겨지므로 세호는 한문의 귀한 형상을 모두 합하여 특이한 형상을 띠게 되었다고 본다.

건원릉 봉분의 사초는 다른 왕릉과는 달리 억새풀로 조성되어 있는데 이에 대한 이유는 『인조실록』에서 찾을 수 있다. 인조 7년 동경연 홍서봉이 아뢰길, "원래 태조의 유교(遺敎)에 따라 북도(北道)의 청완(靑薍)을 사초로 썼기 때문에 지금까지도 다른 능과는 달리 사초가 매우 무성하였습니다"[117]라고 하였는데 이 기록에서 태조의 유언에 따라 그의 고향인 함경도 영흥의 억새풀로 조성하였음을 알 수 있다.

태조의 건원릉은 하륜이 택지에 직접 참여하여 결정된 왕릉이다.

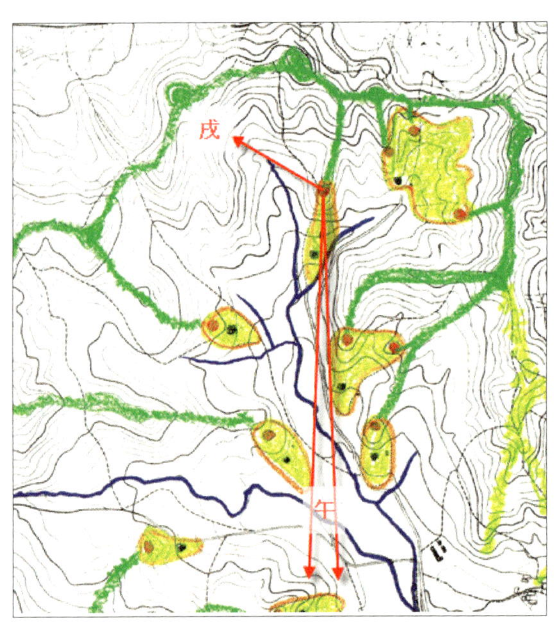

〈그림 174〉 건원릉의 득수와 파구

117) 『인조실록』 권20. 인조7년 3월 을해(19).
　　太祖遺敎以北道靑薍爲莎草, 故至今莎草甚茂, 異於他陵.

하륜은 호순신의『지리신법』에 어긋난다 하여 계룡산 신도건설을 철회한 인물이다. 그가 직접 택지에 참여한 건원릉의 경우에『지리신법』에 적합한 지를 고찰해보는 것도 의미가 있다고 본다.

태조 건원릉의 내룡은 좌선(左旋)의 계(癸)방이며 계(癸)는 대오행상 토(土)에 속하므로 토산(土山)에 해당한다. 즉, 좌선양국(左旋陽局)의 토국(土局)이다.

득수(得水)는 <그림 174>과 같이 술(戌)방이므로 술(戌)은 포태법상 관대(冠帶)에 속하고 구성법상 문곡(文曲)에 해당한다. 파구(破口)는 오(午)방이므로 오(午)는 포태법상 태(胎)에 속하고 구성법상 녹존(祿存)에 해당한다. 문곡수(文曲水)와 녹존수(祿存水)는 나가는 것은 길(吉)하지만 들어오는 것은 흉(凶)하다.

따라서 태조 건원릉은『지리신법』상 득수는 흉하지만 파구는 길하다. 즉, 반흉(半凶) 반길(半吉)이다.

짐작컨데 하륜은 태조 건원릉을 택지할 때에 호순신의『지리신법』을 적용하지 않았던 것으로 보인다.

참고문헌

1. 1차 자료

1) 원전

김부식, 『삼국사기』 인본, 조선광문회, 1914.
김정호, 『대동여지도』 영인본, 한국사학회, 1965.
김종서 외, 『고려사』 목판본, 미상.
김종서 외, 『고려사절요』 영인본, 조선총독부, 1932.
노사신 외, 『동국여지승람』, 조선사학회, 1930.
박용대 외, 『증보문헌비고』 연활자본, 홍문관, 1908.
박제가, 『북학의』 필사본, 미상.
범 엽, 『후한서』 목판본, 미상.
서거정, 『동문선』 영인본, 경희출판사, 1967.
_____, 『필원잡기』 목판본, 미상.
서유구, 『임원경제지』 영인본, 민속원, 1991.
『세종실록지리지』, 조선총독부중추원, 1937.
신경준, 『여암전서』 연활자본, 신조선사, 1939.
신숙주 외, 『국조오례의』 목판본, 미상.
여불위, 『여씨춘추』 원각경인, 臺北 藝文印書館 , 미상.
『열읍원우사적』 영인본, 민창문화사, 1991.
유 안 외, 『회남자』 인본, 上海 浙江書局, 1876.
유중림, 『증보산림경제』 필사본, 미상.
유형원, 『동국여지지』
이 익, 『성호사설』, 경성문광서림, 1929.
이중환, 『택리지』 신연활자본, 조선광문회, 1912.
일 연, 『삼국유사』 영인본, 고전간행회, 1932.
이 행 외, 『신증동국여지승람』
『정교 지리정종』, 대만죽림인서국, 중화민국81년.
조선광문회, 『산경표』, 조선사학회, 1930.
조선총독부내무부지방국, 『조선사찰사료』 상·하 영인본, 삼명실업, 1968.
주세붕, 『죽계지』 목활자본, 미상.
주희, 『주자가례』 중간목판본, 자양서원, 1701.

陳壽, 『三國志』
靑烏子, 『청오경』, 명문당, 1997.
최 항 외, 『경국대전』
춘추관 실록청, 『조선왕조실록』 영인본.
한국학문헌연구소 편, 한국지리지총서, 『전국지리지』 영인본, 아세아문화사, 2006.
胡舜申, 『지리신법』 영인본, 경인문화사, 1969.
홍만선, 『산림경제』 필사본, 미상.
『조선금석총람』 영인본, 경인문화사, 1974.
『論語』
『孟子』
『詩經』
『周易』
『경상도지리지』

2) 번역서

한국고대사회연구소, 『역주 한국고대금석문』, 가락국사적개발연구원, 1992.
郭璞 저, 허찬구 역, 『장서역주』 사고전서본, 비봉출판사, 2005.
국사편찬위원회, 『조선왕조실록』
규장각 편, 『조선비결전집』, 규장각, 1966.
김부식 저, 이병도 역주, 『삼국사기』, 을유문화사, 2005.
동아대학교 석당학술원, 『국역 고려사』, 도서출판 민족문화, 2006.
孟天其 저, 신 평 역, 『고전풍수학설심부』, 관음출판사, 1997.
M. H. Morgan 저, 오덕성 역, 『건축십서』, 기문당, 2006.
Montesquieu 저, 이영희 역, 『법의 정신』, 동서문화사, 1977.
민족문화추진위원회, 『국역 성호사설』, 경인문화사, 1978.
박제상 저, 김은수 역, 『부도지』, 한문화, 2004.
법제처, 『국조오례의』 1 · 2, 1981.
북한사회과학원 사회연구소, 『북역 고려사』, 사회과학원, 1964.
사단법인 퇴계학연구원, 『퇴계전서』 20, 아세아문화사, 1997.
徐善繼 · 徐善術 저, 김동규 역, 『인자수지』, 명문당, 1992.
沈鎬 저, 허찬구 역, 『지학』, 육일문화사, 2001.
呂不韋 撰, 朱永嘉 注譯, 『新譯 呂氏春秋』, 臺北 三民書局, 1995.
영주시, 『국역 죽계지』, 영주서림사, 2002.
劉安 저, 熊禮匯 注譯, 『신역 회남자』, 臺北 三民書局, 1997.
________, 이석호 역, 『회남자』 도서출판 세계사, 2005.
유문동 외 편역, 『지리정종』, 문춘, 1997.
이중환 저, 이익성 역, 『택리지』, 을유문화사, 1993.

_________, 이민수 역, 『국한문대역 택리지』, 평화출판사, 2005.
일연 저, 이가원·허경진 역, 『삼국유사』, 도서출판 한길사, 2006.
Jacques Jouanna 저, 서홍관 역, 『히포크라테스』, 아침이슬, 2004.
정약용 저, 강서영 외 역, 『대동수경』, 여강출판사, 1992.
趙廷棟 저, 신평 역, 『지리오결』, 동학사, 2005.
蔡成愚 저, 김두규 역, 『명산론』, 비봉출판사, 2002.
최창조 역주, 『청오경·금낭경』, 민음사, 1993.
胡舜申 저, 김두규 역, 『지리신법』, 비봉출판사, 2004.

2. 2차 자료

1) 단행본

江本勝 저, 양억관 역, 『물은 답을 알고 있다』1·2, 2006.
강중탁, 『한국문학과 풍수설』, 백문사, 1988.
강환웅, 『조선초기의 풍수지리사상 연구』, 한국학술정보, 2006.
경기대학교 소성학술연구원, 『전통사상과 생명』, 국학자료원, 2003.
국립경주문화재연구소, 『월성지표조사보고서』, 2004.
국립민속박물관 편, 『한국의 풍수지리』, 국립민속박물관, 1992.
권오영, 『고대 동아시아 문명교류사의 빛 무령왕릉』, 돌베개, 2005.
권용우·안영진, 『지리학사』, 한울, 2002.
권혁재, 『지형학』, 법문사, 2001.
今西龍, 『고려사연구』, 조선문화총서2, 近澤書店, 1944.
김광언, 『풍수지리』, 대원사, 1993.
김기선, 『풍수지리학개론』, 형설출판사, 2001.
김기웅, 『고분』, 대원사, 2004.
김대벽, 『사원건축』, 대원사, 1995.
김동욱, 『종묘와 사직』, 대원사, 1995.
김동욱 외, 『한국민속학』, 세문사, 1988.
김동현, 『한국의 궁궐 건축』, 시공사, 2002.
김두규, 『풍수학사전』, 비봉출판사, 2005.
김득황, 『한국사상사』, 대지문화사, 1978.
김병호, 『아산의 주역강의』 상·중·하, 소강, 1999.
김봉렬, 『서원건축』, 대원사, 2001.
김삼룡, 『미륵불』, 대원사, 1994.
김석진, 『대산 주역강의』 1·2·3, 한길사, 2003.

김선풍 외, 『한국의 민족사상』, 집문당, 1996.

김열규, 『한국민속과 문화연구』, 일조각, 1971.

______, 『한국의 신화』, 일조각, 1976.

김용국 외, 『동양조경사』, 한국조경학회, 2007.

김용만 · 김준수, 『지도로 보는 한국사』, 수막새, 2005.

김용운 · 김용국, 『동양의 과학과 사상』, 일지사, 1998.

김종윤, 『최씨유산록』, 한국풍수지리연구회, 1980.

김지견 외, 『선각국사 도선의 신연구」』, 영암군, 1988.

________, 『도선연구』, 민족사, 1992.

김태곤, 『한국민간신앙연구』, 집문당, 1983.

김형우 외, 『한국의 사찰』 상 · 하, 대한불교진흥원, 2006.

김호일, 『한국의 향교』, 대원사, 2004.

김환대, 『신라왕릉』, 한국학술정보, 2007

남천우, 『유물의 재발견』, 학고재, 1997.

M, Eliade 저, 정진홍 역, 『우주의 역사(Cosmos and history)』, 현대사상사, 1976.

___________, 심재중 역, 『영원회귀의 신화(Le mythe de l'eternel retour : archeypes et
          repeition)』, 이학사, 2005.

Nioradze 저, 이홍식 역, 『시베리아 제민족의 원시종교』, 신구문화사, 1976.

민속학회, 『한국민속학의 이해』, 문학아카데미, 1994.

박성태, 『신산경표』, 조선일보사, 2004.

박시익, 『한국의 풍수지리와 건축』, 일빛, 1999.

박영수, 『유물속의 동물 상징 이야기』, 내일아침, 2005.

박용숙, 『신화체계로 본 한국미술론』, 일지사, 1975.

불교전기문화연구소, 『도선국사』, 불교영상회보사, 1997.

서성열, 『우리 옛 시가 속의 풍수사상』, 국학자료원, 2006.

서울시사편찬위원회, 『서울육백년사』, 생활인쇄사, 1977.

________________, 『서울의 산』, 서울특별시인쇄정보산업협동조합, 2000.

서태열, 『지리교육학의 이해』, 한울아카데미, 2005.

손영식, 『전통 과학 건축』, 대원사, 2001.

손진태, 『한국민족설화의 연구』, 태학사, 1981.

矢津昌永, 『한국지리』 영인본, 경인문화사, 1999.

신영훈, 『사원건축』, 대원사, 2002.

_____ 외, 『한국의 고궁건축』, 열화당, 1988.

신월균, 『풍수설화』, 밀알, 1994.

신채호 저, 박기봉 역, 『조선상고사』, 비봉출판사, 2006.

안호상, 『배달 · 동이겨레의 한 옛 역사』, 배달문화연구원, 1972.

______, 『민족 사상의 정통과 역사』, 한뿌리, 1992.

______, 『나라역사육천년』, 한뿌리, 1993.

______, 『민족사상과 정통종교의 연구』, 민족문화출판사, 1996.

안휘준, 『옛 궁궐 그림』, 대원사, 1997.

양계초 외 저, 김홍경 역, 『음양오행설의 연구』, 신지서원, 1993.

영남대학교 박물관, 『한국의 옛지도』 도판편, 1998.

유명기 외, 『한국사상의 심층연구』, 도서출판 우석, 1990.

유명종, 『한국사상사』, 이문출판사, 1983.

유증선, 『영남의 전설』, 형설출판사, 1974.

유홍준, 『나의 문화유적 답사기』 1 · 2 · 3, 창작과 비평사.

윤경렬, 『경주남산』 하나 · 둘, 대원사, 1995.

윤명철, 『단군신화, 또 다른 해석』, 백산자료원, 2008,

이강근, 『한국의 궁궐』, 대원사, 1991.

______, 『경복궁』, 대원사, 1998.

이강열, 『한국민속의 이해』, 경서원, 1995.

이기영, 『통도사』, 대원사, 1995.

이덕수, 『신궁궐 기행』, 대원사, 2004.

이몽일, 『한국풍수사상사』, 명보문화사, 1991.

이병도, 『고려시대의 연구』, 아세아문화사, 1980.

이상일 외, 『한국사상의 원천』, 박영문고, 1983.

이상해, 『서원』, 열화당, 2002.

______, 『궁궐 · 유교건축』, 솔, 2005.

이성범 · 김용정 역, 『현대물리학과 동양사상』, 범양사, 1975.

이수봉, 『백제문화권역의 상례풍속과 풍수설화 연구』, 백제문화개발연구원, 1986.

이은덕, 『한국고대 자연관과 왕도정치』, 혜안, 1999.

이은봉, 『증보 한국고대종교사상』, 집문당, 1999.

이응문, 『주역입문』

이 찬, 『한국의 고지도』, 범우사, 1991.

이 찬 · 양보경, 『서울의 옛지도』, 서울시립대학교서울학연구소, 1995.

이호일, 『조선의 왕릉』, 가람기획, 2004.

______, 『조선의 서원』, 가람기획, 2006.

임덕순, 『600년 수도 서울』, 지식산업사, 1994.

임동권, 『한국민속문화론』, 집문당, 1983.

임재해, 『안동하회마을』, 대원사, 2003.

임학섭, 『사찰풍수』 1 · 2, 밀알, 1995.

장덕순, 『한국설화문학연구』, 서울대학교출판부, 1971.

장병길, 『한국고유신앙연구』, 서울대 동북아문화연구소, 1970.

장장식, 『한국의 풍수설화 연구』, 민속원, 1995.

장영훈, 『생활풍수강론』, 기문당, 2000.

______, 『서울풍수』, 도서출판담디, 2004.

______, 『왕릉풍수와 조선의 역사』, 대원사, 2002.

______, 『왕릉이야말로 조선의 산 역사다』, 도서출판담디, 2005.

______, 『조선시대의 명문사학 서원을 가다』, 도서출판담디, 2005.

______, 『궁궐을 제대로 보려면 왕이 되어라』, 도서출판담디, 2005.

______, 『산나고 탑나고 절나고』, 도서출판담디, 2007.

______, 『대학풍수강론』, 도서출판 담디, 2006.

전영배, 『한국사상의 흐름』, 지구문화사, 1995.

정명호, 『석등』, 대원사, 2003.

정영호, 『부도』, 대원사, 2003.

______, 『석탑』, 대원사, 2003.

J.E. Lovelock 저, 홍욱희 역, 『가이아』, 갈라파고스, 2005.

조석필, 『산경표를 위하여』, 산악문화, 1995.

______, 『태백산맥은 없다』, 사랑과 산, 1997.

진홍섭, 『불상』, 대원사, 1989.

村山智順 저, 최길성 역, 『조선의 풍수』, 민음사, 1991.

__________, 정현우 역, 『한국의 풍수』, 명문당, 1996.

최래옥, 『한국구비전설의 연구』, 일조각, 1981.

최완수, 『명찰순례』 1 · 2(2000) · 3(1997), 대원사.

최완기, 『한양』, 교학사, 1997.

최원석, 『한국의 풍수와 비보』, 민속원, 2004.

최인학, 『한국설화론』, 형설출판사, 1982.

최창조, 『한국의 풍수사상』, 민음사, 1993.

______, 『한국의 풍수지리』, 민음사, 1994.

______, 『한국의 자생풍수』, 민음사, 1997.

______ 외, 『풍수 그 삶의 지리, 생명의 지리』, 푸른나무, 1993.

Tylor, Edward Burnett, 『Primitive Culture』, Routledge/Thoemmes Press, 1994.

한국도서관학연구회, 『한국고지도』, 삼화인쇄, 1977.

한국문화역사지리학회, 『한국의 전통지리사상』, 민음사, 1991.

한국민족문화대백과사전편찬부, 『한국민족문화대백과사전』, 한국정신문화연구원, 1991.

한영우, 『다시찾는 우리역사』, 경세원, 2003.

______, 『조선의 집, 동궐에 들다』, 열화당, 2006.

______, 『조선왕조의궤』, 일지사, 2005.

현진상, 『한글 산경표』, 풀빛, 2000,

호남문화재연구원, 『고창고인돌유적지표조사보고』, 2001.

홍순민, 『역사기행 서울 궁궐』, 서울시립대학교 서울학연구소, 1994.

______, 『우리궁궐이야기』, 청년사, 1999.

홍윤식, 『불교 의식구』, 대원사, 1996.

황준연, 『한국사상의 이해』, 박영사, 1995.

2) 논 문

강중탁, 「도선전설의 연구」, 『월산 임동권박사 송수기념 논문집』, 집문당, 1986.

______, 「풍수설의 설화문학적 수용 양상」, 『광장』 4월호, 세계평화교수협의회, 1988.

권순형, 「고려중기의 남경에 대한 일고찰」, 『향토서울』 49, 서울특별시편찬위원회, 1990.

김연호, 「도선의 풍수지리관에 대한 연구」, 영남대학교 석사학위논문, 2006.

김용국, 「서울천도의 동기와 전말」, 『향토서울』 1, 서울특별시편찬위원회, 1957.

김진일, 「농촌취락과 생활공간에 대한 고찰」, 『건축』 24권, 대학건축학회, 1980.

김태곤, 「성기신앙연구」, 『한국종교』 1, 원광대 종교문제연구소, 1971.

김해정, 「답산가 연구」, 『한국언어문학』 21, 한국언어문학회, 1982.

김형만·김철수, 「한국성곽도시의 발전과 공간패턴에 관한 연구」, 『국토계획』 17권,1호, 1982.

김홍식, 「마을 공간구성 방법에 대한 한국전통건축사상연구」, 『건축』 19권, 64호,대한건축
　　　　학회, 1975.

______, 「성읍리 공간구성의 연구」, 『제주도연구』 1, 제주도연구회, 1984.

남지대, 「서울, 어떻게 서울이 되었나」, 『역사비평』 봄, 역사문제연구소, 역사비평사, 1994.

남천우, 「석굴암에서 망각되어 있는 고도의 신라과학」, 『진단학보』, 진단학회,1969.

노도양, 「한국문화의 지리적 배경」, 『한국문화사대계』 1, 고려대 민족문화연구소,1970.

문상희, 「한국민간신앙의 자연관」, 『신학논단』 11, 연세대 신과대학, 1972.

민병하, 「고려시대의 한양」, 『향토서울』 32, 서울특별시편찬위원회, 1968.

박경립, 「전일적 세계관으로 본 한국전통건축의 공간적 특성에 관한 연구」, 한양대학교 박
　　　　사학위논문, 1986.

박시익, 「풍수지리설과 건축계획」, 『건축사』 통권 115호, 대한건축사협회, 1978.

______, 「풍수지리설과 건축계획과의 관계에 관한 연구」, 고려대학교 석사학위논문,1978.

______, 「풍수지리설 발생배경에 관한 분석연구」, 고려대학교 박사학위논문, 1978.

______, 「풍수지리설의 현대건축학적 적용」, 『광장』 통권 176(4월호), 세계평화교수협의
　　　　회, 1988.

박언곤, 「길흉건축」, 『건축』 30권, 3호, 대한건축학회, 1986.

박용수, 「택리지와 청화산인 이중환」, 『택리지』, 평화출판사, 2005

박찬용, 「조선시대 읍성정주지의 경관구성 연구」, 『한국조경학회』 12권, 1호, 한국조경학
　　　　회, 1984.

______, 「우리나라 전통읍성의 경관구성과 해석에 관한 기초연구」, 『환경연구』 17권, 1호, 1988.

______ 외, 「닭실마을의 경관복원과 정비에 관한 연구」, 『한국정원학회지』 20권, 4호, 한
　　　　국정원학회, 2002.

박찬용·황상돈, 「조선시대 읍성의 관아 정원에 관한 연구」, 『한국정원학회지』 17권, 3호,
　　　　한국정원학회, 1999.

박한설, 「고려 건국과 도선국사」, 『선각국사 도선의 신연구』, 영암군, 1988.

배도식, 「풍수쟁이와 풍수신앙」, 『전통문화』 1, 전통문화사, 1986.

배종호, 「풍수지리약설」, 『인문과학』 22, 연세대인문과학연구소, 1969.

배종호, 「고려의 풍수도참사상」, 『한국철학사』, 한국철학회, 1987.

B. Koto, 「An Orographic Sketch of Korea」, 『동경제국대학기요』 19-1, 동경제국대학, 1903.

______, 「Journey Through Korea」, 『동경제국대학기요』 26-2, 동경제국대학, 1909.

서수인, 「택리지 연구 서설」, 『지리학』 1, 대한지리학회, 1963.

서윤길, 「도선과 그의 비보사상」, 『한국불교학』 1, 한국불교학회, 1975.

______, 「도선 비보사상의 연원」, 『불교학보』 13, 동국대 불교문화연구소, 1976.

______, 「도선국사의 생애와 사상」, 『선각국사 도선의 신연구』, 영암군, 1988.

성인수, 「동양의 입체오행사상을 통하여 본 세계관과 건축공간배치에 관한 가설」, 『건축』 27권, 113호, 대한건축학회, 1983.

성주탁, 「한강유역 백제초기 성지연구」, 『백제연구』, 충남대학교 백제연구소, 1983.

손보기, 「석장리의 후기구석기시대의 집자리」, 『한국사 연구』 9, 한국사연구회, 1973.

손정목, 「풍수지리설이 도읍형성에 미친 영향에 관한 연구」, 『도시문제』 8, 대한지방행정 공제회, 1973.

송화섭, 「韓半島 先史時代 幾何文岩刻畵의 類型과 性格」, 『선사와 고대』 5, 한국고대 학회, 1993.

송화섭, 「南原 大谷里 幾何文岩刻畵에 대하여」, 『백산학보』 42, 백산학회, 1992.

신규탁, 「고대 한국인의 자연관」, 『동양고전연구』 9, 동양고전연구, 1996.

신동하, 「신라불국토사상과 황룡사」, 『황룡사의 종합적 고찰』, 동국대 신라문화연구소, 경주시신라문화선양회, 2001.

신종원, 「고대 일관의 성격」, 『한국민속학』 12, 민속학회, 1980.

신정암, 「정감록의 사상적 영향」, 『한국사상』, 한국사상연구회, 경인문화사, 1973.

양보경, 「조선시대의 자연 인식 체계」, 『한국사시민강좌』14, 일조각, 1994,

______, 「전통시대의 지리학」, 『한국의 지리학과 지리학자』, 한울, 2001.

원영환, 「한양천도와 수도건설고」, 『향토서울』 45, 서울특별시편찬위원회, 1988.

유동식, 「민간신앙과 신흥종교를 통해본 민중의 종교사상」, 『고대문화』 17, 고대학협회, 1977.

유우익, 「한국의 지리학과 지리학자」, 『한국의 지리학과 지리학자』, 한울, 2001.

유응교, 「조경을 중심으로 한 도시공간구성에 관한 연구」, 『국토계획』 10권, 2호, 대한국토 · 도시계획학회, 1975.

원영환, 「한양천도와 수도건설고 - 태종대를 중심으로」, 『향토서울』 45, 서울특별시편찬위 원회, 1988.

윤홍기, 「한국적 Geomentality에 대하여」, 『지리학논총』 14, 서울대학교 사회과학대학 지리학과, 1987.

______, 「한국 풍수지리 연구의 회고와 전망」, 『한국사상사학』, 한국사상사학회, 2001.

Yoon, Hong-key, 「An Analysis of Korean Geomancy Tales」, 『Asian Folklore Studies』, vol.34, no.1, 1975.

______, 「Geomantic relationships between Culture and Nature in Korea」, Ph.D, dissertation, University of California, 1976.

윤홍택, 「자연관이 건축공간구성에 미치는 영향」, 『건축』 23권, 86호, 대한건축학회, 1979.

이기백, 「한국 풍수지리설의 기원」, 『한국사시민강좌』 14, 일조각, 1994.

이몽일, 「한국풍수사상사 연구」, 경북대학교 박사학위논문, 1991.

이병도, 「이조초기의 건도문제」, 『고려시대의 연구』, 아세아문화사, 1980.

______, 「고려시대의 도참사상」, 『한국사상』 13, 한국사상연구회, 1975.

Lee, Sang-Hae, 「Feng-Shui : Its Context and Meaning」, Ph.D, dissertation, University of Cornel, 1986.

이숭녕, 「세종과 풍수지리설에 관한 연구」, 『한국의 자연관』, 서울대학교 출판부, 1985.

이원명, 「한양천도 배경에 관한 연구」, 『향토서울』 42, 서울특별시편찬위원회, 1984.

이은봉, 「풍수도참의 사상적 구조」, 『광장』 4월호, 세계평화교수협의회, 1988.

이정숙, 「호정 하륜의 생애에 관한 일고찰」, 『부산여대사학』 6 · 7, 부산여자대학교사학회, 1989.

이태진, 「한양천도와 풍수설의 패퇴」, 『한국사시민강좌』 14, 일조각, 1994.

이해성, 「건축문화에 표출된 동서의 자연관」, 『비교문화연구』 4, 한양대 비교문화연구소, 1985.

임덕순, 「서울의 수도기원과 발전과정」, 서울대학교 박사학위논문, 1985.

임돈희, 「한국농촌부락제에 있어서의 묘자리의 영향: 풍수와 조상탓」, 『한국문화인류학』 14, 한국문화인류학회, 1982.

______, 「한국조상의 두 얼굴: 조상덕과 조상탓」, 『한국민속학』 21, 민속학회, 1988.

임충신, 「모공간의 원형 : 물과 향천적 흐름」, 『건축』 25권, 103호, 대한건축학회, 1981.

장덕순, 「풍수설의 영향을 받은 소설들」, 『광장』 4월호, 세계평화교수협의회, 1988.

장병길, 「한국종교의 사회적 성격에 관한 연구」, 『성곡논총』 2, 성곡학술문화재단, 1971.

장성준, 「풍수지리의 국면이 갖는 건축적 상상력에 관한 고찰」, 『건축』 22권, 85호, 대한건축학회, 1978.

장지연, 「여말선초 천도논의에 대하여」, 『한국사론』 43, 서울대학교 국사학과, 2000.

조성기, 「농촌자연부락의 집락형태에 관한 연구」, 『건축』 23권, 88호, 대한건축학회, 1979.

조유전, 「신라왕경과 황룡사」, 『황룡사복원을 위한 국제학술대회』, 국립문화재연구소, 2006.

주남철, 「전통주택의 연구」, 『한국의 사회와 문화』 2, 한국정신문화연구원 사회연구실, 1980.

주종원, 「서울시 도시형태 형성에 관한 연구」, 『국토계획』 16권 2호, 대한국토 · 도시계획학회, 1981.

최길성, 「풍수를 통해본 조상숭배의 구조」, 『한국문화인류학』 16, 한국문화인류학회, 1984.

최병헌, 「고려 건국과 풍수지리설」, 『한국사론』, 서울대학교 국사학과, 1988.

______, 「도선의 생애와 나말여초의 풍수지리설」, 『한국사연구』 11, 한국사연구회, 1975.

______, 「도선의 생애와 풍수지리설」, 『선각국사 도선의 신연구』, 영암군, 1988.

______, 「유교 · 불교 · 풍수도참사상」, 『한국사 연구입문』, 한국사연구회, 지식산업사, 1981.

최승희, 「조선태조의 왕권과 정치운영」, 『역사와 현실』 15, 한국역사연구회, 1995.

최영준, 「택리지: 한국적 인문지리학서」, 『진단학보』 69, 진단학회, 1990.

최영준, 「풍수와 택리지」, 『한국사시민강좌』 14, 일조각, 1994,

최창조, 「음택풍수에 대한 지리학적 해석」, 『지리학논총』 5, 서울대학교 사회과학대학 지리학과, 1978.

______, 「풍수설 좌향론상의 길흉판단에 관한 위학적 해석」, 『지리학』 26, 대한지리학회,

1982.

______, 「월악산 미륵사지 명당의 풍수해석」, 『도시 및 환경연구』 1, 전북대부설도시 및 환경연구소, 1986.

______, 「풍수사상에서 본 통일한반도의 수도입지선정」, 『국토연구』 11, 국토개발연구원, 1989.

______, 「왕조실록에 나타난 서울 정도 논의」, 『풍수 그 삶의 지리 생명의 지리』 푸른나무, 1993.

한영우, 「한양정도의 민족사적 의의」, 『향토서울』 45, 서울특별시편찬위원회, 1988.

현길언, 「풍수단맥설화에 대한 일고찰」, 『한국문화인류학』 10, 한국문화인류학회, 1978.

현중영·박찬용, 「조선시대 전통주택 풍수의 좌향」, 『한국정원학회지』 16권, 4호, 한국정원학회, 1998.

______, 「조선시대 사대부마을 풍수의 시각적 구조」, 『한국정원학회지』 17권, 3호, 한국정원학회, 1999.

형기주, 「지리사상과 도성계획」, 『문화역사지리』 1, 한국문화역사지리학회, 1989.

홍순민, 『조선왕조 궁궐경영과 양궐체제의 변천』, 서울대학교 박사학위 논문, 1996.

3. 기타

「대동여지도」
각종 고지도
「영진 1:5만 지도」, 영진문화사, 2006, 2007
각종 지형도
구글어스(http://earth.google.com)
조선왕조실록(http://sillok.history.go.kr)
한국금석문영상정보시스템(http://gsm.nricp.go.kr)
한국민족문화대백과사전(http://www.encykorea.com)
브리태니커백과사전(http://preview.britannica.co.kr)

김연호 ──────────────────────────────────

▌약력

학부에서 인간이 만든 법인 법학을 전공하였다.
어느덧 자연의 이치에 관심을 가지게 되었고 대학원에서 한국의 전통지리를 연구하여
석사와 박사 학위를 받았다. 도덕경의 '道法自然'을 화두로 삼아
전국의 산천을 운수행각하면서 땅의 이치를 더듬고 있는 전통지리학자이다.

▌주요 논문

도선의 풍수지리관에 대한 연구(2006. 2)
한국 전통지리사상 연구(2008. 8)
가사문학의 풍수지리사상 고찰(2006. 12)
조선초 천도논의에 관한 고찰(2008. 8)
도산서당의 입지와 도산서원의 배치에 대한 고찰(2008. 12)

한국 전통 지리사상

초판인쇄 | 2010년 8월 20일
초판발행 | 2010년 8월 20일

지 은 이 | 김연호
펴 낸 이 | 채종준
펴 낸 곳 | 한국학술정보㈜
주　　소 | 경기도 파주시 교하읍 문발리 파주출판문화정보산업단지 513-5
전　　화 | 031) 908-3181(대표)
팩　　스 | 031) 908-3189
홈페이지 | http://ebook.kstudy.com
E-mail | 출판사업부　publish@kstudy.com
등　　록 | 제일산-115호(2000. 6. 19)

ISBN　978-89-268-1299-0 93450 (Paper Book)
　　　　978-89-268-1300-3 98450 (e-Book)

내일을여는지식 ■ 은 시대와 시대의 지식을 이어 갑니다.